普通高等教育土木工程专业研究生系列教材

ABAQUS 建筑结构
防灾减灾分析实例教程

主　编　钱　凯
副主编　覃健桂　李　治
参　编　于晓辉　虞爱平

机械工业出版社

本书基于作者团队十余年科研实践与工程咨询经验，紧密围绕"理论-方法-实践"三位一体的教学理念，系统梳理了建筑结构典型灾害场景的数值模拟技术体系，采用"基础理论铺垫+典型案例解析+关键技术拓展"的渐进式架构，完整地呈现了从模型构建、参数设置到结果解析的全流程分析方法。本书主要内容包括ABAQUS基本使用方法、静力作用下钢筋混凝土梁实例分析方法、混凝土框架梁柱子结构连续倒塌实例分析方法、高温作用下钢筋混凝土梁温度场实例分析方法、高温作用下钢框架梁实例分析方法、楼板在冲击力作用下的实例分析方法、钢框架结构抗震分析、基于Python的参数化分析与插件开发。

本书可作为高等院校土木类专业高年级本科生、研究生相关课程的教材或参考书，也可作为科研人员及工程设计人员，特别是建筑结构抗灾性能研究与安全评估人员的参考书。

图书在版编目（CIP）数据

ABAQUS建筑结构防灾减灾分析实例教程／钱凯主编.
北京：机械工业出版社，2025.9. --（普通高等教育土木工程专业研究生系列教材）. -- ISBN 978-7-111-79070-9

Ⅰ. TU352-39

中国国家版本馆CIP数据核字第2025WN4030号

机械工业出版社（北京市百万庄大街22号　邮政编码100037）
策划编辑：马军平　　　　　　　　　责任编辑：马军平　张大勇
责任校对：王小童　马荣华　景　飞　封面设计：张　静
责任印制：常天培
河北虎彩印刷有限公司印刷
2025年9月第1版第1次印刷
184mm×260mm・14印张・345千字
标准书号：ISBN 978-7-111-79070-9
定价：69.00元

电话服务　　　　　　　　　　　　　网络服务
客服电话：010-88361066　　　　　　机　工　官　网：www.cmpbook.com
　　　　　010-88379833　　　　　　机　工　官　博：weibo.com/cmp1952
　　　　　010-68326294　　　　　　金　书　网：www.golden-book.com
封底无防伪标均为盗版　　　　　　　机工教育服务网：www.cmpedu.com

前　言

随着我国城镇化进程的加快和建筑结构复杂性的不断提升，建筑结构在自然灾害与极端荷载作用下的安全性能已成为工程界关注的核心课题。地震、火灾、爆炸、冲击等灾害事件对建筑结构造成的破坏效应具有高度非线性特征，传统解析方法难以精确地模拟结构在灾变过程中的力学响应。在此背景下，基于有限元方法的数值仿真技术凭借其强大的非线性分析能力和可视化优势，逐渐成为建筑结构防灾减灾研究的重要工具。作为国际领先的通用有限元分析软件，ABAQUS以其卓越的非线性求解能力、丰富的材料本构模型库和开放式的二次开发平台，在建筑结构防灾分析领域展现出独特的技术优势。

当前市面上虽已有诸多ABAQUS应用教程，但大多聚焦于通用功能讲解或单一领域分析，针对建筑结构防灾减灾的系统化实例教程尚属空白。本书正是基于作者团队十余年科研实践与工程咨询经验，紧密围绕"理论-方法-实践"三位一体的教学理念，系统梳理建筑结构典型灾害场景的数值模拟技术体系。全书以工程需求为导向，采用"基础理论铺垫+典型案例解析+关键技术拓展"的渐进式架构，通过9章，完整地呈现从模型构建、参数设置到结果解析的全流程分析方法。为增强教学实用性，书中所有案例均源自作者团队实际科研项目，配套提供完整的CAE模型文件与Python脚本资源，确保读者可通过step-by-step方式实现分析过程的可重复性验证。

本书内容编排体现鲜明的层次性特征。第1~2章构建基础认知框架，系统介绍ABAQUS发展历程、技术特性及基本操作流程，重点解析CAE模块功能划分与网格划分关键技术，通过对比三维实体单元、壳单元、梁单元的技术特性，帮助读者建立单元类型选择的基本原则。第3~8章构成核心教学内容，聚焦建筑结构六类典型灾害场景，即静力破坏（第3章）、连续倒塌（第4章）、高温作用（第5~6章）、冲击荷载（第7章）及地震响应（第8章），案例按照基本工况→模型构建及参数设置→求解计算→后处理分析的标准工作流程展开。第9章作为能力提升模块，系统讲解基于Python的参数化分析与插件开发方法，通过端板构件参数化插件开发实例，展现ABAQUS二次开发在提高分析效率、实现流程标准化方面的工程价值。

本书面向土木工程、结构工程领域的高年级本科生、研究生、科研人员及工程设计人员，特别适合从事建筑结构抗灾性能研究与安全评估的技术人员参考使用。为达到最佳学习效果，建议读者具备有限元方法基础理论、ABAQUS基本操作技能及Python编程入门知识。对于初级使用者，可通过前两章的系统学习掌握软件操作框架；中高级用户则可直接切入特定灾害场景章节，快速获取专项分析技术要点。教学实践中，推荐采用"案例倒推法"进行学习：首先通过可视化模块观察结构破坏形态，再逆向解析材料本构选择、接触定义、荷载施加等关键技术设置，此方法有助于深化读者对非线性分析机理的理解。

本书的完成得益于多方面支持。感谢机械工业出版社编辑团队的专业指导，从内容架构到技术表述均提出宝贵建议。书中部分案例素材取自笔者指导的博士、硕士研究生的研究，在此对薛天琦、肖鹏飞、沈锦、黄新慧、胡志俊、封雨彤、杨森、顿超正等同学在模型验证方面的工作致以谢意。

由于建筑结构防灾减灾分析技术的快速演进及编者水平所限，书中难免存在疏漏之处，恳请同行专家与读者朋友批评指正。期望本书能成为读者探索 ABAQUS 建筑结构分析领域的可靠航标，共同推动我国工程结构防灾减灾技术的创新发展。

钱　凯

2025 年 6 月

目 录

前 言

第 1 章　ABAQUS 软件简介 ·············· 1
1.1　公司简介 ····················· 1
1.2　发展历程与技术革新 ············ 1
1.3　近年版本更新亮点 ·············· 1
1.4　主要应用领域与功能特点 ········ 2

第 2 章　ABAQUS 基本使用方法 ········ 3
2.1　ABAQUS 分析步骤 ·············· 3
2.2　ABAQUS/CAE 简介 ·············· 3
2.3　ABAQUS 基本模块简介 ·········· 5
2.3.1　Part（部件）模块 ············ 5
2.3.2　Property（属性）模块 ········ 6
2.3.3　Assembly（装配）模块 ······· 7
2.3.4　Step（分析步）模块 ········· 7
2.3.5　Interaction（相互作用）模块 ·· 10
2.3.6　Load（载荷）模块 ············ 11
2.3.7　Mesh（网格）模块 ············ 12
2.3.8　Job（分析作业）模块 ········ 14
2.3.9　Sketch（绘图）模块 ·········· 15
2.3.10　Visualization（可视化）模块 ·· 16
2.4　网格划分方法 ·················· 17
2.4.1　ABAQUS 单元特性 ············ 17
2.4.2　网格种子 ···················· 20
2.4.3　单元形状 ···················· 21
2.4.4　网格划分技术 ················ 21
2.4.5　划分网格的算法 ·············· 22
2.4.6　划分网格失败时的解决办法 ···· 23
2.4.7　检查网格质量 ················ 23
2.5　选择三维实体单元的类型 ········ 24
2.5.1　混合使用不同类型的单元 ······ 25
2.5.2　选择三维实体单元类型的基本原则 ·· 25

2.6　选择壳单元的类型 ·············· 26
2.7　选择梁单元的类型 ·············· 27

第 3 章　静力作用下钢筋混凝土梁实例分析方法 ·············· 28
3.1　基本工况 ······················ 28
3.2　模型建立 ······················ 28
3.2.1　启动 ABAQUS/CAE ············ 28
3.2.2　创建部件 ···················· 28
3.2.3　创建材料和截面属性 ·········· 31
3.2.4　定义装配件 ·················· 35
3.2.5　设置分析步 ·················· 37
3.2.6　定义约束 ···················· 37
3.2.7　定义荷载和边界条件 ·········· 38
3.2.8　划分网格 ···················· 39
3.3　提交分析作业 ·················· 40
3.4　后处理 ························ 40

第 4 章　混凝土框架梁柱子结构连续倒塌实例分析方法 ·············· 45
4.1　基本工况 ······················ 45
4.1.1　混凝土梁几何尺寸 ············ 45
4.1.2　材料属性 ···················· 45
4.1.3　边界条件 ···················· 46
4.2　几何模型与网格划分 ············ 46
4.2.1　构件 Part 实例 ··············· 46
4.2.2　材料属性创建 ················ 51
4.2.3　子结构组装 ·················· 55
4.2.4　构件网格划分 ················ 56
4.3　分析步与约束设置 ·············· 58
4.3.1　分析步设置 ·················· 58
4.3.2　约束设置 ···················· 58
4.4　荷载与边界条件 ················ 63

| 4.4.1 加载幅值创建 63
| 4.4.2 边柱轴压创建 64
| 4.4.3 失效柱荷载创建 65
| 4.4.4 子结构边界条件设置 66
| 4.5 提交作业与分析 71
| 4.5.1 创建作业 71
| 4.5.2 提交分析 71
| 4.6 后处理 71
| 4.6.1 混凝土应变云图分析 71
| 4.6.2 钢筋应力云图分析 72
| 4.6.3 中柱竖向抗力-位移曲线获取 72

第 5 章 高温作用下钢筋混凝土梁温度场实例分析方法 74
  5.1 基本工况 74
    5.1.1 问题简介 74
    5.1.2 求解规划 75
  5.2 模型建立 75
    5.2.1 创建部件 75
    5.2.2 创建材料和截面属性 78
    5.2.3 定义装配件 82
    5.2.4 设置分析步 84
    5.2.5 定义相互作用 86
    5.2.6 定义荷载和边界条件 91
    5.2.7 划分网格 92
  5.3 提交作业和后处理 94
    5.3.1 提交计算作业 94
    5.3.2 后处理 94

第 6 章 高温作用下钢框架梁实例分析方法 98
  6.1 钢梁几何尺寸 98
    6.1.1 创建部件 98
    6.1.2 绘制二维图形 99
  6.2 材料属性 100
    6.2.1 创建材料 100
    6.2.2 创建截面属性 101
    6.2.3 给构件赋予截面属性 101
  6.3 定义装配件 102
  6.4 设置分析步 102
  6.5 定义约束 102
    6.5.1 受火面的定义 102
    6.5.2 非受火面的定义 104
    6.5.3 绝热面的定义 105

  6.6 定义荷载和边界条件 106
  6.7 划分网格 106
  6.8 提交分析作业 108
    6.8.1 创建分析作业 108
    6.8.2 提交分析 108
  6.9 后处理 109
    6.9.1 显示热流量云图 109
    6.9.2 显示温度云图 109
    6.9.3 制作切片 109
    6.9.4 显示 X-Y 图 110
  6.10 将温度场导入静力模型模拟耐火试验 111

第 7 章 楼板在冲击力作用下的实例分析方法 116
  7.1 基本工况 116
    7.1.1 试件简介 116
    7.1.2 求解规划 116
  7.2 模型建立 117
    7.2.1 创建部件 117
    7.2.2 创建材料和截面属性 123
    7.2.3 定义装配件 131
    7.2.4 设置分析步 136
    7.2.5 定义相互作用 139
    7.2.6 定义荷载和边界条件 144
    7.2.7 划分网格 146
  7.3 提交作业和后处理 147
    7.3.1 提交计算作业 147
    7.3.2 后处理 148

第 8 章 钢框架结构抗震分析 156
  8.1 基本工况 156
  8.2 几何模型与网格划分 156
    8.2.1 构件 Part 实例 156
    8.2.2 材料属性创建 158
    8.2.3 子结构组装 160
    8.2.4 构件网格划分 161
  8.3 分析步设置 163
  8.4 荷载与边界条件 164
    8.4.1 加载幅值创建 164
    8.4.2 重力创建 164
    8.4.3 地震荷载创建 165
    8.4.4 钢框架边界条件设置 166
  8.5 提交作业与分析 166

8.5.1　创建作业 …………………… 166
　　8.5.2　提交分析 …………………… 166
8.6　后处理 ………………………………… 167
8.7　钢框架的振型分析 …………………… 168
　　8.7.1　分析步更改 ………………… 169
　　8.7.2　load 更改 …………………… 169
8.8　输出振型 ……………………………… 170

第 9 章　基于 Python 的参数化分析与插件开发 …………………………… 171

9.1　配置 Python 开发环境 ……………… 171
9.2　Python 基础 …………………………… 172
　　9.2.1　基本数据类型 ………………… 172
　　9.2.2　运算符 ………………………… 176
　　9.2.3　流程控制 ……………………… 177
　　9.2.4　函数 …………………………… 179
9.3　编写 Python 脚本完成参数化分析 …… 182
　　9.3.1　基本工况 ……………………… 182
　　9.3.2　导入模块 ……………………… 183
　　9.3.3　创建部件 ……………………… 185
　　9.3.4　创建材料和截面属性 ………… 188
　　9.3.5　定义装配件 …………………… 190
　　9.3.6　设置分析步 …………………… 191
　　9.3.7　定义相互作用 ………………… 193
　　9.3.8　定义荷载和边界条件 ………… 194
　　9.3.9　划分网格 ……………………… 195
　　9.3.10　提交分析作业 ……………… 196
　　9.3.11　后处理 ……………………… 197
　　9.3.12　参数化分析 ………………… 198
9.4　ABAQUS 插件开发 …………………… 199
　　9.4.1　插件概述 ……………………… 200
　　9.4.2　端板构件插件开发实例 ……… 200

附　录 ……………………………………… 205

附录 A　编写 Python 脚本完成参数化分析 …………………………………… 205
附录 B　ABAQUS 插件开发 …………… 214

参考文献 …………………………………… 216

第 1 章
ABAQUS 软件简介

1.1 公司简介

ABAQUS 软件的历史可追溯至 20 世纪 70 年代末，由三位力学专家——David Hibbitt、Bengt Karlsson 和 Paul Sorensen 共同创立。1978 年，三人在美国罗德岛州成立了 Hibbitt, Karlsson & Sorensen, Inc.（HKS 公司），目标是开发一款能够处理复杂非线性问题的有限元分析（FEA）工具。其首个客户是从事核反应堆研发的 Westinghouse Hanford 公司，通过解决核燃料棒的接触、蠕变等问题，ABAQUS 在核工业领域崭露头角。

2005 年，法国达索系统（Dassault Systèmes）收购了 ABAQUS 公司，并将其纳入 SIMULIA 品牌，进一步整合了达索旗下的 CATIA、ENOVIA 等设计与管理工具，形成从设计到仿真的全流程解决方案。此次收购不仅为 ABAQUS 提供了强大的资源支持，还加速了其全球化布局，使其在汽车、航空航天、建筑等行业的应用迅速扩展。

目前，达索 SIMULIA 团队在全球拥有超过 40 个分支机构，员工中超过半数拥有工程或计算机博士学位，致力于推动 ABAQUS 在非线性力学和多物理场耦合分析领域的创新。其用户群体覆盖学术界与工业界，包括 NASA、通用汽车等顶尖机构与企业。

1.2 发展历程与技术革新

ABAQUS/Standard（20 世纪 80 年代）：首个通用分析模块，专注于静态与动态结构分析，支持线性和非线性问题的自动增量控制。ABAQUS/Explicit（1991 年）：针对瞬态动力学问题（如冲击、爆炸）设计，采用显式积分算法，显著提升了碰撞与成型模拟的效率。ABAQUS/CAE（1999 年）：集成化的前后处理平台，支持参数化建模、多工况管理，并与求解器无缝衔接，极大简化了复杂模型的构建流程。1998 年推出的显式动力学模块支持热-力、流-固等耦合分析，成为解决航空航天热防护、电子器件散热等问题的核心工具。2023 版引入多 GPU 并行计算，支持千万级自由度模型的快速求解；云版本则降低了企业对本地硬件资源的依赖。

1.3 近年版本更新亮点

ABAQUS 2023：新增光滑粒子流体动力学（SPH）、非牛顿流体模拟功能，优化复合材料层间剥离分析，并增强自适应网格加密能力。

ABAQUS 2024：强化电磁场耦合分析，推出基于人工智能的优化算法，进一步缩短仿真周期。

1.4 主要应用领域与功能特点

1. 工程应用场景

1）汽车工业：用于车身碰撞安全性分析、发动机热管理、轮胎橡胶材料疲劳预测等。例如，通用汽车通过 ABAQUS 模拟多体系统的动态振动，优化悬挂系统设计。

2）航空航天：模拟飞机复合材料机翼的屈曲行为、火箭发动机的热-结构耦合变形，以及航天器着陆冲击过程。

3）能源与地质：分析核反应堆压力容器的蠕变效应、石油管道在海底铺设时的力学响应，以及地热储层的多孔介质流动。

4）生物医学：研究骨科植入物的应力分布、心血管支架的疲劳寿命，甚至模拟胎儿分娩过程中盆底肌肉的损伤机制。

5）土木工程：广泛用于结构非线性分析、抗震设计、材料破坏模拟及复杂荷载下响应预测，支持混凝土、钢材等材料本构模型，适用于桥梁、建筑、地基等静动力仿真，具备多物理场耦合和高精度计算能力。

2. 核心技术优势

1）非线性分析能力：ABAQUS 以处理几何、材料、接触三重非线性问题见长，如金属塑性成形中的大变形与回弹预测。

2）多尺度建模：支持从微观材料失效（如纤维增强复合材料的界面脱粘）到宏观系统级分析（如整车碰撞）的多层级仿真。

3）工业标准兼容性：可无缝导入 CATIA、SolidWorks 等 CAD 模型，并与 ANSYS、NAS-TRAN 等软件进行数据交互，适应复杂的设计-仿真协同流程。

第 2 章
ABAQUS 基本使用方法

本章将首先介绍 ABAQUS 的分析步骤和 ABAQUS/CAE 的基本界面，然后带领读者完成一个简单的线性静力分析实例，使读者对 ABAQUS/CAE 有一个初步的认识，最后详细分析 ABAQUS/CAE 的各功能模块，帮助读者掌握 ABAQUS/CAE 建模和网格划分功能，并对网格划分和单元类型选择的方法进行详细的介绍。

2.1 ABAQUS 分析步骤

有限元分析包括以下三个步骤：前处理、分析计算和后处理。这三个步骤在 ABAQUS 中的实现方法如下。

1. 前处理（ABAQUS/CAE）

在前处理阶段需要定义物理问题的模型，并生成一个 ABAQUS 输入文件。ABAQUS/CAE 是完整的 ABAQUS 运行环境，可以生成 ABAQUS 模型，交互式地提交和监控分析作业，并显示分析结果。ABAQUS/CAE 分为若干个功能模块，每一个模块定义了模拟过程的一个方面，如定义几何形状、材料性质和网格等。建模完成后，ABAQUS/CAE 可以生成 ABAQUS 输入文件，提交给 ABAQUS/Standard 或 ABAQUS/Explicit。

读者也可以使用其他的前处理器（如 PATRAN、Hypermesh、FEMAP 等）来创建模型，但 ABAQUS 的很多独特功能（如定义面、接触对和连接件等）只有 ABAQUS/CAE 才支持。因此，建议读者使用 ABAQUS/CAE 为前处理器。

2. 分析计算（ABAQUS/Standard 或 ABAQUS/Explicit）

在分析计算阶段，使用 ABAQUS/Standard 或 ABAQUS/Explicit 求解输入文件中所定义的数值模型，通常以后台方式运行，分析结果保存在二进制文件中，以便于后处理。完成一个求解过程所需的时间取决于问题的复杂程度和计算机的运算能力，可以从几秒到几天不等。

3. 后处理（ABAQUS/CAE 或 ABAQUS/Viewer）

ABAQUS/CAE 的后处理部分又称为 ABAQUS/Viewer，可以用来读入分析结果数据，以多种方法显示分析结果，包括彩色云纹图、动画、变形图和 XY 曲线图等。

2.2 ABAQUS/CAE 简介

ABAQUS/CAE 的主窗口包括以下组成部分，如图 2.1 所示。

（1）标题栏（Title Bar） 标题栏显示了 ABAQUS/CAE 的版本和当前模型数据库的名称。

ABAQUS 建筑结构防灾减灾分析实例教程

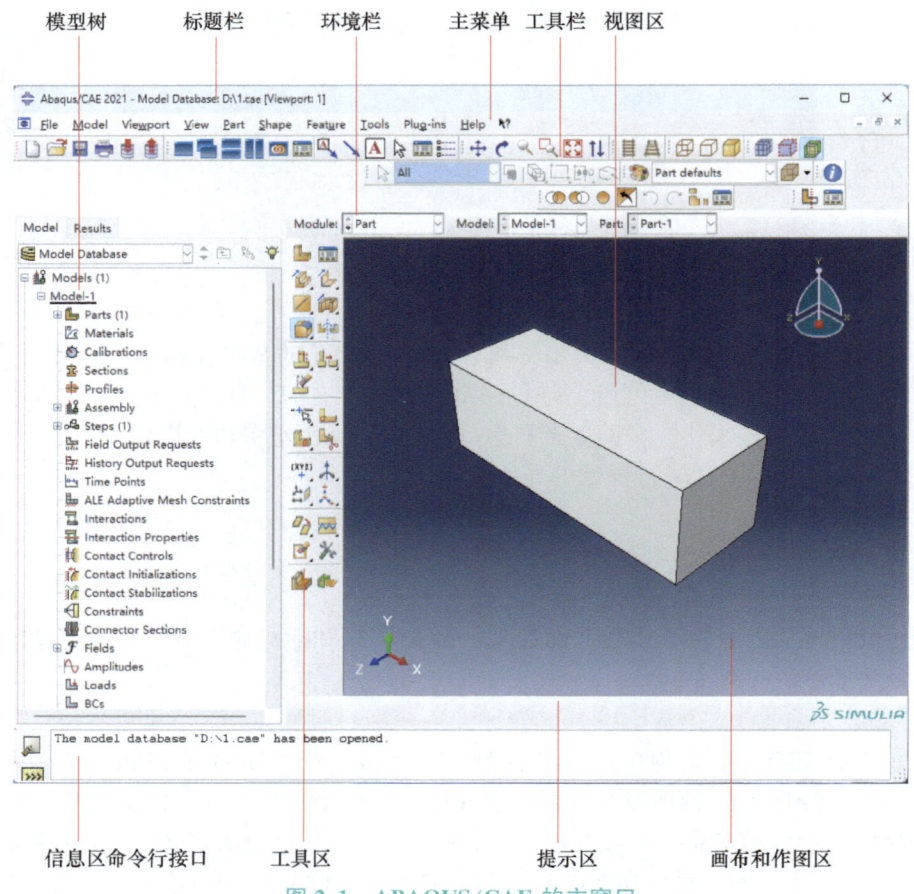

图 2.1　ABAQUS/CAE 的主窗口

（2）环境栏（Context Bar）　ABAQUS/CAE 包括一系列功能模块（Module），其中每一模块完成模型的一种特定功能。通过环境栏中的 Module 列表，可以在各功能模块之间切换。环境栏中的其他项则是当前正在操作模块的相关功能。例如，在 Part 功能模块中，可以通过环境栏来切换不同的部件。

（3）工具栏（Toolbar）　工具栏提供了菜单功能的快捷访问方式（图 2.2），这些功能也可以通过菜单直接访问。

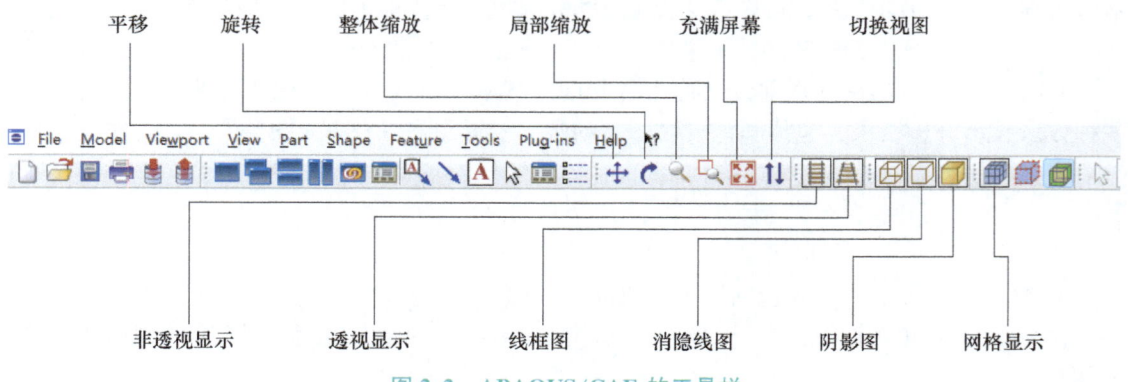

图 2.2　ABAQUS/CAE 的工具栏

（4）主菜单（Menu Bar） 菜单栏中包含了所有当前可用的菜单，通过对菜单的操作，可以调用 ABAQUS/CAE 的全部功能。用户选择不同的功能模块时，菜单栏中所包含的菜单项也会有所不同。

（5）模型树（Model Tree） 模型树直观地显示出模型的各个组成部分，如部件、材料、分析步、载荷和输出要求等。使用模型树可以很方便地在各功能模块之间进行切换，实现主菜单和工具栏所提供的大部分功能。

（6）工具区（Toolbox Area） 当用户进入某一功能模块时，工具区就会显示该功能模块相应的工具，帮助用户快速调用该模块的功能。

（7）画布和作图区（Canvas and Drawing Area） 用户可以在这个区域中摆放视图。

（8）视图区（View Port） 模型显示在视图区中。

（9）提示区（Prompt Area） 在进行各种操作时，会在这里显示相应的提示。如在创建一个集合（set）时，提示区会提示选择相应的对象。

（10）信息区（Message Area） 信息区中显示状态信息和警告。这里也是命令行接口的位置。通过主窗口左下角的选项页，可以在二者之间切换。

（11）命令行接口（Command Line Interface） 利用 ABAQUS/CAE 内置的 Python 编译器，可以使用命令行接口键入 Python 命令和数学计算表达式。

2.3 ABAQUS 基本模块简介

2.3.1 Part（部件）模块

部件是 ABAQUS 模型的基本构成元素，有限元模型的每个个体最终都要与相应的部件联系。ABAQUS/CAE 中有两种部件，分别是几何部件（Native Part）和网格部件（Meshed Part）。几何部件是基于特征（Feature）建立的，其特征包含了部件的所有几何信息和生成规则。网格部件不包含特征，它只包含关于节点、单元、面和集合的信息。

两种部件各有优缺点。几何部件可以方便快速地修改模型的几何形状，而且修改网格时不必重新定义材料、荷载和边界条件，这是 ABAQUS 相较于其他有限元软件的一个优势。网格部件直接使用划分好的网格，可以更方便地对节点和单元进行编辑。在实际操作过程中两种部件往往共存于模型中，用户可以处理单纯的节点和单元数据，接触、荷载和边界条件既可以施加在几何部件上，也可以直接施加在单元的节点、边界或面上。ABAQUS 这种允许两种单元共存的建模环境，为用户更方便地使用提供了灵活的平台。

Part 模块提供了丰富的处理部件的功能，用户可以在 Part 模块中创建、修改、导入和管理模型的各个部件。在 ABAQUS/CAE 中有六种创建部件的方式：

1）在模块中直接创建部件，部件不会有任何几何缺陷，易于划分网格。

2）从 CAD 软件（如 Pro/E、SoildWorks 等）导入部件，这种方式一般由于创建非常复杂的集合模型，但导入 ABAQUS/CAE 时可能会出现几何缺陷，一般都需要进行修补（Repair）。

3）从 ABAQUS 输出文件（ODB 文件）中导入网格部件（Meshed Part）。

4）从 ABAQUS 输入文件（INP 文件）中导入网格部件。

5) 在 Assemble 模块中对部件进行布尔操作（Merger/Cut）。
6) 在 Mesh 模块中创建网格部件。

前两种方式创建的部件为几何部件；第 5 种方式既可以创建几何部件，也可以创建孤立的网格部件；剩余方式创建的部件均为孤立的网格部件。

下面简单介绍 Part 模块的具体功能：

1) 创建柔体（Deformable）、离散刚体（Discrete Rigid）、解析刚体（Analytical Rigid）和欧拉（Eulerian）部件，并可以利用对当前存在的部件进行修改和编辑。

2) 通过创建特征（feature）——基本特征包括实体（solid）、壳体（shell）、线（wires）和点（point）——来精确地界定部件的几何尺寸。

3) 使用特征工具来编辑、删除、抑制、恢复和重新生成部件的特征。

4) 使用二维截面图形（Sketcher）工具来创建、修改和管理部件的二维几何图形。这些二维几何图形可以通过拉伸（Extrude）、旋转（Revolve）或扫掠（Sweep）方式建立部件的三维几何模型。

5) 使用集合（Set）工具、分割（Partition）工具、基准（Datum）工具对当前部件进行操作，分别可以完成创建几何集合、分割部件和创建基准的工作。

2.3.2 Property（属性）模块

在 ABAQUS/CAE 中，不能直接指定单元或几何部件的材料特性，而是要首先定义相应的截面（Section）属性，然后指定截面属性的材料，再把此截面属性赋予相应的部件。注意这里的"截面属性"包含的是广义的部件特性，而不是通常意义上的梁或板的截面形状。在 ABAQUS/CAE 中，梁截面形状称为 Profile。

在 Property 功能模块中主要可以完成以下操作：

1) 主菜单 Material 创建和管理材料。
2) 主菜单 Section 创建和管理截面属性。
3) 主菜单 Profile 创建和管理梁截面。
4) 主菜单 Special→Skin 在三维物体的某一个面或轴对称物体的一条边上附上一层皮肤，这种皮肤的材料可以与物体原来的材料不同。
5) 主菜单 Assign 指定部件的截面、取向（Orientation）、法线方向和切线方向。

ABAQUS 定义了多种材料本构关系及失效准则模型，主要包括如下内容：

（1）弹性材料模型

1) 线弹性：可以定义弹性模量、泊松比等弹性特性。
2) 正交各向异性：具有多种典型失效理论，用于复合材料结构分析。
3) 多孔结构弹性：用于模拟土壤和可压缩泡沫的弹性行为。
4) 亚弹性：可以考虑应变对模量的影响。
5) 超弹性：可以模拟橡胶类材料的大应变影响。
6) 黏弹性：时域和频域的黏弹性材料模型。

（2）塑性材料模型

1) 金属塑性：符合 Mises 屈服准则的各向同性塑性模型，以及遵循 Hill 准则的各向异性塑性模型。

2）铸铁塑性：拉伸为 Rankine 屈服准则，压缩为 Mises 屈服准则。

3）蠕变：考虑时间硬化和应变硬化定律的各向同性和各向异性蠕变模型。

4）扩展的 Druker-Prager 模型：适合于模拟砂土等粒状材料的不相关流动。

5）Capped Drucker-Prager 模型：适合于地质、隧道挖掘等领域。

6）Cam-Clay 模型：适合于黏土类土壤材料的模拟。

7）Mohr-Coulomb 模型：与 Capped Druker-Prager 模型类似，但可以考虑不光滑小表面情况。

（3）泡沫材料模型　可以模拟高度压缩材料，可应用于消费品包装及车辆安全装置等领域。

（4）混凝土材料模型　使用混凝土弹塑性破坏理论。

（5）渗透性材料模型　提供了各向同性和各向异性材料的渗透性模型，其特性与孔隙比率、饱和度和流速有关。

（6）其他材料模型　包括密度、热膨胀特性、热导率、电导率、比热容、压电特性、阻尼及用户自定义材料特性等。

2.3.3　Assembly（装配）模块

每个部件都被创建在自己的局部坐标系中，在模型中相互独立。使用 Assembly 功能模块可以为各个部件创建实体（Instance），并在整体坐标系中为这些实体定位，形成一个完整的装配件。实体是部件在装配件中的一种映射，用户可以为一个部件重复地创建多个实体，每个实体总是保持着和相应部件的联系。如果在 Part 功能模块中修改部件的形状尺寸，或在 Property 功能模块中修改部件的材料特性，这个部件相应的实体就会自动随之改变，但不能直接对实体进行上述修改。

整个模型只包含一个装配件，一个装配件可以由一个或多个实体构成。如果模型中只有一个部件，可以只为这个部件创建一个实体，而这个实体本身就构成了整个装配件。

在 Assembly 功能模块中主要可以进行以下操作：

1）主菜单 Instance 创建实体，通过平移和旋转来为实体定位，把多个实体合并（Merge）为一个新的部件，或者把一个实体切割（Cut）为多个新的部件。

2）主菜单 Constraint 通过建立各个实体间的位置关系来为实体定位，包括面与面平行（Parallel Face）、面与面相对（Face to Face）、边与边平行（Parallel Edge）、边与边相对（Edge to Edge）、轴重合（Coaxial）、点重合（Coincident Point）、坐标系平行（Parallel CSYS）等。

2.3.4　Step（分析步）模块

在 Step 模块中用户可以完成以下四种操作：创建分析步、设置输出数据、设置自适应网格和控制分析过程。

1. 创建分析步

一个复杂的模型往往有许多随时间变化的一系列事件发生，如模型荷载和边界条件的变化、模型的一部分与另一部分的关系发生改变、模型部件的增加和减少或者是其他发生在模型分析过程中的改变。用户利用 ABAQUS 进行有限元分析时,可以根据时间的变化定义一系列的分析步,利用这一系列分析步准确地模拟模型的变化。另外,分析步允许用户改变分析的顺序。

ABAQUS 的分析过程是由一系列的分析步组成的,使用主菜单 Step 下的各菜单项就可以创建和管理这些分析步。这些分析步可以分成两类:初始分析步(Initial Step)和后续分析步(Analysis Step)。初始分析步是 ABAQUS 自己创建的分析步,描述的是模型的初始状态,一个模型中只能有一个初始分析步,不可以进行重命名、删除、编辑、替换和复制等命令。而一个模型中可以有一个或多个后续分析步,它是用来描述模型变化的过程,每一个后续分析步只能描述一个特定的分析类型,并且对其顺序也有一定的要求。在建立后续分析步中,ABAQUS 的分析类型(Procedure Type)包括两类:线性扰动分析(Linear Perturbation),通常用在频率计算和振型的提取;通用分析(General),几乎包含了所有的分析类型,经常使用的类型有:

1)耦合温度-位移场分析(Coupled Temp-displacement),适用于由于温度变化引起结构产生应力的情况。

2)通用静力分析(Static,General),适用于一般的静力分析。

3)地应力场分析(Geostatic),是进行软土地基固结分析的主要步骤。

4)动态显式分析(Dynamic,Explicit),可用于进行路面结构在移动荷载下的响应分析。

5)土体的固结分析(Soils),进行软土地基固结和渗流分析。

2. 设置输出数据

利用 Step 模块,用户可以灵活地控制模型在各个分析步的输出方式,即在哪个分析步中输出什么样的变量,以什么频率输出。

在 Step 模块中可以设置两种输出方式,分别是场变量输出(Field Output)和历史变量输出(History Output)。场变量输出用于描述某个变量随空间位置的变化,历史变量输出用于描述某个变量随时间的变化。场变量输出的结果包括基本变量的所有分量,而历史变量输出允许单独输出某个独立的分量。使用主菜单 Output 下的各个菜单项可以控制这两种输出方式的输出结果。

3. 设置自适应网格

在分析大变形问题时,网格在分析过程中会发生严重的扭曲变形,导致分析不收敛,就算勉强收敛,其计算精度也大打折扣。针对这种情况,ABAQUS 提供了自适应网格功能,允许单元网格独立于材料移动,这样在分析大变形问题时也可以保证足够的精度。共有三种自适应技术供用户选择,分别是 ALE 自适应技术、自适应网格重画技术和网格间的求解变换。

ALE 自适应网格技术全称是"任意的拉格朗日-欧拉自适应网格"(Arbitrary Lagrangian Eulerian Adaptive Meshing),它不改变原有网格结构,而是在单个分析步的求解过程中逐渐改善网格质量;自适应网格重画技术是通过多次重新划分网格达到所要求的求解精度,只适用于 ABAQUS/Standard 分析；网格间的求解变换是用一个新的网格代替因变形过大而严重扭曲的网格，并将在原网格上的分析结果映射到新的网格上，只适用于 ABAQUS/Standard 分析。单击主菜单中 Other 选项，在子菜单栏中选择 Adaptive Mesh Controls 命令可以设置自适应网格的参数。

4. 控制分析过程

通常情况下，使用默认的 ABAQUS 求解参数就会取得良好的分析结果。

ABAQUS 的 Step 模块中有三个关键的概念，分别是 Initial Increment（初始增量）、Minimum Increment（最小增量）、Maximum Increment（最大增量），这些参数对于定义分析步是十分重要的。ABAQUS/Standard 的计算过程是输入初始增量值，进行迭代计算，如果计算结果收敛，则继续运算；若不收敛，则自动减小时间步长重新计算。但当 ABAQUS 进行四次缩减后或时间步长减小到最小值即最小增量时仍不收敛，则自动退出运算。因此最小增量值和最大增量值分别是 ABAQUS 在计算时时间步长的上下限。当最大时间步长定义较小时，需要计算的步数相应增大，电脑计算花费的时间也随之增大；当最大时间步长定义较大时，计算又不精确，因此需要用户设定合适的大小。

在 Step 模块下，单击主菜单 Step→Edit 命令，弹出 Edit Step 对话框，如图 2.3 所示。在 Basic 选项卡下可以定义分析步的基本信息，如自动稳定作用的选取、是否适用于大变形等，如图 2.3a 所示；在 Incrementation 选项卡下，可以对分析步增量进行设置，如是否采用固定增量步长、初始增量的大小等，如图 2.3b 所示；在 Other 选项卡下，可以定义分析求解的一系列参数，对于一般用户保持默认值不变就可取得良好的结果，对于高级用户可以通过调整方程求解方法（Equation Solver）和求解技术（Solution Technique）来提高针对特殊问题的分析效率和精度，如图 2.3c 所示。

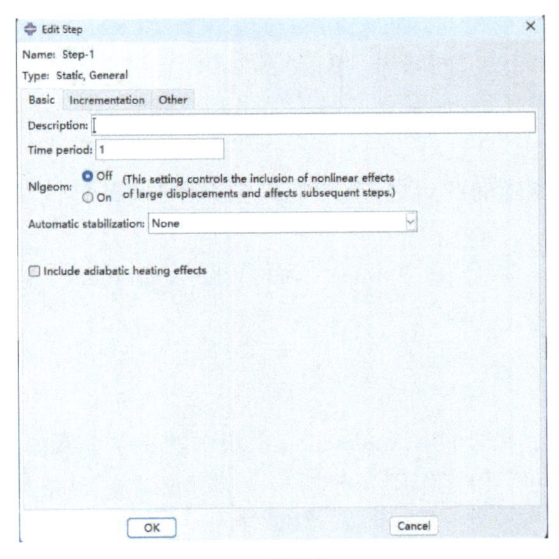

a) Basic选项卡

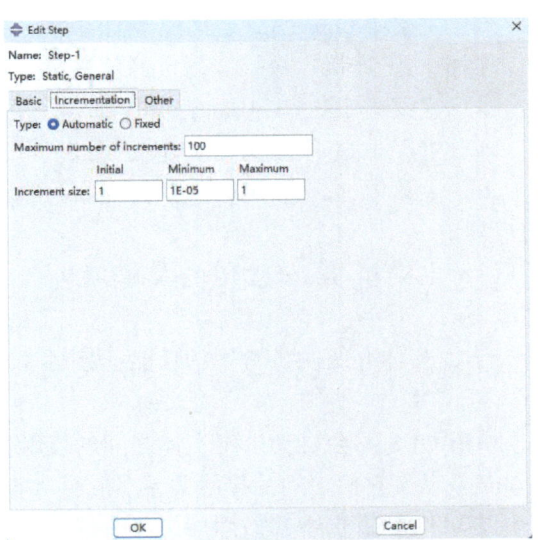

b) Incrementation选项卡

图 2.3　Edit Step 对话框

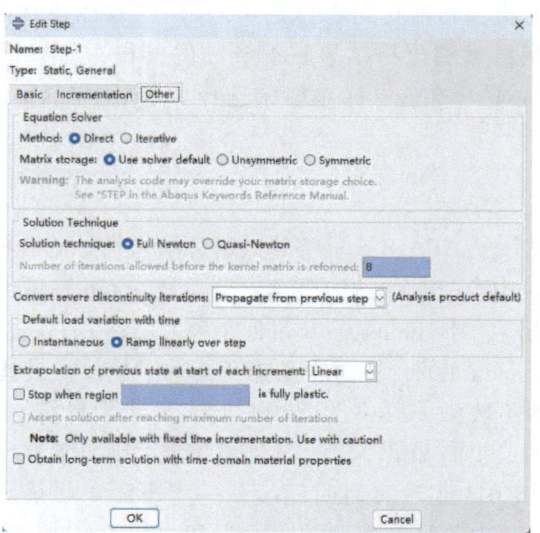

c) Other选项卡

图 2.3　Edit Step 对话框（续）

2.3.5　Interaction（相互作用）模块

在 Interaction 功能模块中，主要可以定义模型的以下相互作用：

1）主菜单 Interaction 定义模型的各部分之间或模型与外部环境之间的力学或热相互作用，如接触、弹性地基、热辐射等。

2）主菜单 Constraint 定义模型各部分之间的约束关系。

3）主菜单 Connector 定义模型中的两点之间或模型与地面之间的连接单元（Connector），用来模拟固定连接、铰接、恒定速度连接、止动装置、内摩擦、失效条件和锁定装置等。

4）主菜单 Special→inertia 定义惯量（包括点质量/惯量、非结构质量和热容）。

5）主菜单 Special→crack 定义裂纹。

6）主菜单 Special→springs/dashpots 定义模型中的两点之间或模型与地面之间的弹簧和阻尼器。

7）主菜单 Tools 常用的菜单项包括 Set（集合）、Surface（面）和 Amplitude（幅值）等。

下面具体介绍两种常用的功能：接触和约束。

1. 接触

ABAQUS 不会自动认定实体之间的接触关系，需要使用 Interaction 模块中的主菜单 Interaction 来定义它们之间的接触关系，软件才会认可。相互作用与分析步有关，必须规定相互作用在哪些分析步中起作用。

2. 约束

在 Interaction 模块中主菜单栏 Constraint 的意义是定义模型各部分的自由度之间的约束关系。具体包括以下类型：

（1）Tie（绑定）约束　模型中的两个面被牢固地黏结在一起，在分析过程中不再分开。被绑定的两个面可以有不同的几何形状和网格。

（2）Rigid Body（刚体）约束　在模型的某个区域和一个参考点之间建立刚性连接，此区域变为一个刚体，各节点之间的相对位置在分析过程中保持不变。

（3）Display Body（显示体）约束　与 Rigid Body 类似，受到此约束的实体只用于图形显示，而不参与分析过程。

（4）Coupling（耦合）约束　在模型的某个区域和参考点之间建立约束。

1）Kinematic Coupling（运动耦合）：在此区域的各节点与参考点之间建立一种运动上的约束关系。

2）Distributing Coupling（分布耦合）：在此区域的各节点与参考点之间建立一种约束关系，但是对此区域上各节点的运动进行了加权平均处理，使此区域上受到的合力和合力矩与施加在参考点上的力和力矩相等效。换言之，分布耦合允许面上的各部分之间发生相对变形，比运动耦合中的面更柔软。

（5）Shell-to-solid Coupling（壳体-实心体耦合）约束　在板壳的边和相邻实心体的面之间建立约束。

（6）Embedded Region（嵌入区域）约束　模型的一个区域镶嵌在另一个区域中。

（7）Equation（方程）约束　用一个方程来定义几个区域的自由度之间的相互关系。

2.3.6　Load（载荷）模块

在 Load 模块中用户可以定义和管理下面四种指定的条件：荷载（Loads）、边界条件（Boundary Conditions）、预定义场（Prodefined Field）和荷载状况（Load Case）。

（1）荷载　单击主菜单 Load，可以定义和管理施加到模型上的荷载。ABAQUS 提供了众多加载方式，在工程实际中常用的荷载类型有：

1）集中荷载（Concentrated Force）：施加到节点和几何实体上的集中力，表示为三个方向的分量。

2）弯矩荷载（Moment）：施加到节点和几何实体上的弯矩，表示为弯矩在三个方向上的分量。

3）压力荷载（Pressure）：单位面积上的荷载。

4）面荷载（Surface Traction）：施加在面上的单位面积荷载。

5）体荷载（Body Force）：单位体积上的体力。

6）线荷载（Line Load）：施加在梁上的单位长度的荷载。

7）重力荷载（Gravity Load）：以固定方向施加在整个模型的均匀加速度。

面荷载和压力荷载都是单位面积上的荷载，但压力荷载是一个标量，力的方向总是与面垂直；面荷载是一个矢量，其方向可以是任意的，定义面荷载时必须指定其方向矢量。线荷载只能施加在梁单元上。

（2）边界条件　使用主菜单 BC 可以定义和管理模型的边界条件，ABAQUS 为用户提供了以下类型的施加边界条件的方法：对称/反对称/固支（Symmetry/Antisymmetry/Encastre）、位移/转角（Displacement/Rotation）、速度/角速度（Velocity/Angular Velocity）、加速度/角加速度（Acceleration/Angular Acceleration）、连接单元位移/速度/加速度（Connector Displacement/Velocity/Acceleration）、温度（Temperature）、孔隙压力（Pore Pressure）、电势（Electric Potential）、集中质量（Mass Concentration）、声压（Acoustic Pressure）。

（3）预定义场　利用预定义场可以定义速度场、角速度场、温度场和初始状态等模型参数。在边界条件中也可以定义速度和角速度。

（4）荷载状况　使用主菜单 Load Case 可以定义荷载状况。荷载状况由一系列的荷载和边界条件组成，用于静力摄动分析和稳态动力分析。

2.3.7　Mesh（网格）模块

有限元分析的本质就是将无限自由度的问题转化成有限自由度的问题，将连续模型转化成离散模型来分析，通过简化来得到结果，但是离散模型的数目越多，最终得到的结果也就越接近真实情况，Mesh 模块为用户提供了将分析模型离散化的平台，用户可以自己设定网格的密度、大小、形状等参数。

在 ABAQUS 的 Mesh 模块中可以实现以下功能：

（1）布置网格种子　通过设置种子，可以方便快捷地控制节点的位置和密度。

（2）设置单元形状　在 Mesh 主菜单中单击 Controls 子菜单，选择设置的部件、实体和几何区域，弹出 Mesh Controls 对话框，如图 2.4 所示。对于三维问题，单元形状包括六面体（Hex）单元、六面体-主体（Hex-dominated）单元、四面体（Tet）单元和楔形（Wedge）单元。

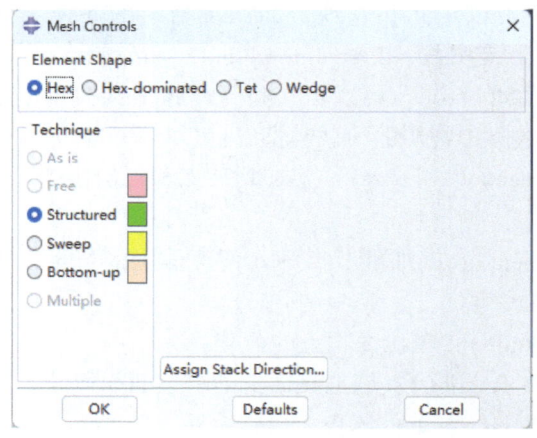

图 2.4　Mesh Controls 对话框

（3）单元类型　ABAQUS 单元库中提供了丰富的单元类型，几乎可以模拟实际工程中任何几何形状的有限元模型，在分析过程中选择不同的单元类型，得到的结果往往会有很大的差异。

（4）网格划分技术　从图 2.4 中可以看到，ABAQUS 提供了三种网格划分技术，分别是结构优化（Structured）网格、扫掠（Sweep）网格和自由（Free）网格。

（5）划分网格算法　ABAQUS 提供了两种算法，分别是中性轴（Medial Axis）算法和进阶（Advancing Front）算法。中性轴算法主要是将划分网格的区域分为一些简单的区域，然后使用结构网格划分技术来为这些简单的区域划分网格。进阶算法是先在边界上生成四边形网格，再向区域内部扩展。

（6）检查网格质量　单击主菜单 Mesh，选择 Verify 子菜单，可以选择部件、实体和几何区域，并检查它们的网格质量。在检查时会弹出 Verify Mesh 对话框，如图 2.5 所示。

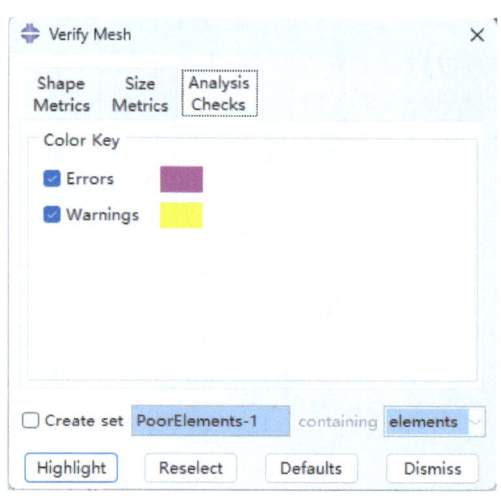

图 2.5　Verify Mesh 对话框

在建模过程中，网格划分是一个十分重要的环节，网格质量的好坏直接关系到分析能否顺利、快速地完成，也关系到能否得到高精度的分析结果，这需要用户拥有丰富的经验，能综合使用多种技巧。好的网格需要满足下面三个要求：

（1）合适的单元类型　在选择单元类型时，既要注意选择适合所分析问题的类型、保证结果精度，又要注意避免过度增大工作量。

（2）良好的单元形状　单元形状通过网格划分技术和布置网格种子控制。

（3）适当的网格密度　网格密度通过布置网格种子控制。

要想得到好的网格，一般需要通过以下的步骤来实现：

（1）设置网格参数，指定网格属性　用户可以利用 ABAQUS 提供的大量工具允许指定不同的网格特性，如网格密度、网格形状和网格类型。

（2）生成网格　Mesh 模块提供了许多生成网格的技术。用户利用不同的网格生成技术，最后对划分网格控制的水平也是不同的。

（3）改善网格　Mesh 模块提供了许多优化网格的工具。利用种子工具可以调整选定区域的网格密度；利用分割工具可以将复杂的模型分割成简单的区域进行操作；虚拟拓扑工具允许用户通过合并相邻面和边来简化模型；利用编辑网格工具，用户可以对网格进行小的调整。

（4）最优化网格　用户可以对模型某些区域指定重划分网格的秩序。

（5）检查网格质量　可以提供给用户检查区域网格的质量、节点和单元信息。

2.3.8　Job（分析作业）模块

在 Job 模块中主要实现以下目标：创建和编辑分析作业；提交分析作业；生成 INP 文件；监控分析作业的运行状态；终止分析作业的运行。

1. 创建和编辑分析作业

在 Job 模块中单击主菜单的 Job 选项，选择 Create 命令，弹出 Create Job 对话框，如图 2.6 所示。用户可以选择分析作业是基于模型，还是基于 INP 文件，选择后单击 Continue 按钮，弹出 Edit Job 对话框，如图 2.7 所示。

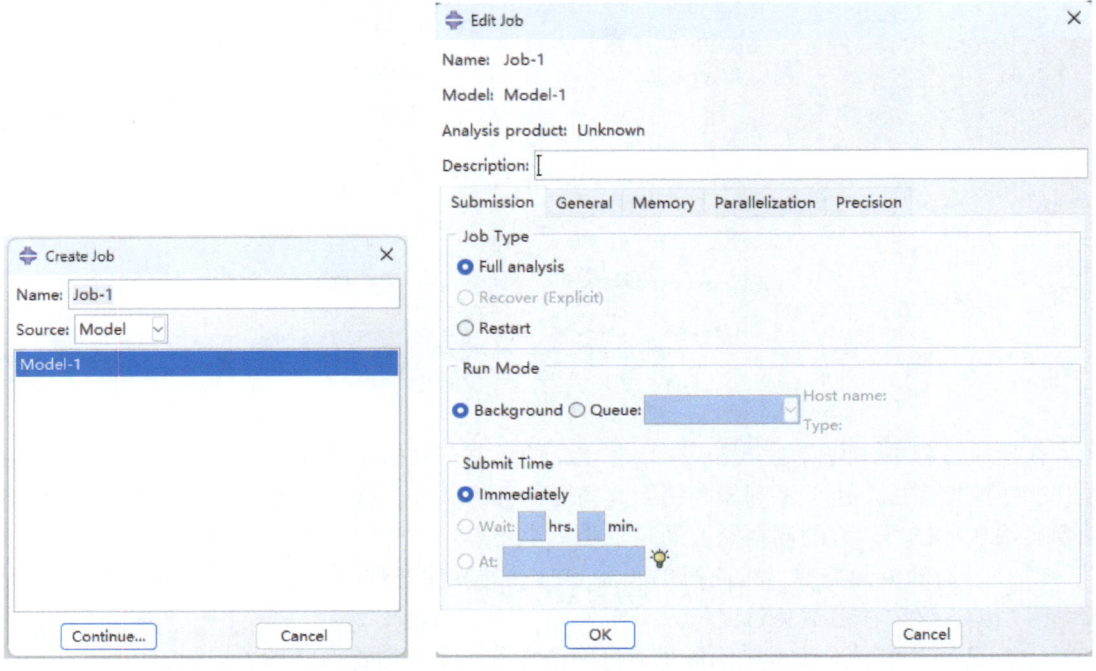

图 2.6　Create Job 对话框　　　　　　图 2.7　Edit Job 对话框

在此对话框中，用户可以设置以下参数：

1）提交分析（Submission）选项卡，可以设置分析作业的类型、运行的模式和提交的时间。

2）通用参数（General）选项卡，可以设置前处理的输出数据、存放临时数据的文件夹和需要用到的子程序。

3）内存（Memory）选项卡，可以设置分析过程中运行使用的内存。

4）并行分析（Parallelization）选项卡，可以设置多个 CPU 的并行处理。

5）分析精度（Precision）选项卡，可以设置分析精度。

2. 提交分析作业

单击主菜单的 Job 选项，选择 Manager 命令，弹出 Job Manager 对话框，如图 2.8 所示。单击 Submit 按钮，可以提交分析作业；单击 Monitor 按钮，可以进入监控分析作业对话框，如图 2.9 所示；当运行完毕后单击 Results 按钮，可自动进入后处理模块。

第 2 章 ABAQUS 基本使用方法

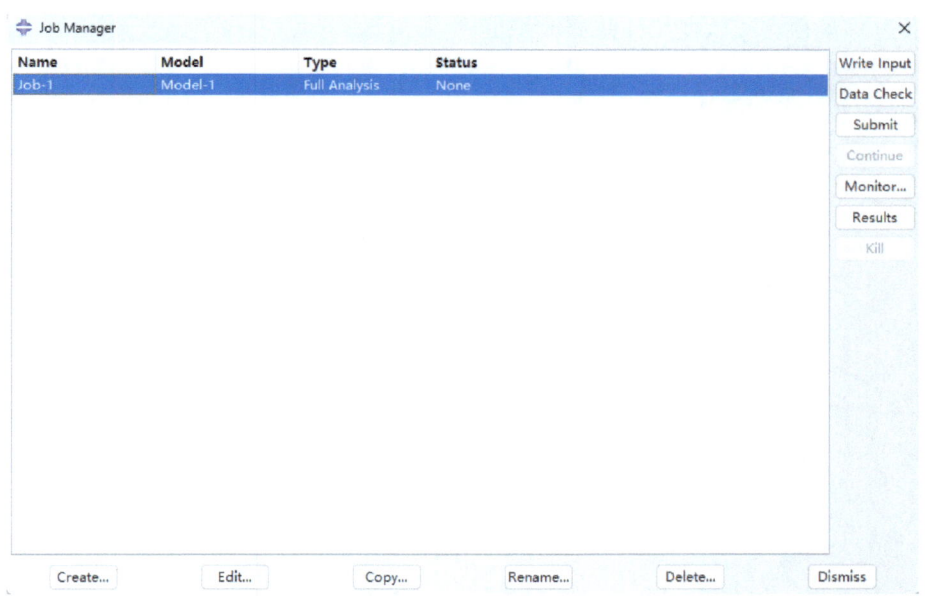

图 2.8　Job Manager 对话框

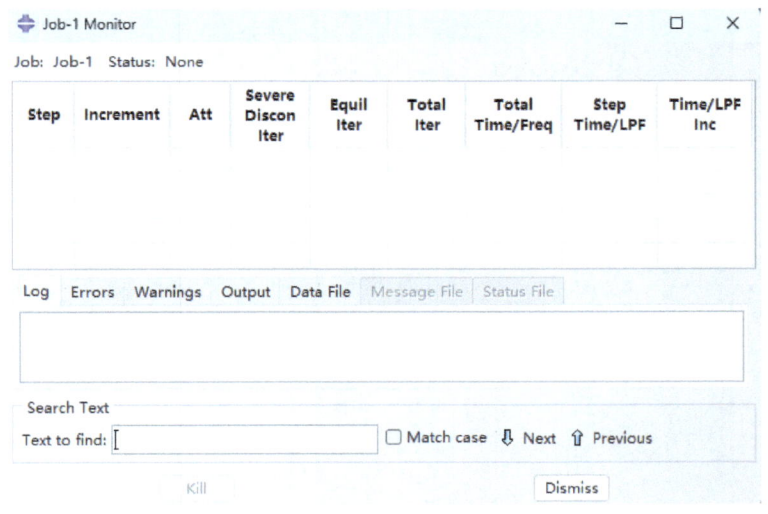

图 2.9　监控分析作业的运行状态

2.3.9　Sketch（绘图）模块

Sketch 模块可以看作 Part 模块的附属模块，用户可以在这个模块中建立复杂的二维模型，并可以导入 cad 形式的二维模型，能导入的 cad 文件有 AUTOCAD（.dxf）、IGES（.igs）、ACTS（.sat）和 STEP（.stp）。ABAQUS 在这个模块中提供了以下的绘图功能：

1) 绘制基本图形。
2) 绘制帮助定位和对齐的辅助图形。
3) 添加尺寸。

4）通过移动顶点或改变尺寸来修改平面图。

5）复制图形。

Sketchers 工具集如图 2.10 所示。

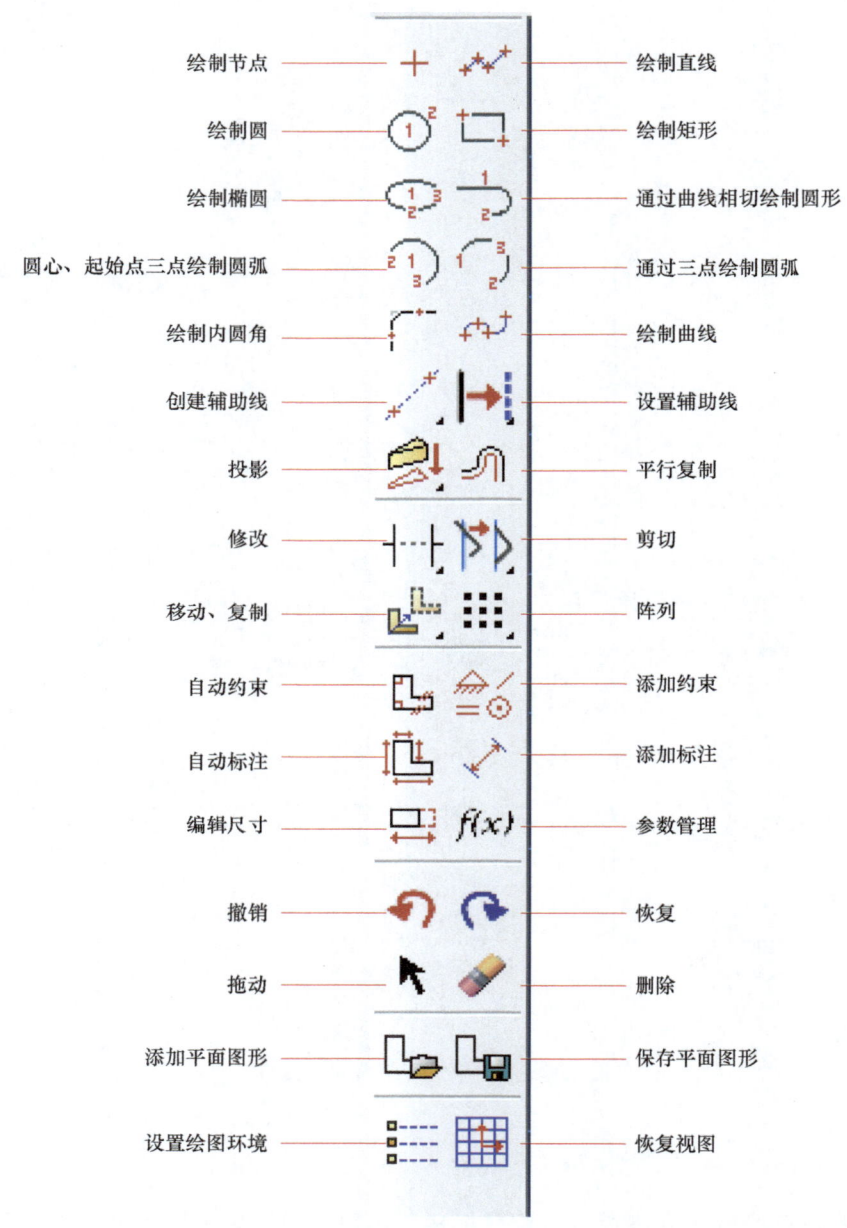

图 2.10　Sketchers 工具集

2.3.10　Visualization（可视化）模块

在可视化模块中，ABAQUS 为用户提供了大量的后处理工具，具体的操作将在后面例题中逐步介绍，这里就不做详细说明了。

2.4 网格划分方法

ABAQUS/CAE 划分网格的方法与其他前处理器有较大区别。以旋转体的网格划分为例，FEMAP 和 MENTAT 等前处理器的常用方法是首先在剖面上生成二维网格，然后通过旋转拉伸得到三维网格，而 ABAQUS/CAE 是首先生成三维几何部件，然后通过分割实体和布置种子来控制单元密度和位置，最后使用自动算法直接生成三维网格。下面简单介绍一下在 ABAQUS/CAE 中划分网格的方法。

使用 ABAQUS/CAE 的 Mesh 功能模块可以完成以下功能：
1）通过布置种子来控制网格密度。
2）设置单元形状、单元类型、网格划分技术和算法。
3）划分网格。
4）检验网格质量。
5）通过改变种子位置、分割（Partition）实体、虚拟拓扑（Virtual Topology）、编辑网格等方法来控制单元大小，改善网格质量。
6）将已划分网格的装配件或实体保存为网格部件。

2.4.1 ABAQUS 单元特性

ABAQUS 有各种各样的单元，其庞大的单元库提供了一套强大的工具来解决许多不同类型的问题，本节介绍影响单元特性的五个方面问题。

1. 单元的表征

每一个单元都由下面五个特性来表征：单元族、自由度（和单元族直接相关）、节点数、数学描述（单元列式）、积分。ABAQUS 中每一种单元都有其特有的名字，如 T2D2、S4R 和 C3D8I。单元的名字标志着一种单元的五个特性。

2. 单元族（Family）

图 2.11 给出了应力分析中最常用的单元族，包括实体单元、壳单元、梁单元和刚体单

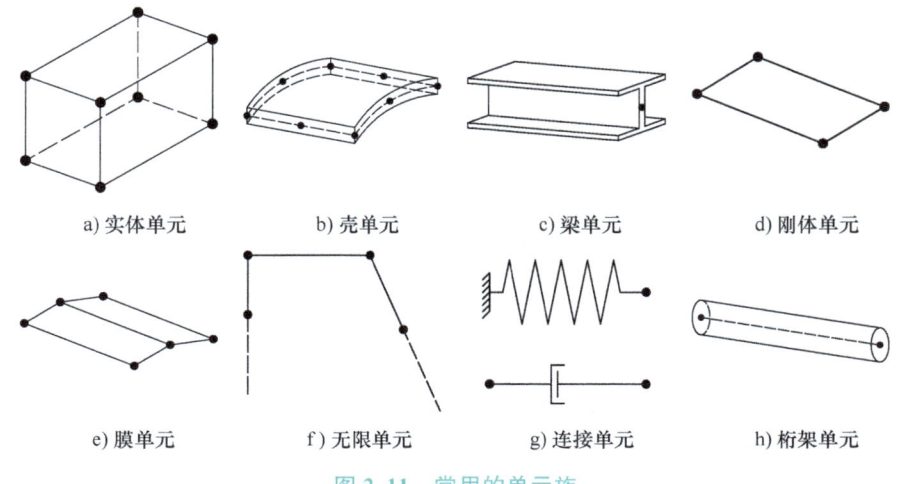

a）实体单元 b）壳单元 c）梁单元 d）刚体单元
e）膜单元 f）无限单元 g）连接单元 h）桁架单元

图 2.11 常用的单元族

元等。单元族之间一个明显的区别是每一个单元族所假定的几何类型不同。单元名字里的首字母标志着这种单元属于哪一个单元族，如 S4R 中的 S 表示该单元是壳单元，C3D81 中的 C 表示该单元是实体单元。

3. 自由度（Degrees of Freedom，简写为 DOF）

自由度是分析计算中的基本变量。对于壳和梁单元的应力/位移模拟分析，自由度是每一节点处的平动和转动。对于热传导模拟分析，自由度为每一节点处的温度；因此，热传导分析要求应用与应力分析不同的单元，因为它们的自由度不同。

ABAQUS 中自由度的排序规则如下：

1）沿 1 方向的平动。
2）沿 2 方向的平动。
3）沿 3 方向的平动。
4）绕 1 轴的转动。
5）绕 2 轴的转动。
6）绕 3 轴的转动。
7）开口截面梁单元的翘曲增幅。
8）孔隙水压力、静水流体的压力，或声压。
9）电势。
10）单位长度的连接材料量。
11）温度（或物质扩散分析中归一化浓度）。
12）第二点温度（对梁和壳）。
13）第三点温度（对梁和壳）。

前 6 个基本自由度如图 2.12 所示。

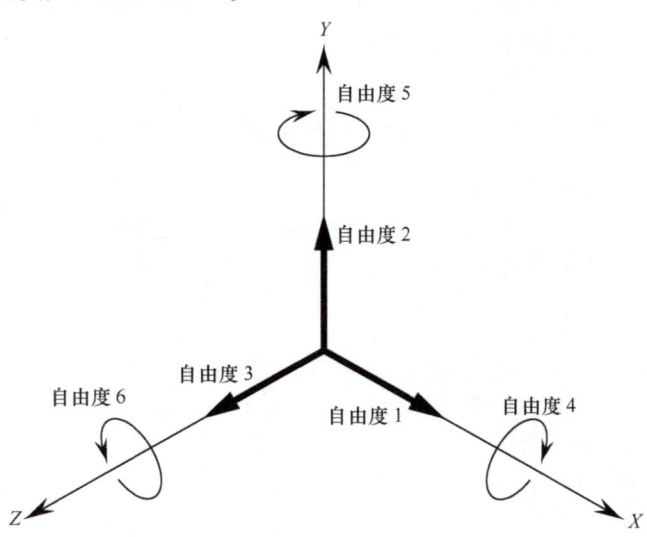

图 2.12　ABAQUS 中的前 6 个基本自由度

除非已经在节点处定义了局部坐标系，否则方向 1、2、3 分别对应于整体坐标系的 1、2 和 3 方向。

轴对称单元是一个例外，其位移和转动自由度指的是：
1）沿 r-方向的平动。
2）沿 Z-方向的平动。
3）在 r-Z 平面内的转动。

除非已经在节点处定义了局部坐标系，否则方向 r 和 Z 分别对应于整体坐标系的 1 和 2 方向。

其他类型的单元（如热传导单元）可参考 ABAQUS/Standard 用户手册。

4. 节点数目（Numbers of Nodes）——**插值的阶数**（Order of Interpolation）

ABAQUS 仅在单元的节点处计算位移或任何其他的自由度。在单元内的任何其他点处，位移是通过节点位移插值获得的。通常插值的阶数由单元采用的节点数决定。节点均处于角点处的单元，如图 2.13a 所示的 8 节点实体单元，在每一方向上采用线性插值，因此常常称这类单元为线性单元或一阶单元。具有边中点节点的单元，如图 2.13b 所示的 20 节点实体单元，采用二次插值，因此常常被称为二次单元或二阶单元。ABAQUS/Standard 提供了对于线性和二次单元的广泛选择；ABAQUS/Explicit 仅仅提供线性单元、二次梁单元和修正的四面体与三角形单元。一般情况下单元的节点数在其名字中清楚地标记着。8 节点实体单元，叫作 C3D8；8 节点一般壳单元叫作 S8R。梁单元族的记法稍有不同：插值的阶数在单元的名字中标记着。这样，一阶三维梁单元叫作 B31，而二阶三维梁单元叫作 B32。轴对称壳单元和膜单元也采用了类似的约定。

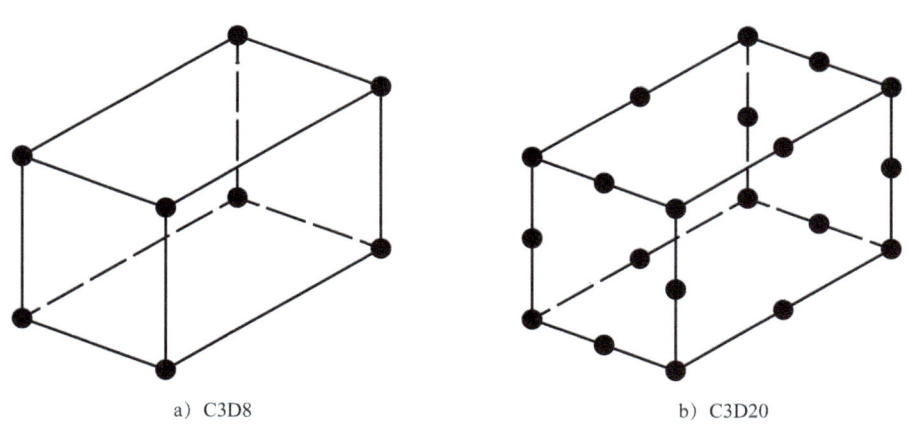

a) C3D8　　　　　　　　　　b) C3D20

图 2.13　线性单元和二次单元

5. 数学描述（Formulation）

单元的数学描述是用来定义单元行为的数学理论。ABAQUS 中所有的应力/位移单元行为都是基于拉格朗日或物质描述的：在整个分析过程中，和一个单元相关的物质与这个单元保持相关，而且物质不能穿越单元边界。在欧拉或空间描述中，单元在空间中固定，而物质在单元之间流动。欧拉方法通常用于流体力学分析。ABAQUS/Standard 运用欧拉方法来模拟对流换热，ABAQUS/Explicit 中的自适应网格技术，将纯拉格朗日和欧拉分析的特点结合，允许单元的运动独立于材料。为了适用于不同类型的物理行为，ABAQUS 中的某些单元族包含具有几种不同列式的单元。如，壳单元族有三种类别：一类是具有一般壳体理论的列式，一类是具有薄壳理论的列式,另外一类是具有厚壳理论的列式。

某些单元族除了有标准的列式,还有一些其他供选择的列式。具有其他供选择列式的单元可以由其单元名字末尾的附加字母来识别。如,实体、梁和桁架单元族包括了杂交元列式,杂交单元由其名字末尾的 H 字母标识(C3D8H 和 B31H)。有些单元列式可求解耦合场问题,如以字母 C 开头和字母 T 结尾的单元(如 C3D8T)具有力学和热学自由度,可用于力-热学耦合问题的仿真计算。

6. 积分(Integration)

ABAQUS 应用数值技术积分每一单元体上各种变量。对于大部分单元,ABAQUS 运用高斯积分方法来计算单元内每一个高斯点处的物质响应。对实体单元,必须在全积分和减缩积分之间做出选择,对于给定问题,这个选择很大程度上影响着单元精度。ABAQUS 在单元名字末尾用字母 R 来识别减缩积分单元,对杂交单元,末尾字母为 RH。如,CAX4 是全积分、线性、轴对称实体单元;而 CAX4R 是同类单元的减缩积分单元。ABAQUS/Standard 提供了完全积分和减缩积分单元;ABAQUS/Explicit 仅仅提供减缩积分单元、修正的四面体单元和三角形单元。

2.4.2 网格种子

通过设置种子(Seed),可以控制节点的位置和密度。设置种子有两种方式。

(1)设置全局种子(Global Seed) 设定整个部件或实体上的单元尺寸,方法是:对于非独立实体,在 Mesh 功能模块的主菜单中选择 Seed→Part;对于独立实体,在主菜单中选择 Seed→Instance。弹出的 Global Seeds 对话框如图 2.14 所示,在 Approximate global size 文本框可输入全局的单元尺寸。

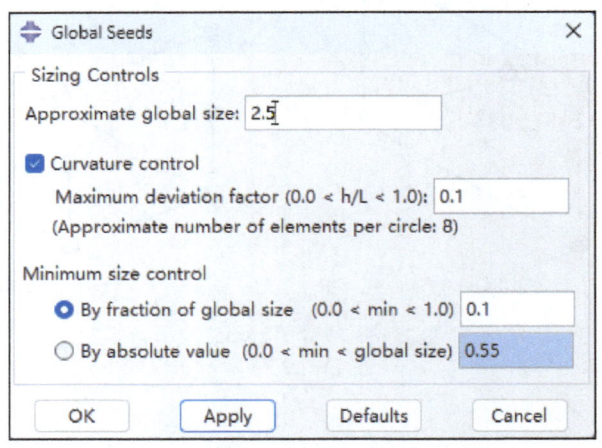

图 2.14 设置全局种子

(2)设置边上的种子(Edge Seed) 分为三种方式:设定边上的单元数目(均匀分布)、设定边上的单元大小(均匀分布)和设定边上的单元数目(非均匀分布),分别对应于主菜单 Seed 下的 Edge by Number、Edge by Size 和 Edge Biased 命令。设置边上的种子时,在输入单元数目或大小之前,可以单击窗口右下角的 Constraints 按钮,弹出 Edge Seed Constraints 对话框,其中 Seed Constraints 选项组有以下三种选择:

1）边上的种子无约束：划分网格时，边上的节点数目可以超出或少于种子的数目（Allow the number of elements to increase or decrease），无约束的种子用圆圈表示。

2）边上的种子受部分约束：划分网格时，边上的节点数目可以超出种子的数目，但不能少于种子的数目（Allow the number of elements to increase only）。受部分约束的种子用三角形表示。

3）边上的种子受完全约束：划分网格时，边上的节点位置与种子的位置严格吻合（Do not all the number of elements to change），受完全约束的种子用方形表示。

2.4.3 单元形状

在 Mesh 功能模块的主菜单中选择 Mesh→Controls，弹出 Mesh Controls 对话框，其中可以选择单元形状。对于二维问题，包括以下可供选择的单元形状：

1）Quad：网格中完全使用四边形单元。

2）Quad-dominated：网格中主要使用四边形单元，但在过渡区域允许出现三角形单元。选择 Quad-dominated 类型更容易实现网格从稀到密的过渡。

3）Tri：网格中完全使用三角形单元。

对于三维问题，包括以下可供选择的单元形状。

1）Hex：网格中完全使用六面体单元。

2）Hex-dominated：网格中主要使用六面体单元，但在过渡区域允许出现楔形（三棱柱）单元。

3）Tet：网格中完全使用四面体单元。

4）Wedge：网格中完全使用楔形单元。

Quad 单元（二维区域）和 Hex 单元（三维区域）可以用较小的计算代价得到较高的精度，因此应尽可能选择这两种单元。

2.4.4 网格划分技术

（1）Structured（结构化）网格　将一些标准的网格模式应用于一些形状简单的几何区域。采用结构化网格的区域显示为绿色。

（2）Sweep（扫掠）网格　对于二维区域，首先在边上生成网格，然后沿扫掠路径拉伸，得到二维网格；对于三维区域，首先在面上生成网格，然后沿扫掠路径拉伸，得到三维网格。扫掠网格同样也只适用于某些特定的几何区域。采用扫掠网格的区域显示为黄色。

（3）Free（自由）网格　自由网格是最为灵活的网格划分技术，几乎可以用于任意的几何形状。采用自由网格的区域显示为粉红色。

自由网格采用 Tri 单元（二维区域）和 Tet 单元（三维区域），一般应选择带内部节点的二次单元来保证精度。结构化网格和扫掠网格一般采用 Quad 单元（二维区域）和 Hex 单元（三维区域），分析精度相对较高，因此在划分时应尽可能优先选用这两种划分技术。

如果某个区域显示为橙色，表明无法使用目前赋予它的网格划分技术来生成网格。模型的几何形状复杂时，往往不能直接采用结构化网格或扫掠网格。这时可以首先把实体分割为几个简单的区域，然后再划分结构化网格或扫掠网格。在 Mesh 功能模块的主菜单中选择

Tools→Partition，可以分割边、面或三维区域（cell）。通过分割还可以更好地控制单元的位置和密度，对所关心的区域进行网格细化，或为不同的区域赋予不同的单元类型。

使用自由网格划分技术时，一般来说节点的位置会与种子的位置相吻合。使用结构化网格或扫掠网格划分技术时，如果定义了受完全约束的种子，网格划分可能不成功，可以允许 ABAQUS/CAE 去除对这些种子的约束，从而完成对网格的划分。

2.4.5 划分网格的算法

使用 Quad 单元或 Hex 单元划分网格时，有两种可供选择的算法：Medial Axis（中性轴）算法和 Advancing Front（进阶）算法。在 ABAQUS/CAE 中的操作方法是：在 Mesh 功能模块的主菜单中选择 Mesh→Controls，弹出 Mesh Controls 对话框（图 2.15），就可以选择这两种算法。

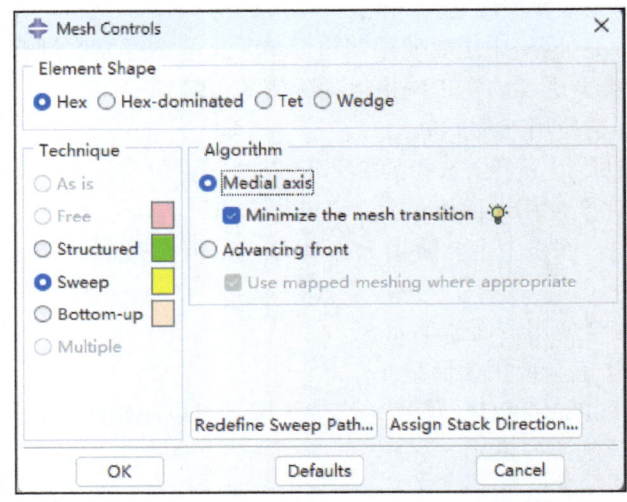

图 2.15 划分网格的两种算法：中性轴算法和进阶算法

1. Medial Axis 算法

Medial Axis 算法首先把要划分网格的区域分为一些简单的区域，然后使用结构化网格划分技术来为这些简单的区域划分网格。Medial Axis 算法具有以下特性：

1）使用 Medial Axis 算法更容易得到单元形状规则的网格，但网格与种子的位置吻合得较差。

2）在二维模型中使用 Medial Axis 算法时，选择 Minimize the mesh transition（最小化网格的过渡），可以提高网格的质量，但用这种方法生成的网格更容易偏离种子。

3）如果在模型的一部分边上定义了受完全约束的种子，Medial Axis 算法会自动为其他边选择最佳的种子分布。

4）Medial Axis 算法不支持由 CAD 模型导入的不精确模型（Imprecise Part）和虚拟拓扑（Virtual Topology）。

2. Advancing Front 算法

Advancing Front 算法首先在边界上生成四边形网格，然后再向区域内部扩展。它具有以下特性：

1）使用 Advancing Front 算法得到的网格可以与种子的位置很好地吻合，但在较窄的区域内，精确匹配每粒种子可能会使网格歪斜。

2）使用 Advancing Front 算法更容易得到单元大小均匀的网格。有些情况下，单元尺寸均匀是很重要的，如在 ABAQUS/Explicit 中，网格中的小单元会限制增量步长。

3）使用 Advancing Front 算法容易实现从粗网格到细网格的过渡。

4）Advancing Front 算法支持不精确模型和二维模型的虚拟拓扑。

在实际应用中，具体选择哪种算法更好，往往需要自己去尝试。

2.4.6 划分网格失败时的解决办法

划分网格失败时，ABAQUS/CAE 会显示错误信息，解释无法划分网格的原因，一般还会用高亮度显示存在问题的区域，并将这一区域保存为一个集合（Set），可以用显示组（Display Group）来单独显示这一区域。

在划分 Tet 单元网格时，ABAQUS/CAE 会首先在实体的外表面上划分三角形网格，作为 Tet 单元网格的基础。如果模型的规模很大，划分 Tet 单元网格会需要较长的时间，可以在开始划分 Tet 单元网格之前，首先预览外表面上的三角形网格，以便尽早发现错误，缩短建模时间。

划分网格失败可能有多种原因，如：

1）几何模型有问题，如模型中有自由边或很小的边、面、尖角、缝隙等。

2）种子布置得太稀疏。

如果无法成功地划分 Tet 网格，可以尝试以下措施：

1）在 Mesh 功能模块中，选择主菜单 Tools→Query 下的 Geometry Diagnostics 命令，检查模型中是否有自由边、短边、小平面、小尖角或微小的缝隙。如果几何部件是由 CAD 模型导入的，则应注意检查是否模型本身就有这种问题（有时可能是数值误差导致的）；如果几何部件是在 ABAQUS/CAE 中创建的，应注意是否在进行拉伸或切割操作时，由于几何坐标的误差出现了上述问题。

2）在 Mesh 功能模块中，可以使用主菜单 Tools→Virtual Topology（虚拟拓扑）来合并小的边或面，或忽略某些边或顶点。

3）在 Part 功能模块中，可以使用主菜单 Tools→Repair 来修复存在问题的几何实体，如可以选择 Face/Replace Faces 命令来合并两个面。

4）在无法生成网格的位置加密种子。

2.4.7 检查网格质量

在 Mesh 功能模块中单击左侧工具区中的 Verify Mesh 图形按钮，可以选择部件、实体、几何区域或单元，检查其网格的质量，获得节点和单元信息。图 2.16 是检查部件网格时的 Verify Mesh 对话框，选择 Statistical Checks（统计检查）可以检查单元的形状及尺寸大小（图 2.16a、b），选择 Analysis Checks（分析检查）可以检查分析过程中会导致错误或警告信息的单元（图 2.16c）。单击 Highlight（高亮度显示）按钮，符合检查判据的单元就会高亮显示。

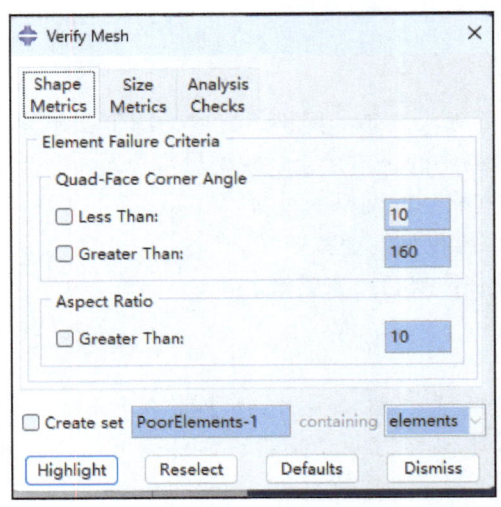
a) Shape Metrics 选项卡

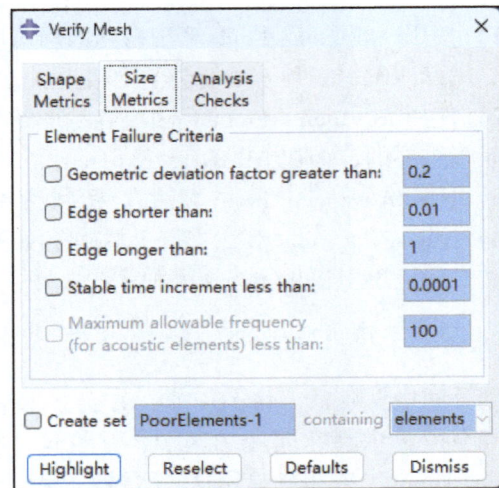
b) Size Metrics 选项卡

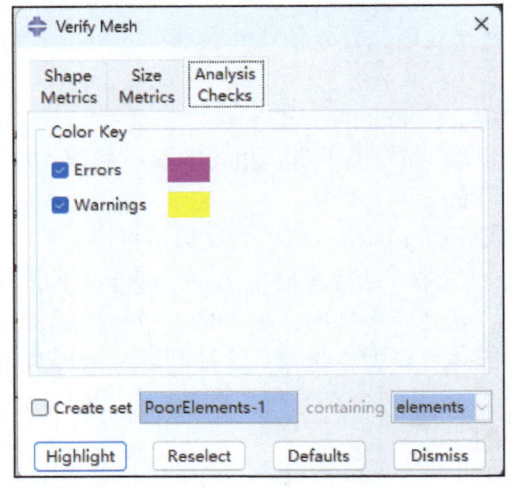
c) Analysis Checks 选项卡

图 2.16 检查网格质量

2.5 选择三维实体单元的类型

ABAQUS 具有丰富的单元库，单元种类多达 433 种，共分为 8 个大类：连续体单元（Continuum Element，又称 Solid Element，即实体单元）、壳单元、薄膜单元、梁单元、杆单元、刚体单元、连接单元和无限元。

ABAQUS 还提供针对特殊问题的特种单元，如针对钢筋混凝土结构或轮胎结构的加强筋单元、针对海洋工程结构的土壤-管柱连接单元和锚链单元等。另外，用户还可以通过用户子程序来建立自定义单元。

单元种类的丰富同时也意味着，用户在设置单元类型时总是面临着多种选择。遗憾地是，不存在一种完美的单元类型，可以不受限制地应用于各种问题。每种单元都有其优点和缺点，有其特定的适用场合。

提高求解精度和缩短计算时间是一对永恒的矛盾，如何根据不同的问题类型和求解要求，为模型选择出最合适的单元，用尽量短的计算时间得到尽量精确的结果，这是使用 ABAQUS 过程中一个复杂而重要的问题。

2.5.1 混合使用不同类型的单元

当三维实体几何形状较复杂时，无法在整个实体上使用结构化网格或扫掠网格划分技术得到 Hex 单元网格，这时一种常用的做法是，对于实体不重要的部分使用自由网格划分技术，生成 Tet 单元网格；对于所关心的部分采用结构化网格或扫掠网格，生成 Hex 单元网格。在生成这样的网格时，ABAQUS 会提示将生成非协调的网格，在不同单元类型的交界处将自动创建绑定（Tie）约束。

需要注意的是，在不同单元类型网格的交界处，即使单元角部节点是重合的，仍然有可能出现不连续的应力场，而且在交界处的应力可能大幅增大。如果在同一实体中混合使用线性单元和二次单元，也会出现类似的问题。因此在混合使用不同类型的单元时，应确保其交界处远离所关心的区域，并仔细检查分析结果是否正确。对于无法完全采用 Hex 单元网格的实体，还可以使用以下方法：

1）对整个实体划分 Tet 单元网格，使用二次单元 C3D10 或修正的二次单元 C3D1OM，同样可以达到所需的精度，只是计算时间较长。

2）改变实体中不重要部位的几何形状，然后对整个实体采用 Hex 单元网格。

2.5.2 选择三维实体单元类型的基本原则

综上所述，选择三维实体单元类型时应遵循以下原则：

1）对于三维区域，尽可能采用结构化网格划分技术或扫掠网格划分技术，从而得到 Hex 单元网格，减小计算代价，提高计算精度。当几何形状复杂时，也可以在不重要的区域使用少量楔形（Wedge）单元。

2）如果使用了自由网格划分技术，Tet 单元的类型应选择二次单元。在 ABAQUS/Explicit 中应选择修正的 Tet 单元 C3D10M，在 ABAQUS/Standard 中可以选择 C3D10，但如果有大的塑性变形，或模型中存在接触，而且使用的是默认的硬接触关系（Hard Contact Relationship），则也应选择修正的 Tet 单元 C3D10M。

3）ABAQUS 的所有单元均可用于动态分析，选取单元的一般原则与精力分析相同。但在使用 ABAQUS/Explicit 模拟冲击或爆炸荷载时，应选用线性单元，因为它们具有集中质量公式，模拟应力波的效果优于二次单元所采用的一致质量公式。

如果使用的求解器是 ABAQUS/Standard，在选择单元类型时还应注意以下方面：

1）对于应力集中问题，尽量不要使用线性减缩积分单元，可使用二次单元来提高精度。如果在应力集中部位进行了网格细化，使用二次减缩积分单元与二次完全积分单元得到的应力结果相差不大，而二次减缩积分单元的计算时间相对较短。

2）对于弹塑性分析，如果材料是不可压缩性的（如金属材料），则不能使用二次完全积分单元，否则会出现体积自锁问题，也不要使用二次 Tri 单元或 Tet 单元。推荐使用的是修正的二次单元或 Tet 单元、非协调单元，以及线性减缩积分单元。如果使用二次减缩积分单元，当应变超过 20%、40% 时要划分足够密的网格。

3）如果模型中存在接触或大的扭曲变形，则应使用线性 Quad 或 Hex 单元，以及修正的二次 Tri 单元或 Tet 单元，而不能使用其他的二次单元。

4）对于以弯曲为主的问题，如果能够保证在所关心部位的单元扭曲较小，使用非协调单元（如 C3D81 单元）可以得到非常精确的结果。

5）除了平面应力问题之外，如果材料是完全不可压缩的，则应使用杂交单元；在某些情况下，对于近似不可压缩材料也应使用杂交单元。

2.6　选择壳单元的类型

如果一个薄壁构件的厚度远小于其典型整体结构尺寸（一般为小于 1/10），并且可以忽略厚度方向的应力，就可以用壳单元来模拟。壳体问题可以分为两类：薄壳问题（忽略横向剪切变形）和厚壳问题（考虑横向剪切变形）。对于单一各向同性材料，一般当厚度和跨度的比值小于 1/15 时，可以认为是薄壳；大于 1/15 时，则可以认为是厚壳。对于复合材料，这个比值需要更小一些。

ABAQUS 的壳单元可以有多种分类方法，按照薄壳和厚壳可划分为：

1）通用目的（General-purpose）壳单元：此类单元对薄壳和厚壳问题均有效。

2）特殊用途（Special-purpose）壳单元：包括纯薄壳（Thin-only）单元和纯厚壳（Thick-only）单元。

根据单元的定义方式，还可以将 ABAQUS 壳单元划分为：

1）常规（Conventional）壳单元：通过定义单元的平面尺寸、表面法向和初始曲率来对参考面进行离散，只能在截面属性中定义壳的厚度，而不能通过节点来定义壳的厚度。

2）连续体（Continuum）壳单元：类似于三维实体单元，对整个三维结构进行离散。

选择壳单元的类型时可以遵循以下原则：

1）对于薄壳问题，常规壳单元的性能优于连续体壳单元；而对于接触问题，连续体壳单元的计算结果更加精确，因为它能在双面接触中考虑厚度的变化。

2）如果需要考虑薄膜模式或弯曲模式的沙漏问题，或模型中有面内弯曲，在 ABAQUS/Standard 中使用 S4 单元（4 节点四边形有限薄膜应变线性完全积分壳单元）可以获得很高的精度。

3）S4R 单元（4 节点四边形有限薄膜应变线性减缩积分壳单元）性能稳定，适用范围很广。

4）S3/S3R 单元（3 节点三角形有限薄膜应变线性壳单元）可以作为通用壳单元使用。由于单元中的常应变近似，需要划分较细的网格来模拟弯曲变形或高应变梯度。

5）对于复合材料，为模拟剪切变形的影响，应使用适于厚壳的单元（如 S4、S4R、S3、S3R、S8R），并要注意检查截面是否保持平面。

6）四边形或三角形的二次壳单元对剪切自锁或薄膜自锁都不敏感，适用于一般的小应变薄壳。

7）在接触模拟中，如果必须使用二次单元，不要选择 STR165 单元（三角形二次壳单元），而应使用 S9R5 单元（9 节点四边形壳单元）。

8）如果模型规模很大且只表现几何线性，使用 S4R5 单元（线性薄壳单元）比通用壳单元更节约计算成本。

9）在 ABAQUS/Explicit 中，如果包含任意大转动和小薄膜应变，应选用小薄膜应变单元。

2.7 选择梁单元的类型

如果一个构件横截面的尺寸远小于其轴向尺度（一般的判据为小于 1/10），并且沿长度方向的应力是最重要的因素，就可以用梁单元来模拟。ABAQUS 中的所有梁单元都是梁柱类单元，即可以产生轴向变形、弯曲变形和扭转变形的 Timoshenko 梁单元还考虑了横向剪切变形的影响。B21 和 B31 单元（线性梁单元）以及 B22 和 B32 单元（二次梁单元）是考虑剪切变形的 Timoshenko 梁单元，它们既适用于模拟剪切变形起重要作用的深梁，又适用于模拟剪切变形不太重要的细长梁。这些单元的横截面特性与厚壳单元的横截面特性相同。

ABAQUS/Standard 中的三次单元 B23 和 B33 被称为 Euler-Bernoulli 梁单元，它们不能模拟剪切变形，但适合于模拟细长的构件（横截面的尺寸小于轴向尺度的 1/10）。由于三次单元可以模拟沿长度方向的三阶变量，所以只需划分很少的单元就可以得到很精确的结果。

选择梁单元的类型可以遵循以下原则。

1）在任何包含接触的问题中，应使用 B21 或 B31 单元（线性剪切变形梁单元）。

2）如果横向剪切变形很重要，则应采用 B22 和 B32 单元（二次 Timoshenko 梁单元）。

3）在 ABAQUS/Standard 的几何非线性模拟中，如果结构非常刚硬或非常柔软，应使用杂交单元，如 B21H 和 B32H 单元。

4）如果在 ABAQUS/Standard 中模拟具有开口薄壁横截面的结构，应使用基于横截面翘曲理论的梁单元，如 B310S、B320S 单元。

第 3 章
静力作用下钢筋混凝土梁实例分析方法

3.1 基本工况

图 3.1 所示钢筋混凝土简支梁，梁长 1800mm，截面尺寸为 150mm×250mm，保护层厚度为 25mm。梁上下纵筋直径为 12mm，箍筋直径为 8mm，间距为 125mm。混凝土设计强度等级为 C40，钢筋均为 HRB400 等级，其弹性模量为 200GPa，屈服强度为 450MPa，极限强度为 600MPa。试分析该钢筋混凝土简支梁在单点静载工况下的力学性能。

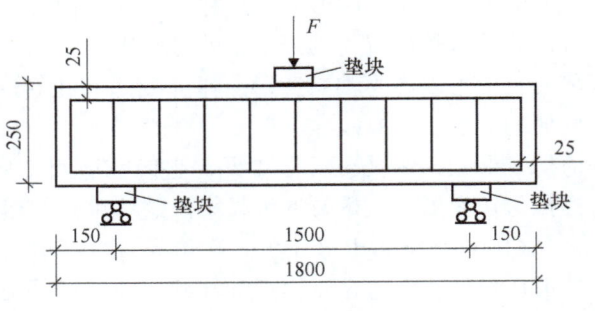

图 3.1 钢筋混凝土简支梁

3.2 模型建立

3.2.1 启动 ABAQUS/CAE

V01-本章建模视频

启动 ABAQUS/CAE 后，在弹出界面中的 Create Model Database 选项中选择 With Standard/Explicit Model，创建新模型数据库。

3.2.2 创建部件

ABAQUS/CAE 窗口顶部的环境栏中，选择进入 Part 模块。

1. 创建混凝土梁部件

单击左侧工具区中的 ![] 按钮，弹出 Create Part 对话框，如图 3.2 所示。在 Name 文本框中输入 beam，将 Modeling Space（模型所在空间）参数设为 3D（三维），Shape 参数设为 Solid（实体），Type 参数选择 Extrusion（拉伸），Approximate size 文本框中输入 5，剩余参数保持默认值不变；单击 Continue 按钮，进入二维绘图界面。

选择左侧工具区的 ![] 按钮，提示区显示 Pick a starting point for line-or enter X,Y（单击直线的起始点-或输入 X，Y 坐标），输入坐标（0,0）；单击中键确认，绘图区出现起始点，提示区显示 Pick an ending point for line-or enter X,Y（单击直线的终止点-或输入 X，Y 坐标），输入坐标（1.8,0）；单击中键确认，依次输入以下坐标（1.8,0.25）、（0,0.25）、

(0,0)；单击中键确认，绘图区中显示图 3.3 所示的混凝土梁的二维模型；单击中键，退出画线工具。

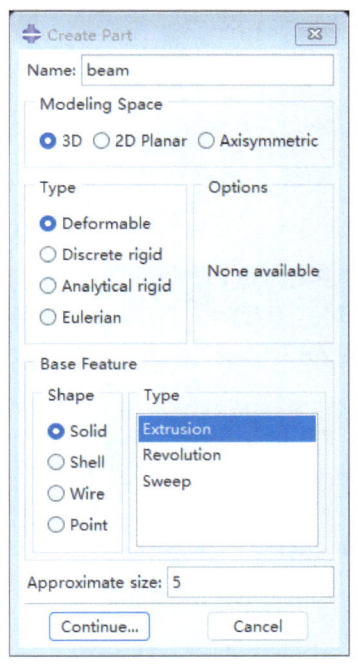

图 3.2　Create Part 对话框

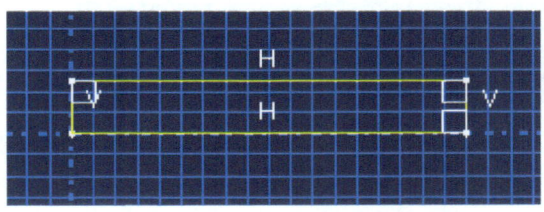

图 3.3　混凝土梁的二维模型

在绘图区单击中键，弹出 Edit Base Extrusion 对话框，如图 3.4 所示，在 Depth（拉伸长度）文本框中输入 0.15；单击 OK 按钮，退出 Edit Base Extrusion 对话框，完成混凝土梁的三维模型的创建，如图 3.5 所示。

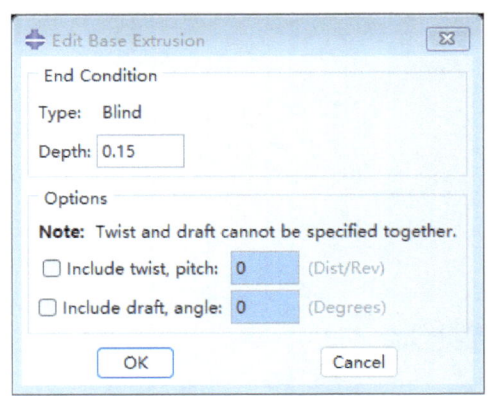

图 3.4　Edit Base Extrusion 对话框

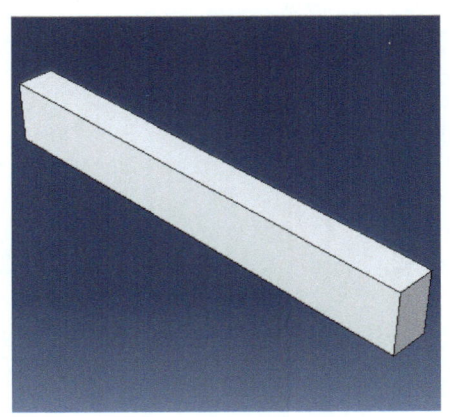

图 3.5　混凝土梁的三维模型

2. 创建垫块部件

单击左侧工具区中的 按钮，弹出 Create Part 对话框。在 Name 文本框中输入 plate，将 Modeling Space（模型所在空间）参数设为 3D（三维），Shape 参数设为 Solid（实体），Type

参数选择 Extrusion（拉伸），剩余参数保持默认值不变；单击 Continue 按钮，进入二维绘图界面。

选择左侧工具区的 按钮，在提示区输入 X，Y 坐标（0,0），单击中键确认；依次输入以下坐标（0.1,0）、（0.1,0.05）、（0,0.05）和（0,0）；单击中键确认，绘图区中显示图 3.6 所示的垫块的二维模型；单击中键，退出画线工具。

在绘图区单击中键，弹出 Edit Base Extrusion 对话框，在 Depth（拉伸长度）文本框中输入 0.15；单击 OK 按钮，退出 Edit Base Extrusion 对话框，完成垫块的三维模型的创建，如图 3.7 所示。

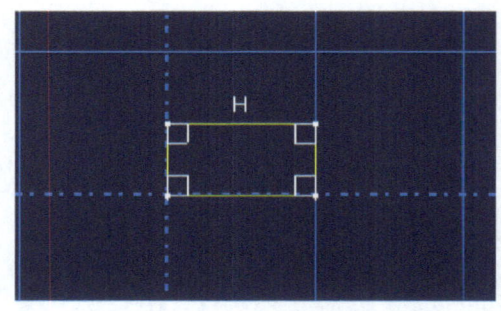
图 3.6　垫块的二维模型

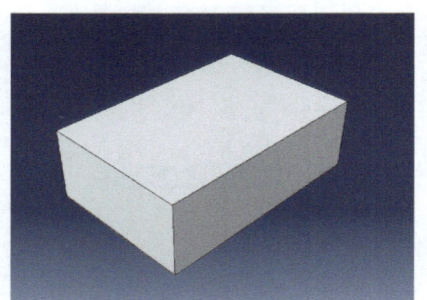
图 3.7　垫块的三维模型

3. 创建钢筋部件

单击左侧工具区中的 按钮，弹出 Create Part 对话框，如图 3.8 所示。在 Name 文本框中输入 gujin，将 Modeling Space（模型所在空间）参数设为 3D（三维），Shape 参数设为 Wire（线），剩余参数保持默认值不变；单击 Continue 按钮，进入二维绘图界面。

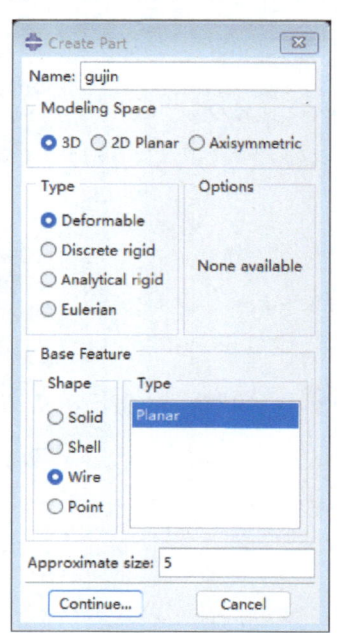
图 3.8　Create Part 对话框

选择左侧工具区的按钮，在提示区输入 X，Y 坐标（0，0）；单击中键确认，依次输入以下坐标（0.1，0）、（0.1，0.2）、（0，0.2）和（0，0）；单击中键确认，绘图区中显示图 3.9 所示的箍筋的二维模型；单击中键，退出画线工具。在绘图区单击中键完成箍筋的三维模型的创建，如图 3.10 所示。

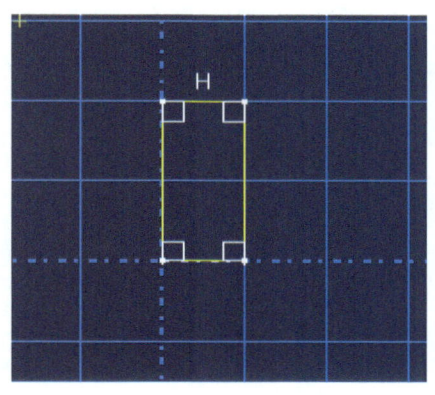 

图 3.9　箍筋的二维模型　　　　　图 3.10　箍筋的三维模型

利用同样的方法完成纵筋模型的建立，如图 3.11 所示。

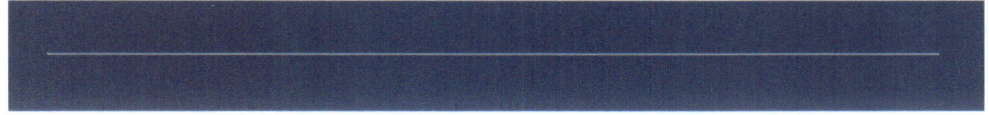

图 3.11　纵筋的三维模型

3.2.3　创建材料和截面属性

在窗口环境栏的 Module（模块）列表中选择 Property（特性）功能模块。

1. 创建材料

（1）混凝土本构模型　单击左侧工具区的按钮，弹出 Edit Material 对话框，在 Name 文本框中输入 concrete。在对话框中选择 General（常规特性）→Density，在 Data 数据表中将 Mass Density（质量密度）设为 2400，如图 3.12a 所示。单击 Mechanical（力学特性）→Elasticity（弹性）→Elastic（弹性模型），在 Data 数据表中输入图 3.12b 所示数据。单击 Mechanical（力学特性）→Plasticity（塑性）→Concrete Damaged Plasticity（混凝土损伤塑性模型），单击 Plasticity 选项卡，在 Data 数据表中填入图 3.12c 所示数据；单击 Compressive Behavior（压缩特性）选项卡，在 Data 数据表中添加图 3.12d 所示的数据；在 Compressive Behavior 选项卡下单击 Suboptions 按钮，选择 Compression Damage，弹出 Suboptions Editor 对话框，在 Data 数据表中输入图 3.13a 所示数据，完成混凝土受压损伤的定义；单击 Tensile Behavior（拉伸特性）选项卡，在 Data 数据表中添加图 3.12e 所示数据；在 Tensile Behavior 选项卡下单击 Suboptions 按钮，选择 Tension Damage，弹出 Suboptions Editor 对话框，在 Data 数据表中输入图 3.13b 所示数据，完成混凝土受拉损伤的定义。单击 OK 按钮，退出 Edit Material 对话框，完成混凝土本构模型的建立。

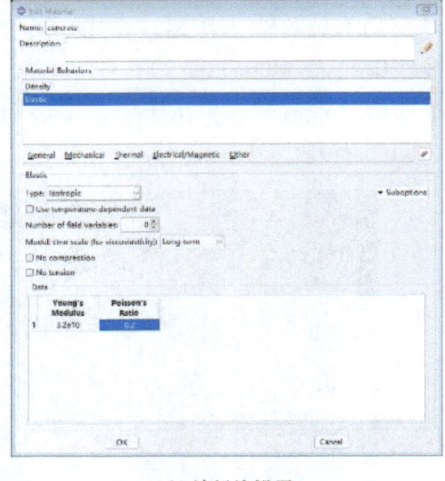

a) 质量密度设置　　　　　　　　　　　b) 泊松比设置

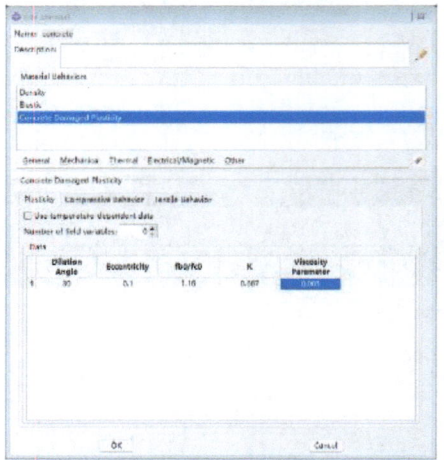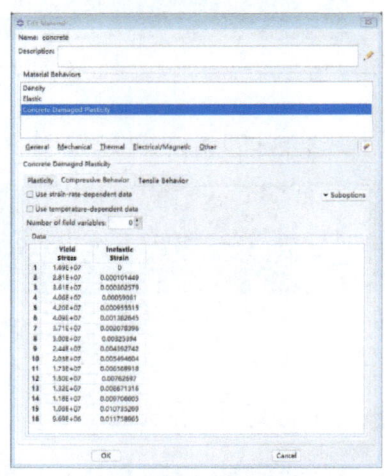

c) 塑性参数设置　　　　　　　　　　　d) 压缩特性设置

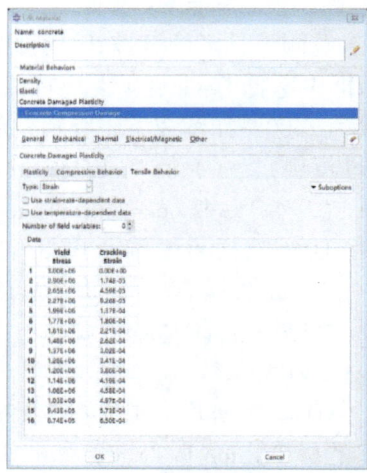

e) 拉伸特性设置

图 3.12　Edit Material 对话框

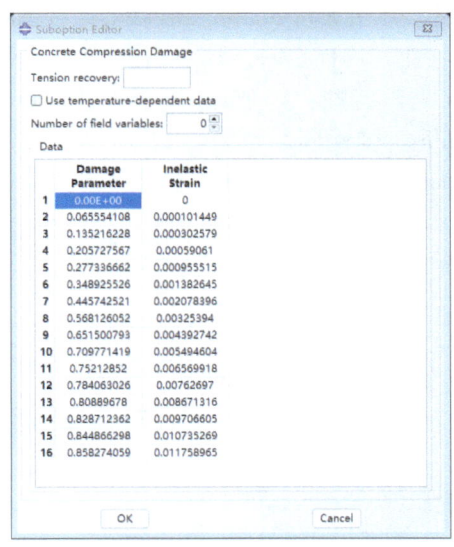
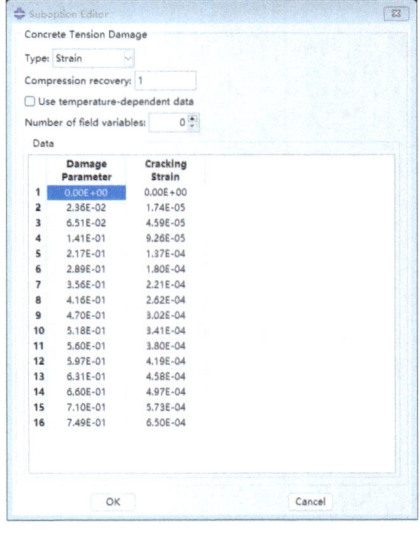

a）受压损伤特性设置　　　　　　　　　　b）受拉损伤特性设置

图 3.13　Suboptions Editor 对话框

（2）钢筋本构模型　单击左侧工具区的 按钮，弹出 Edit Material 对话框，在 Name 文本框中输入 gangjin。在对话框中选择 General（常规特性）→Density，在 Data 数据表中将 Mass Density（质量密度）设为 7800。单击 Mechanical（力学特性）→Elasticity（弹性）→Elastic（弹性模型），在 Data 数据表中设置 Young's Modulus（弹性模量）为 2e11，Poisson's Ratio（泊松比）为 0.3。单击 Mechanical（力学特性）→Plasticity（塑性）→Plasticity（塑性模型），在 Data 数据表中输入图 3.14 所示数据。单击 OK 按钮，退出 Edit Material 对话框，完成钢筋本构模型的建立。

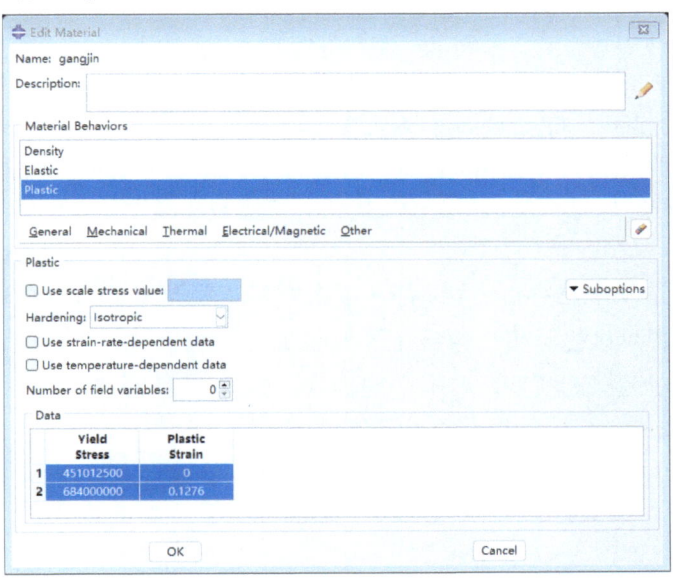

图 3.14　Edit Material 对话框

(3) 垫块本构模型　单击左侧工具区的 按钮，弹出 Edit Material 对话框，在 Name 文本框中输入 plate。在对话框中选择 General（常规特性）→Density，在 Data 数据表中将 Mass Density（质量密度）设为 7800。单击 Mechanical（力学特性）→Elasticity（弹性）→Elastic（弹性模型），在 Data 数据表中设置 Young's Modulus（弹性模量）为 2e12，Poisson's Ratio（泊松比）为 0.3。单击 OK 按钮，退出 Edit Material 对话框，完成垫块本构模型的建立。

2. 创建截面属性

（1）创建混凝土截面属性　单击左侧工具区的 按钮，弹出 Create Section 对话框，在 Name 文本框中输入 concrete，将 Category（种类）设为 Solid，Type 设为 Homogeneous（均质），其余参数保持默认值不变；单击 Continue 按钮，弹出 Edit Section 对话框，如图 3.15 所示，Material 项选择 concrete，其余参数保持默认值不变；单击 OK 按钮，混凝土截面属性建立完成。

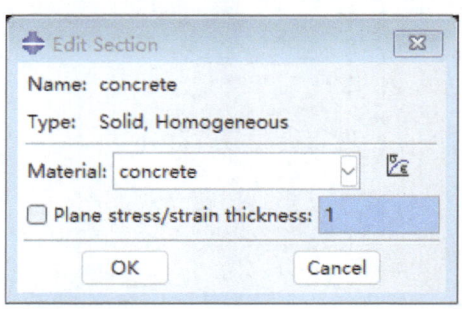

图 3.15　混凝土截面 Edit Section 对话框

（2）创建钢筋截面属性

1）单击左侧工具区的 按钮，弹出 Create Section 对话框，在 Name 文本框中输入 zongjin，将 Category（种类）设为 beam，Type 设为 Truss（桁架单元），其余参数保持默认值不变；单击 Continue 按钮，弹出 Edit Section 对话框，如图 3.16 所示，Material 项选择 gangjin，在 Cross-sectional area（横截面积）文本框填写 113.1e-6。单击 OK 按钮，完成纵筋截面属性的建立。

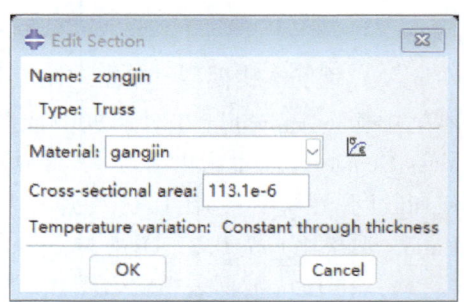

图 3.16　纵筋截面 Edit Section 对话框

2）利用同样的方法建立箍筋截面属性，Cross sectional area 设为 50.3e-6。

（3）创建垫块截面属性　单击左侧工具区的 按钮，弹出 Create Section 对话框，在 Name 文本框中输入 plate，将 Category（种类）设为 Solid，Type 设为 Homogeneous（均质），其余参数保持默认值不变；单击 Continue 按钮，弹出 Edit Section 对话框，Material 项选择 plate，其余参数保持默认值不变；单击 OK 按钮，垫块截面属性建立完成。

3. 给部件赋予截面属性

在环境栏 Part 选项中选择 beam 部件。单击左侧工具区的 按钮，提示区提示用户选择赋予截面属性的区域，在绘图区左键框选模型；单击中键确认，弹出 Edit Section Assignment 对话框，Section 选项选择 concrete；单击 OK 按钮，退出 Edit Section Assignment 对话框。此时 beam 部件显示为青色，完成对 beam 部件截面属性的赋值，如图 3.17 所示。

利用同样的方法对 zongjin 部件、gujin 部件、plate

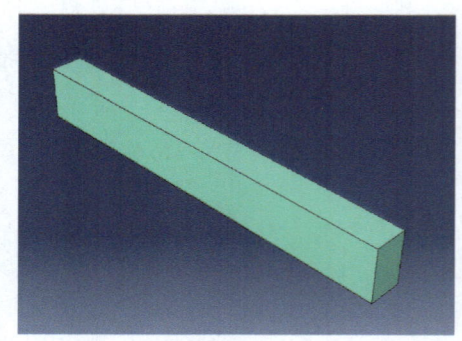

图 3.17　赋予截面属性后的 beam 部件

部件赋予截面属性。

3.2.4 定义装配件

在窗口环境栏的 Module（模块）列表中选择 Assembly（装配）功能模块。

单击左侧工具区的 按钮，弹出 Create Instance 对话框，选择 beam 部件，选择 Instance Type 为 Independent（独立）；单击 OK 按钮，右侧出现 beam 部件的三维视图，如图 3.18 所示。

单击左侧工具区的 按钮，弹出 Create Instance 对话框，选择 plate 部件，选择 Instance Type 为 Independent（独立）；单击 OK 按钮，右侧出现 plate 部件的三维视图。利用移动工具

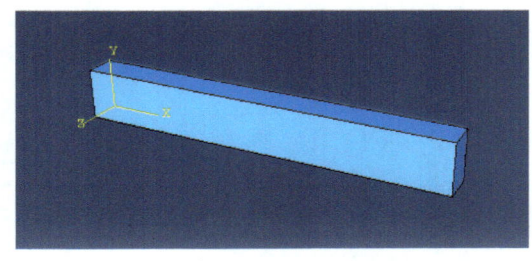

图 3.18 beam 部件的三维视图

按钮，将 plate 部件移至图 3.19 所示位置，然后单击中键确认。再次利用移动工具 按钮，选择 plate 部件，保持初始参考坐标（0.0,0.0,0.0）不变；单击中键，输入相对移动坐标（0.1,0.0,0.0）；然后单击中键确认，移动后的位置如图 3.20 所示。单击左侧工具区的 按钮，选择 plate 部件；单击中键确认，弹出 Linear Pattern 对话框，输入图 3.21 所示数据；单击 OK 按钮，梁底部垫块装配完毕。利用同样方法完成梁顶部垫块装配，如图 3.22 所示。

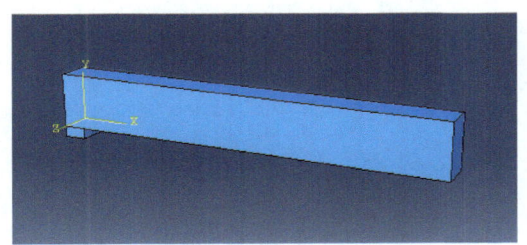

图 3.19 plate 部件的三维视图

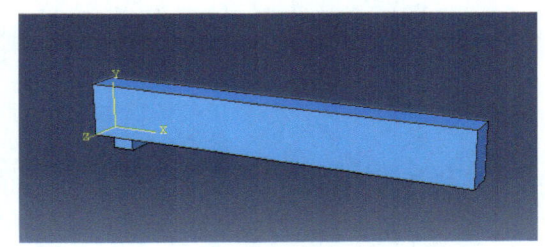

图 3.20 移动后 plate 部件的三维视图

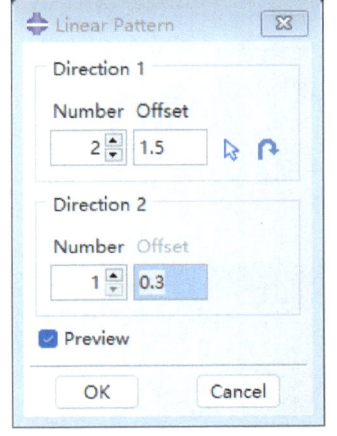

图 3.21 Linear Pattern 对话框

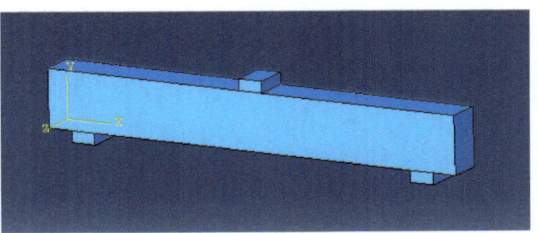

图 3.22 装配后的梁三维模型

单击左侧工具区的 ![] 按钮，弹出 Create Instance 对话框，选择 gujin 部件，选择 Instance Type 为 Independent（独立）；单击 OK 按钮，右侧出现 gujin 部件的三维视图。

单击左侧工具区的 ![] 按钮，弹出 Create Instance 对话框，选择 zongjin 部件，选择 Instance Type 为 Independent（独立）；单击 OK 按钮，右侧出现 zongjin 部件的三维视图。

选择主菜单 View 下的 Assembly Display Options 子菜单，弹出 Assembly Display Options 对话框。单击 beam 部件、plate 部件，取消对它们的勾选；单击 apply 按钮，绘图区如图 3.23 所示。

单击左侧工具区的 ![]（旋转工具）按钮，选择 gujin 部件；单击中键确认，提示区信息出现 Selecta star tpoint for the axis of rotation-or enter X，Y，Z（选择旋转轴的起始点，或输入起始点的坐标），选取图 3.24 所示旋转轴；单击中键确认，完成 gujin 部件的旋转操作，结果如图 3.25 所示。利用 ![]（移动工具）按钮和 ![]（阵列工具）按钮完成钢筋笼的装配，如图 3.26 所示。

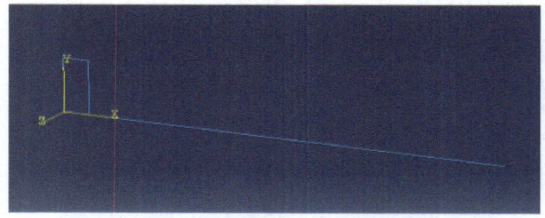

图 3.23　消隐部件的模型

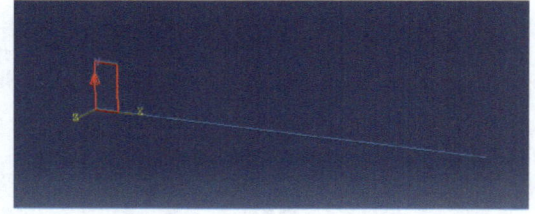

图 3.24　gujin 部件旋转轴的选择

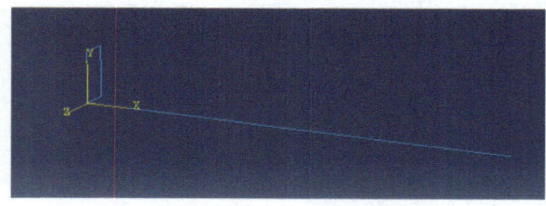

图 3.25　gujin 部件旋转后视图

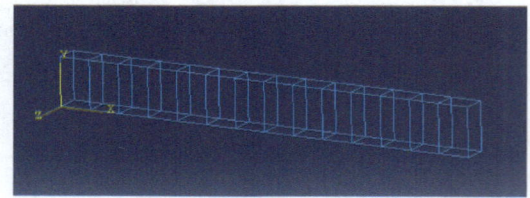

图 3.26　装配后的钢筋笼模型

为了方便操作，利用左侧工具区的 ![] 按钮，将钢筋笼组合成一个名为 Part-gangjin 的新部件。将 beam 部件和 plate 部件显示，利用移动工具 ![] 按钮，将 Part-gangjin 部件移至 beam 部件的中央位置，结果如图 3.27 所示。

为了方便定义垫块和混凝土的约束，利用分割单元工具 ![] 按钮对梁部件进行分割，划分成几个区段，具体如图 3.28 所示的特征面。

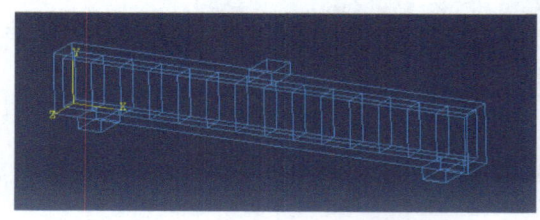

图 3.27　钢筋笼最终位置

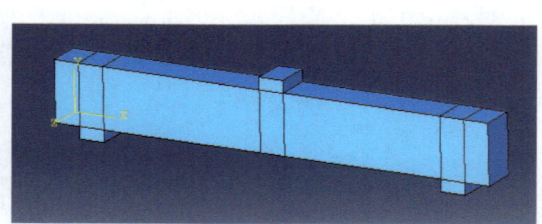

图 3.28　装配完毕的三维模型

3.2.5 设置分析步

在环境栏的 Module 列表中选择 Step（分析步）功能模块。

单击左侧工具区 按钮，弹出 Create Step 对话框。Procedure Type 参数选择 General，在下拉列表框中选择 Static，General。单击 Continue 按钮，弹出 Edit Step 对话框，将 Time Period 参数设为 1，单击 Incrementation 选项卡，填入图 3.29 所示数据。单击 OK 按钮，退出 Edit Step 对话框，完成分析步定义。

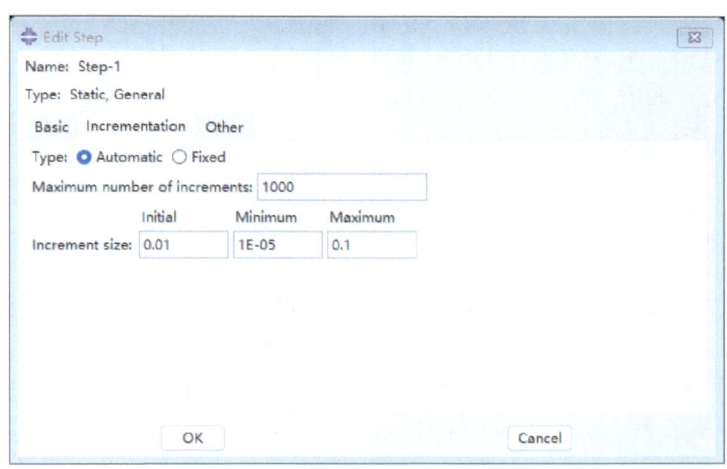

图 3.29 Edit Step 对话框

3.2.6 定义约束

在环境栏的 Module 列表中选择 Interaction 功能模块设置模型之间的约束关系。

1. 钢筋与混凝土梁之间的约束定义

单击左侧工具区的 按钮，弹出 Create Constraint（创建约束）对话框，在 Type 选项选择 Embedded Region。单击 Continue 按钮，提示区显示 Select the embedded region（选择嵌入的部分），选中 Part-gangjin 部件；单击中键确认，提示区显示 Selection the method for host region（选择主区域的方法）；单击 Select Region 按钮，选中 beam 部件；单击中键确认，弹出 Edit Constraint 对话框，各参数保持默认值不变；单击 OK 按钮，退出 Edit Constraint 对话框，完成钢筋笼与混凝土梁之间的约束定义，模型如图 3.30 所示。

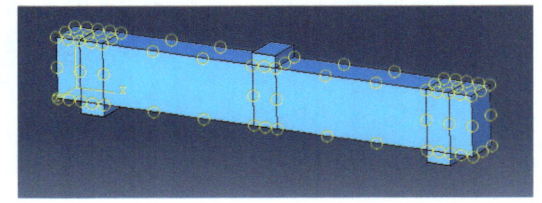

图 3.30 定义钢筋约束后的模型

2. 垫块与混凝土梁之间的约束定义

单击左侧工具区的 按钮，弹出 Create Constraint（创建约束）对话框，在 Type 选项选择 Tie；单击 Continue 按钮，根据提示区选择垫块与梁接触的面作为主面，选择梁与垫块接触的面作为从面；单击中键确认，弹出 Edit Constraint 对话框，其他参数保持默认值不变；

单击 OK 按钮，退出 Edit Constraint 对话框，完成垫块与混凝土梁之间的约束定义。

3. 参考点的约束定义

单击左侧工具区的 按钮，提示区显示 Select point to act as reference point or enter X, Y, Z；选择上部垫块顶部的中心点，完成参考点的创建。单击左侧工具区的 按钮，弹出 Create Constraint（创建约束）对话框，在 Type 选项选择 Coupling；单击 Continue 按钮，根据提示选择 RP-1 作为控制点，选择垫块顶面作为从面；单击中键确认，弹出 Edit Constraint 对话框，其他参数保持默认值不变；单击 OK 按钮，退出 Edit Constraint 对话框，完成参考点的约束定义，结果如图 3.31 所示。

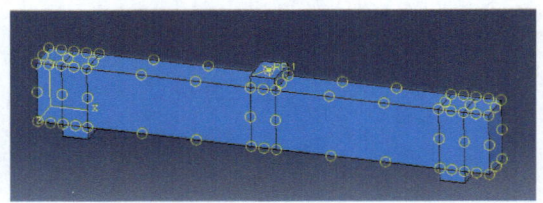

图 3.31　定义参考点约束后的模型

3.2.7　定义荷载和边界条件

在环境栏的 Module 列表中选择 Load（载荷）功能模块，进行荷载及边界条件的定义。

1. 定义边界条件

单击左侧工具区的 按钮，弹出 Create Boundary Condition 对话框，将 Step 设为 Initial，Types for Selected Step 设为 Displacement/Rotation，其余各项参数保持默认值不变；单击 Continue 按钮，提示区提示用户选择要添加边界条件的区域，选中梁底部左边垫块的底面；单击中键确认，弹出 Edit Boundary Condition 对话框，选中 U1、U2、U3、UR1（固定三个方向平动和绕 X 轴转动）；单击 OK 按钮，退出 Edit Boundary Condition 对话框。利用同样方法完成梁底部右边垫块的边界条件定义，Edit Boundary Condition 对话框中选择 U2、U3、UR1（固定 Y、Z 方向平动和绕 X 轴转动），结果如图 3.32 所示。

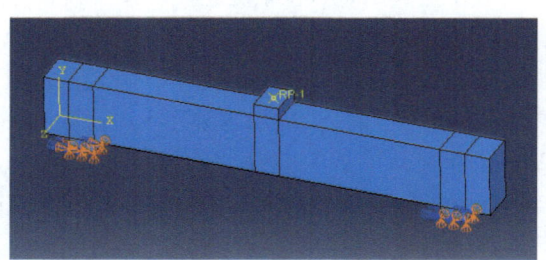

图 3.32　定义边界条件后的模型

2. 施加荷载

本例采用位移控制的加载方式施加荷载。单击左侧工具区的 按钮，弹出 Create Boundary Condition 对话框，将 Step 设为 Step-1，Types for Selected Step 设为 Displacement/Rotation，其余参数保持默认值不变；单击 Continue 按钮，提示区提示用户选择要添加约束的区域，选中 RP-1；单击中键确认，弹出 Edit Boundary Condition 对话框，输入图 3.33 所示数据；单击 OK 按钮，退出 Edit Boundary Condition 对话框，完成荷载的定义，如图 3.34 所示。

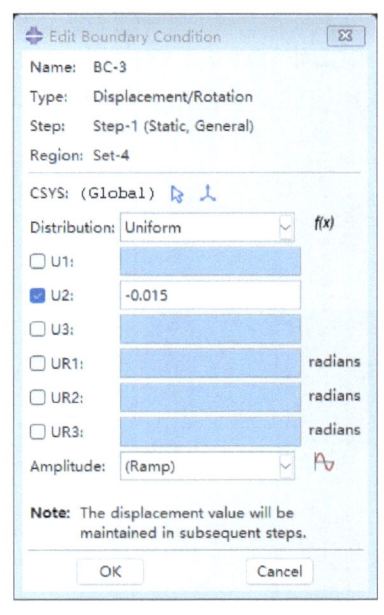

图 3.33　Edit Boundary Condition 对话框

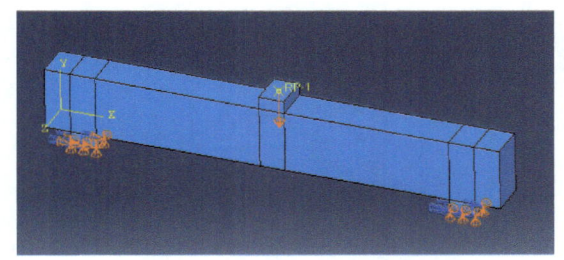

图 3.34　定义边界条件和荷载后的模型

3.2.8　划分网格

在环境栏的 Module 列表中选择 Mesh（网格）功能模块进行网格划分。

1. 混凝土部分网格划分

（1）布置边上种子　选中混凝土部件，单击左侧工具区中的 按钮，弹出 Global Seeds 对话框，在 Approximate global size（全局单元尺寸）文本框中输入 0.025，其余参数保持默认值不变；单击 Apply 按钮，绘图区的模型已经按要求布满种子，如图 3.35 所示；单击 OK 按钮，退出 Global Seeds 对话框，完成网格种子布置。

（2）划分网格　单击左侧工具区中的 按钮，提示区提示是否给部件划分网格；单击 Yes 按钮，模型按照网格种子自动划分网格，如图 3.36 所示。

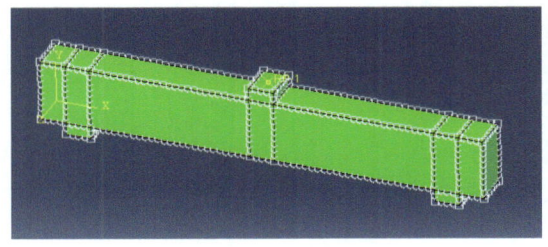

图 3.35　模型网格种子分布

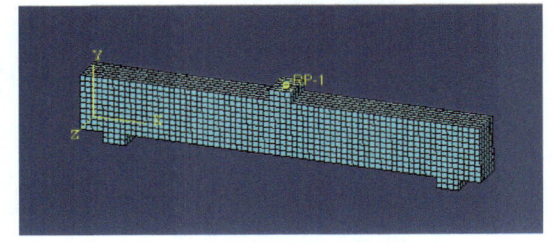

图 3.36　划分网格后的模型

其他垫块网格划分同混凝土。

2. 钢筋网格划分

由于钢筋采用的是线型部件，因而只能用 Beam 单元或 Truss 单元，由于钢筋在混凝土中，一般采用 Truss 单元，故而需设定其单元类型。

选中钢筋笼部件后，单击左侧工具区中的■按钮，单击中键确认，弹出 Element Type 对话框，如图 3.37 所示，Family 选择 Truss 单元；单击 OK 按钮，退出 Element Type 对话框，完成单元类型的修改。

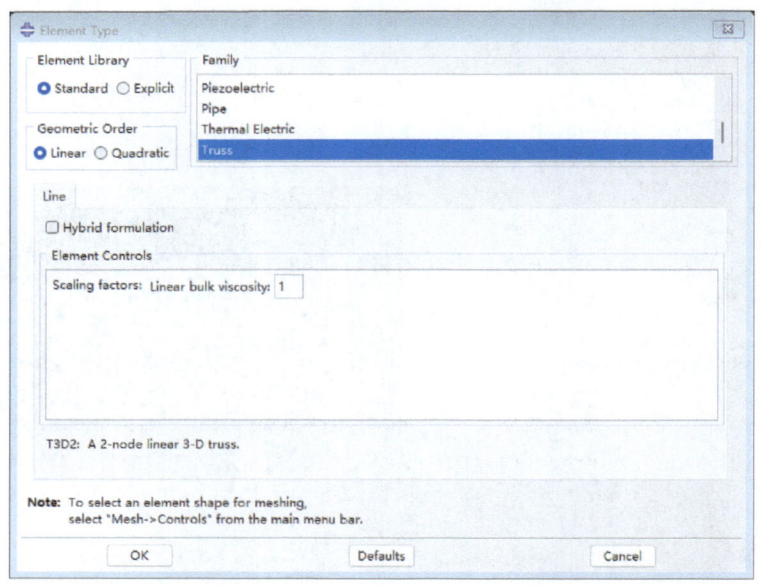

图 3.37　Element Type 对话框

3.3　提交分析作业

在环境栏的 Module 列表中选择 Job（分析作业）功能模块进行作业提交。

1. 创建分析作业

单击左侧工具区中的■按钮，弹出 Create Job 对话框，所有参数保持默认值不变；单击 Continue，弹出 Edit Job 对话框，所有参数保持默认值不变；单击 OK 按钮。

2. 提交分析

选择主菜单 Job Manager，弹出 Job Manager 对话框；单击 Submit（提交分析）按钮，可以看到对话框中的 Status（状态）由 None（无）依次变为 Submitted（已提交）→Running（正在运算）→Completed（已完成）。当其分析状态为完成后，可单击对话框中的 Results（分析结果），自动进入 Visualization 模块。

3.4　后处理

1. 显示云图

单击左侧工具区中的■按钮，在菜单栏中的■列表中选择 Primary-U-U2，查看混凝土梁在加载后的位移云图。单击左侧工具区中的■按钮，在 Deformation Scale Factor 选项中勾选 Uniform，输入 Value 值为 1，得到图 3.38 所示的位移云图。

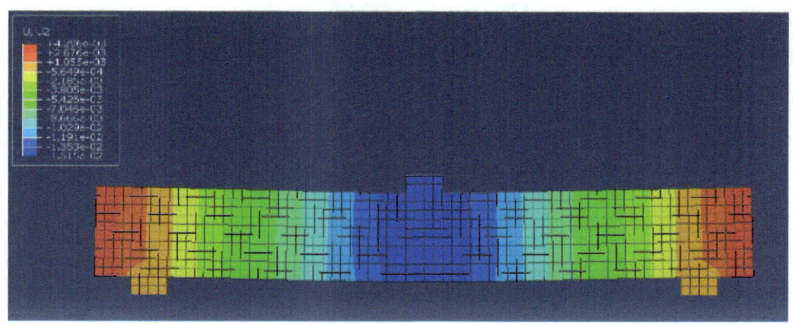

图 3.38　混凝土梁的位移云图

单击菜单栏中的 按钮，弹出 Create Display Group 对话框，选择图 3.39 所示选项；单击 Replace 按钮，单击 Dismiss 按钮，在 列表中选择 Primary-PE-Max，principal，查看钢筋笼在加载后的塑性应变云图，如图 3.40 所示。

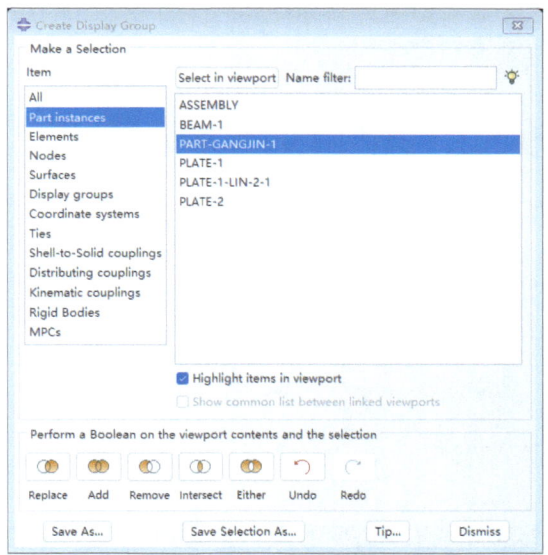

图 3.39　Create Display Group 对话框

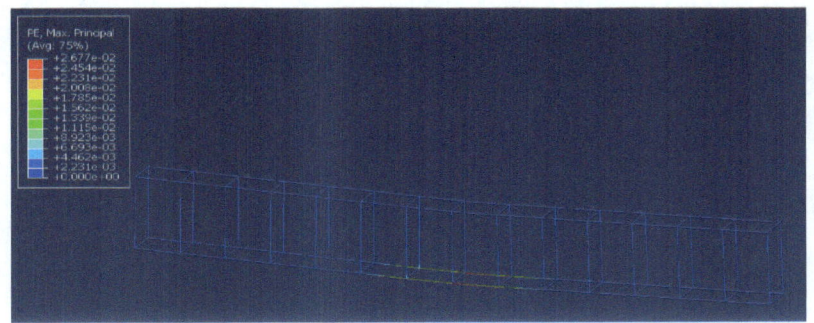

图 3.40　钢筋笼的塑性应变云图

2. 显示 X-Y 图

在位移云图状态下，单击左侧工具区中的 按钮，弹出 Create XY Date 对话框，默认进入 Variables 选项卡，选择 ODB field output；单击 Continue 按钮，弹出 XY Data from ODB Field Output 对话框，在 Position 选项中选择 Unique Nodal，选中 U2，如图 3.41 所示；选择 Elements/Nodes 选项卡，单击 Edit Selection 按钮，选择图 3.42 所示节点；单击中键确认，依次单击对话框底部的 Save 按钮和 Plot 按钮，得到图 3.43 所示混凝土梁跨中位移-时程曲线。利用同样的方法，输出此节点的 RF2，得到混凝土梁跨中力-时程曲线，如图 3.44 所示。

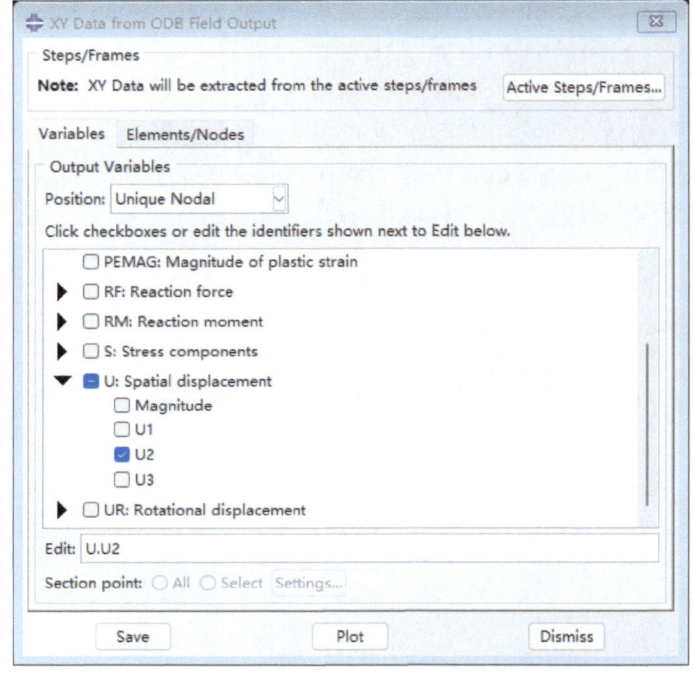

图 3.41　XY Data from ODB Field Output 对话框

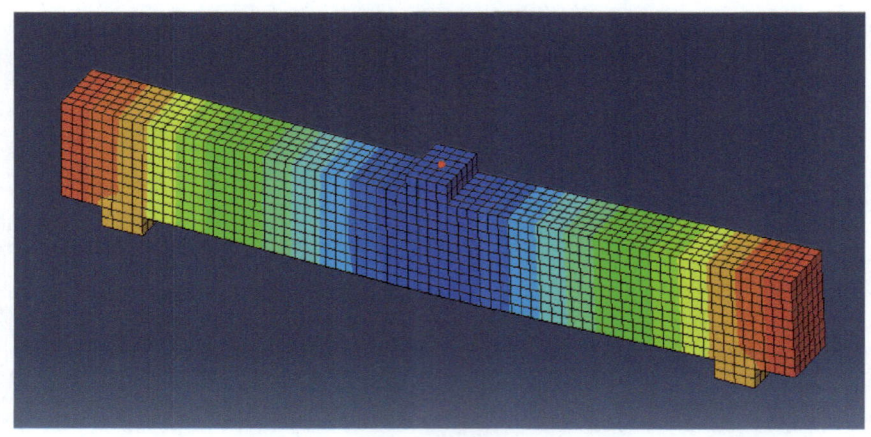

图 3.42　节点选择

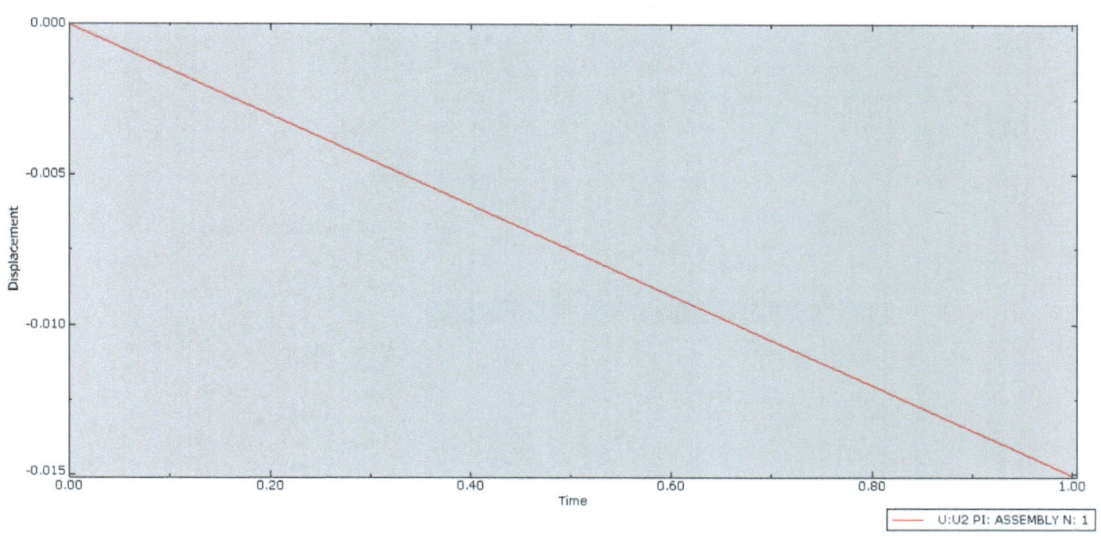

图 3.43　混凝土梁跨中位移-时程曲线

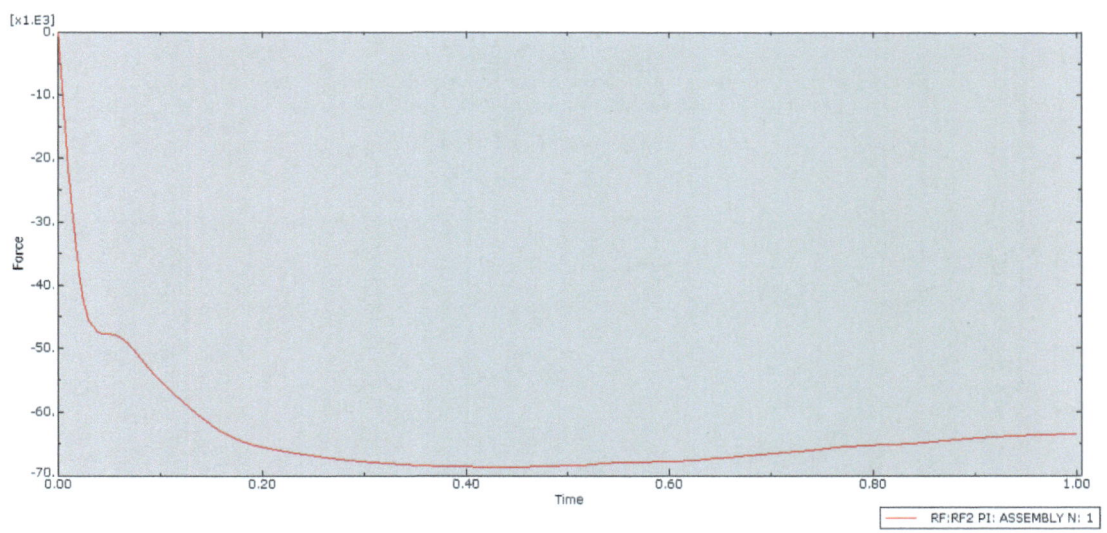

图 3.44　混凝土梁跨中力-时程曲线

3. 绘制力-位移曲线

单击左侧工具区中的 按钮，弹出 Create XY Date 对话框，选择 Operate on XY Data；单击 Continue 按钮，弹出 Operate on XY Data 对话框；单击 Operators 选项中的 combine (X,X)，依次双击 XY Data 中的 U2 数据和 RF2 数据，并输入图 3.45 所示数据；单击对话框底部的 Plot Expression 按钮，得到图 3.46 所示的力-位移曲线。

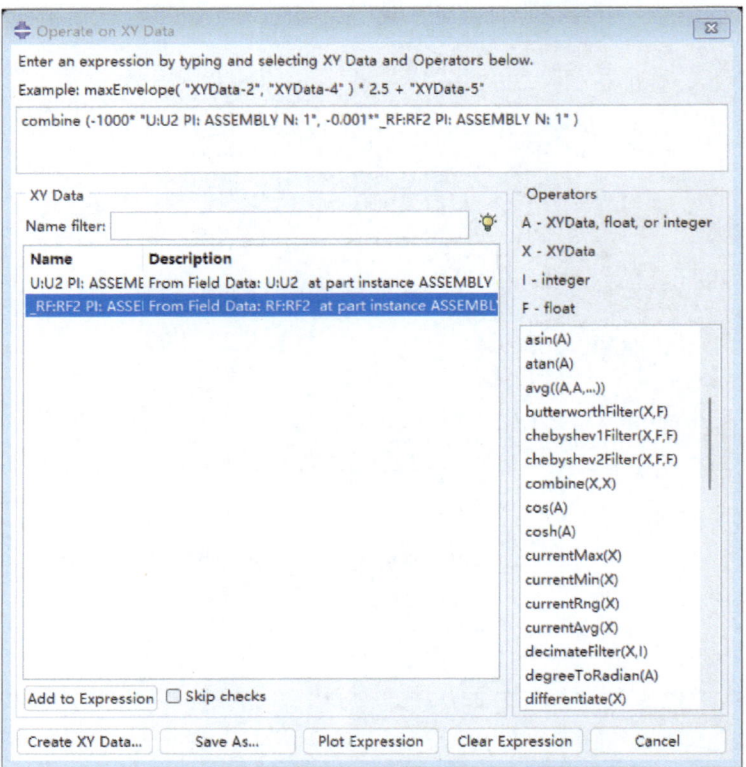

图 3.45　Operate on XY Date 对话框

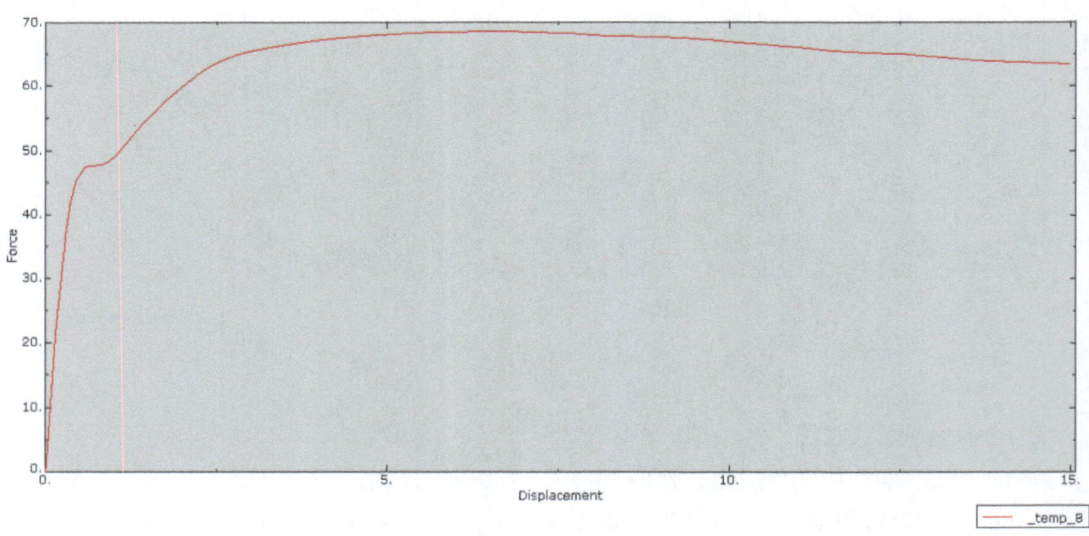

图 3.46　混凝土梁的力-位移曲线

第 4 章 混凝土框架梁柱子结构连续倒塌实例分析方法

4.1 基本工况

4.1.1 混凝土梁几何尺寸

图 4.1 所示为一个 1/2 缩尺的半跨梁-柱子结构配筋图（由于是对称结构，故仅展示半跨），试件由两跨梁、失效短柱、两侧边柱及外伸短梁组成。梁、柱截面尺寸分别为 150mm×250mm 和 250mm×250mm。梁、柱纵筋分别采用 ⌀12 和 ⌀16 钢筋，箍筋采用 Φ6 钢筋。

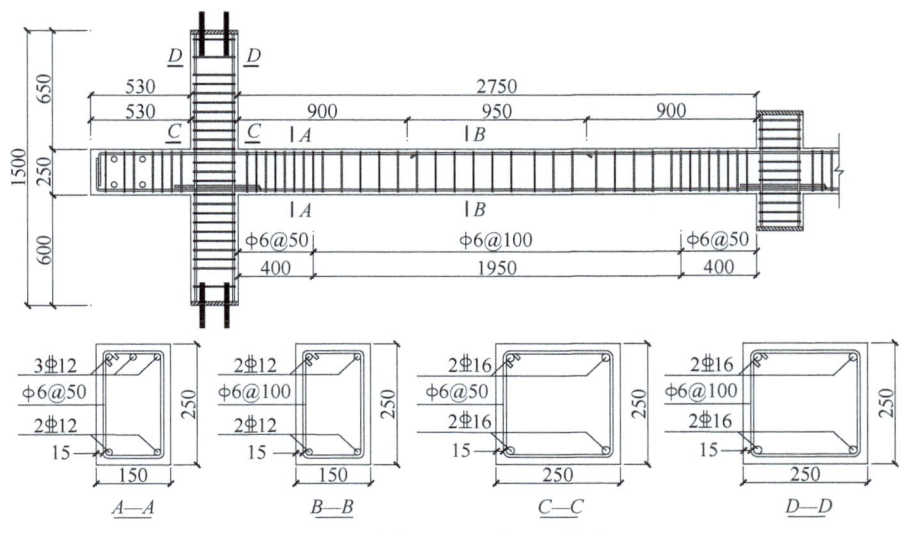

图 4.1 试件几何尺寸及配筋详图

4.1.2 材料属性

混凝土圆柱体抗压强度为 39MPa，抗拉强度为 3.9MPa。钢筋的力学性能见表 4.1。对梁-柱子结构进行拟静力 Push-down 加载，以获取其中柱竖向荷载-位移曲线。

表 4.1 钢筋力学性能

钢筋	直径/mm	f_y/MPa	f_u/MPa	E/MPa	伸长率（%）
Φ6	6	368	485	162000	20.1
⌀12	12	462	596	171000	14.7
⌀16	16	466	604	182000	17.0

注：f_y 为屈服强度；f_u 为极限强度；E 为弹性模量。

4.1.3 边界条件

为简化计算，采用对称边界约束，即在中柱中心截面（对称面）设置 U1＝UR2＝UR3＝0，如图 4.2 所示。连接弹簧的钢板及铰支座底部的钢板分别设置为固定边界。通过弹簧模拟周围梁跨对子结构产生的水平约束。通过在柱底及钢板之间设置转动铰来模拟试验中的铰支座。

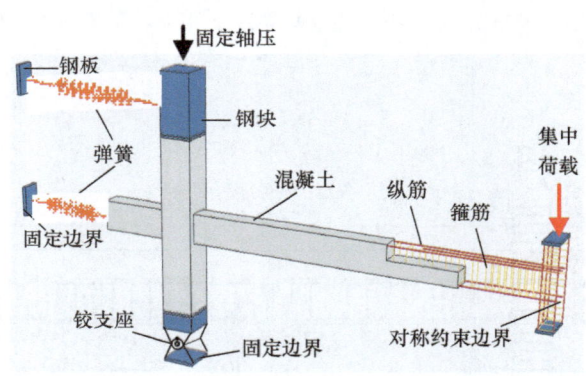

图 4.2 有限元模型边界条件

4.2 几何模型与网格划分

整个模型使用 m-kg-s 单位制，请读者注意单位的协调统一。

4.2.1 构件 Part 实例

本算例共包含 4 种构件：混凝土、钢筋、钢板和钢块。因此本算例将其各个构件依次建立，并在 4.2.3 节中进行构件组装。

1. 建立梁-柱子结构混凝土实体构件

单击左侧工具区中的 按钮，弹出 Create Part 对话框，如图 4.3a 所示。在 Name 文本框输入 HNT（混凝土梁），将 Modeling Space（模型所在空间）设为 3D（三维），Shape 设为

Solid（实体），Type 选择 Extrusion（拉伸），在 Approximate size 文本框中输入 7，剩余参数保持默认值不变。单击 Continue 按钮，进入二维绘图界面。单击左侧工具区的 ▭（Creat Lines Rectangle 4 Lines）按钮，分别输入坐标（-3.28,0.125）、（3.28,-0.125）。在绘图区单击中键，弹出 Edit Base Extrusion 对话框，在 Depth（拉伸长度）文本框中输入 0.25；单击 OK 按钮，绘图区显示混凝土梁的三维模型，如图 4.3b 所示。

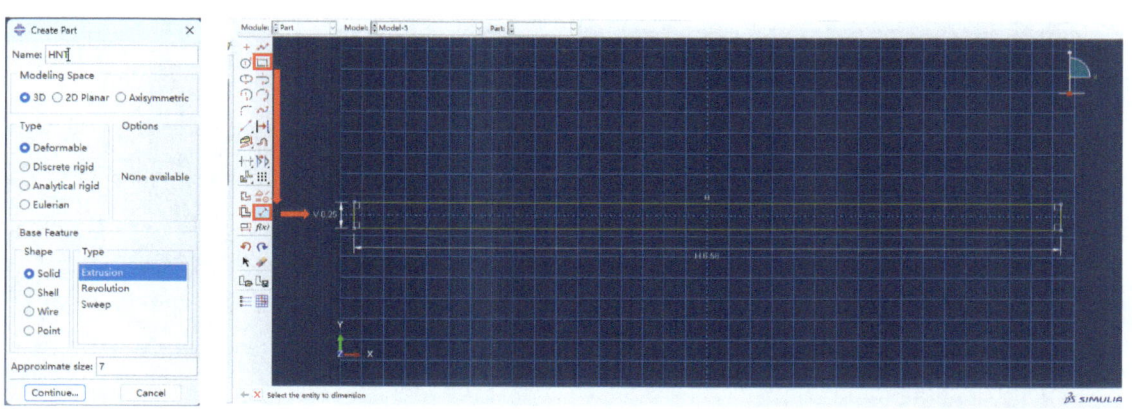

a)

b)

图 4.3 混凝土梁实体

单击左侧工具区的 ⬚（Create Datum Point Offset From Point）按钮，输入坐标（0.53,0,0），将左侧梁的参考点向 X 轴方向平移 0.53，如图 4.4a 所示。单击左侧工具区的 ⬚（Partitation Cell Define Cutting Plane）按钮，选择 Point & Normal 选项，按住中键，选择 Create Partition 选项对混凝土实体进行切分；随后单击 Done 按钮，完成切分，如图 4.4b 所示。重复上述操作，对混凝土梁右边进行切分，并将混凝土柱所在区域切分出来，如图 4.4c 所示。

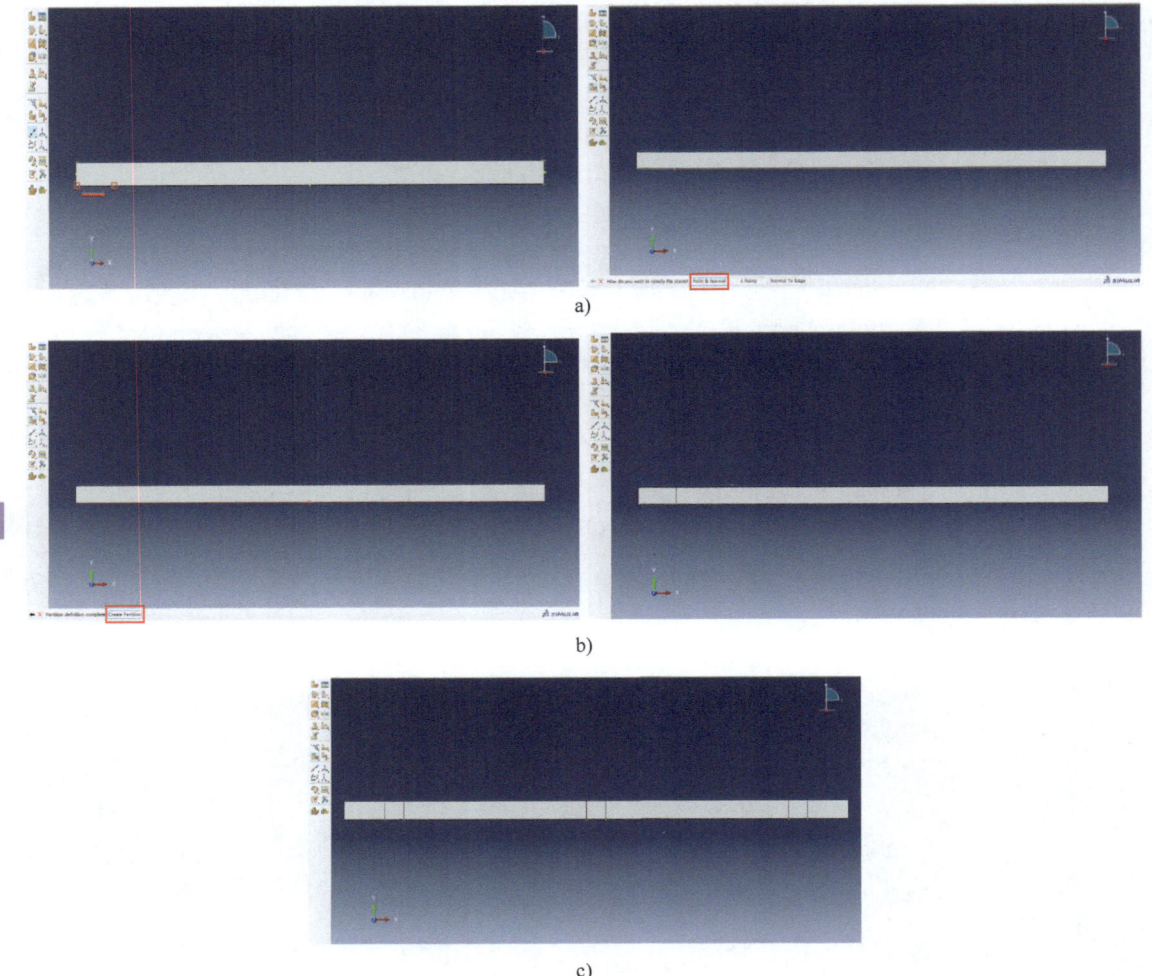

图 4.4 混凝土梁实体切分

单击左侧工具区的 按钮,选择 vertical and on the right(竖直向右)选项;单击中键,如图 4.5a 所示。单击左侧工具区的 按钮,选中左侧边柱所在截面区域;单击中键,单击 Done 按钮,如图 4.5a 所示,弹出 Edit Extrusion 对话框,在 Depth(拉伸长度)文本框中输入 0.05;单击 OK 按钮。重复操作完成另一侧边柱区域拉伸,如图 4.5b 所示。随后重复上述操作将跨中失效柱、右侧边柱截面区域拉伸出来,如图 4.5c 所示。

重复实体拉伸操作,将子结构左边柱拉伸出来。注意弹出 Edit Extrusion 对话框时,在 Depth(拉伸长度)文本框中输入 0.65;单击 OK 按钮,结果如图 4.6a 所示。重复前序步骤,完成子结构混凝土实体建模,如图 4.6b 所示。

2. 建立钢筋构件

单击左侧工具区中的 ![](按钮,弹出 Create Part 对话框,如图 4.3a 所示。在 Name 文本框中输入 LDZJ1(梁底纵筋 1),将 Modeling Space(模型所在空间)设为 3D(三维),Shape 设

第 4 章 混凝土框架梁柱子结构连续倒塌实例分析方法

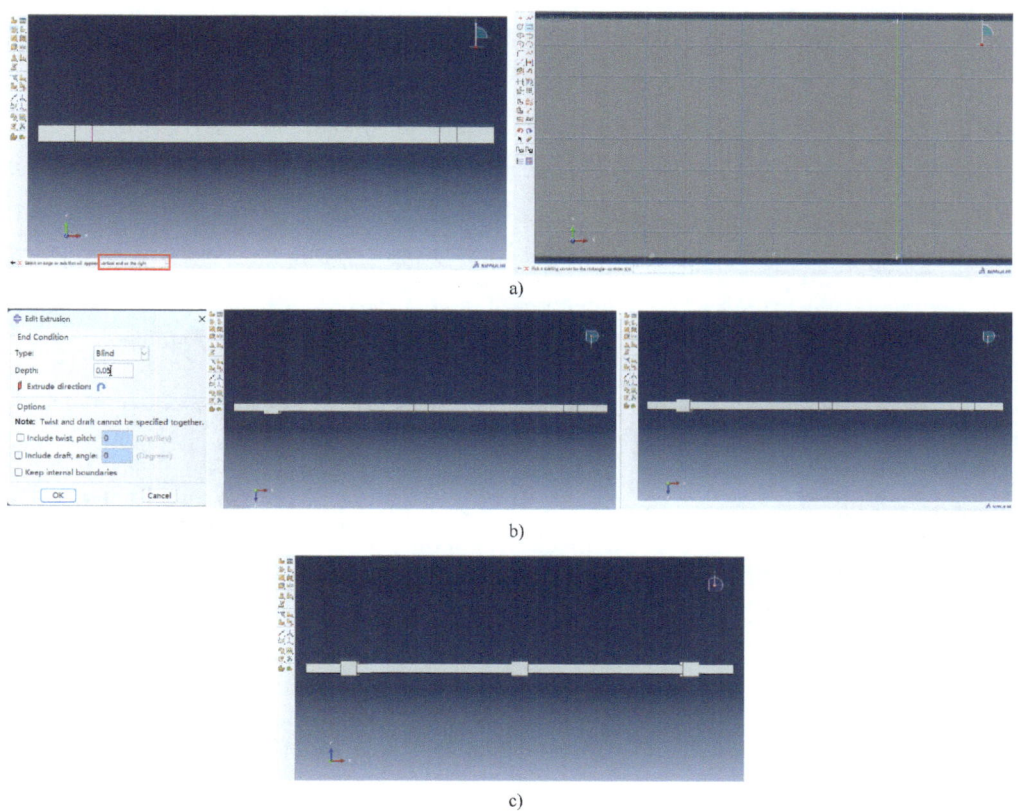

图 4.5 混凝土梁-柱实体拉伸

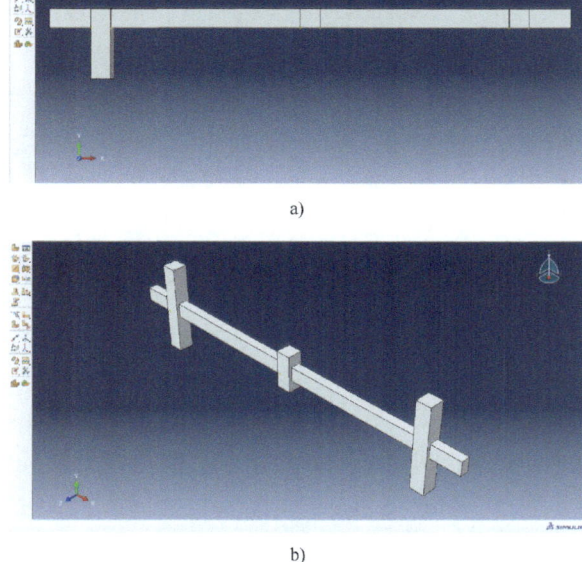

图 4.6 梁-柱子结构混凝土实体构件

为 Wire（线单元），Approximate size 文本框输入 2，剩余参数保持默认值不变。单击 Continue 按钮，进入二维绘图界面。单击左侧工具区的 （Creat Lines Connected）按钮，按图 4.3a 所示操作，绘图区显示梁底纵筋 1 的三维模型，如图 4.7 所示。重复前序操作，完成梁底纵筋 2、梁顶纵筋 1、梁顶纵筋 2、梁箍筋、左侧边柱纵筋、失效柱纵筋、右侧边柱纵筋、柱箍筋构件建立。

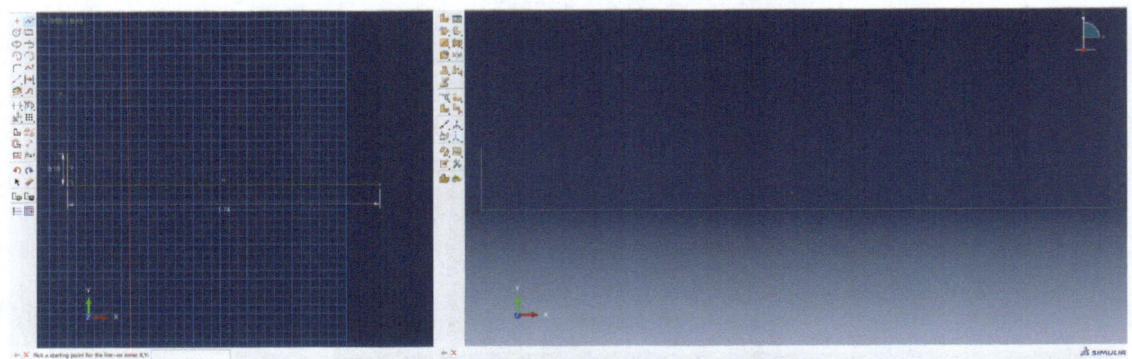

图 4.7　梁底纵筋 1 部件

3. 建立钢板实体构件

单击左侧工具区中的 按钮，弹出 Create Part 对话框，如图 4.3a 所示。在 Name 文本框输入 ZGB（柱钢板），将 Modeling Space（模型所在空间）设为 3D（三维），Shape 设为 Solid（实体），Type 选择 Extrusion（拉伸），Approximate size 文本框输入 1，剩余参数保持默认值不变。单击 Continue 按钮，进入二维绘图界面。单击左侧工具区的 （Creat Lines Rectangle 4 Lines）按钮，分别输入坐标（-0.125,0.125）、（0.125,-0.125）。在绘图区单击中键，弹出 Edit Base Extrusion 对话框，在 Depth（拉伸长度）文本框输入 0.02。单击 OK 按钮，绘图区显示柱钢板的三维实体构件，如图 4.8a 所示。重复前序步骤，完成梁钢板实体构件建立。

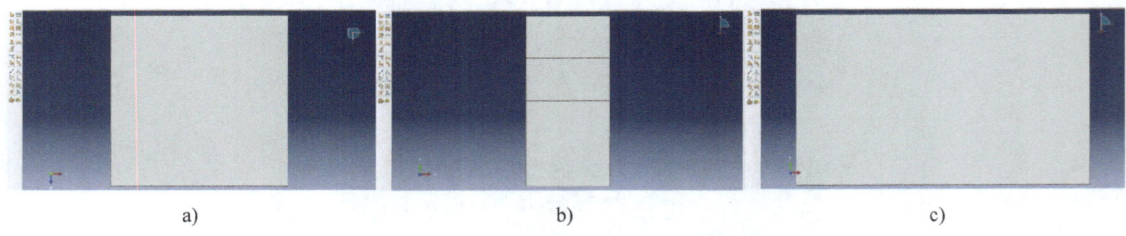

a)　　　　　　　　　　　b)　　　　　　　　　　　c)

图 4.8　柱钢板、钢块实体构件

4. 建立钢块实体构件

单击左侧工具区中的 按钮，弹出 Create Part 对话框，如图 4.3a 所示。在 Name 文本框输入 ZGK1（柱钢块 1），将 Modeling Space（模型所在空间）设为 3D（三维），Shape 设为 Solid（实体），Type 选择 Extrusion（拉伸），Approximate size 文本框输入 2，剩余参数保持默认值不变。单击 Continue 按钮，进入二维绘图界面。单击左侧工具区的 （Creat Lines

Rectangle 4 Lines）按钮，分别输入坐标（-0.25,0.525）、（0.25,-0.525）。在绘图区单击中键，弹出 Edit Base Extrusion 对话框，在 Depth（拉伸长度）文本框输入 0.25。单击 OK 按钮，绘图区显示柱钢块 1 的三维实体构件。重复切分操作，将柱钢块 1 进行切分，如图 4.8b 所示。单击左侧工具区的 □ （Creat Lines Rectangle 4 Lines）按钮，分别输入坐标（-0.25,0.15）、（0.25,-0.15）。在绘图区单击中键，弹出 Edit Base Extrusion 对话框，在 Depth（拉伸长度）文本框输入 0.5。单击 OK 按钮，绘图区显示柱钢块 2 的三维实体构件。重复切分操作，将柱钢块 2 进行切分，如图 4.8c 所示。

4.2.2 材料属性创建

1. 材料参数定义

在窗口环境栏的 Module（模块）列表中选择 Property（特性）功能模块。

（1）混凝土参数

1）单击左侧工具区的 弹出 Edit Material（属性编辑）对话框，在 Name 文本框输入 Concrete，单击 General（通用）→Density（密度），在 Data 数据表中设置 Mass Density 为 2400；随后单击 Mechanical（力学特性）→Elasticity（弹性）→Elastic（弹性模型），在 Data 数据表中设置 Young's Modulus（弹性模量）为 37500000000，Poisson's Ratio（泊松比）为 0.2。

2）单击 Mechanical（力学特性）→Plasticity（塑性）→Concrete Damage Plasticity（混凝土损伤塑性），在 Data 数据表中输入混凝土损伤塑性参数，如图 4.9 所示。单击 Mechanical（力学特性）→Plasticity（塑性）→Concrete Damaged Plasticity（混凝土损伤塑性）→Concrete Compression Damage（压缩损伤），在 Data 数据表中输入混凝土抗压强度参数。单击 Suboptions（子选项）按钮，弹出 Suboption Editor（子选项编辑）对话框，在 Data 数据表输入混凝土压缩损伤参数，如图 4.10a 所示。重复前序步骤，完成混凝土抗拉强度参数定义，如图 4.10b 所示。

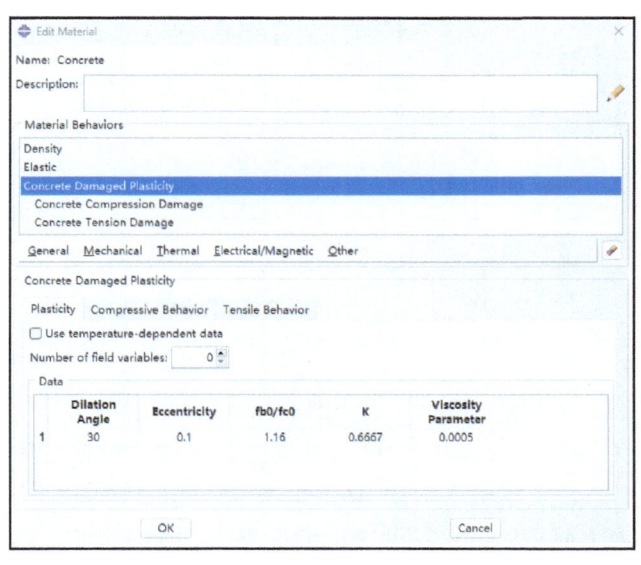

图 4.9　混凝土材料属性定义界面

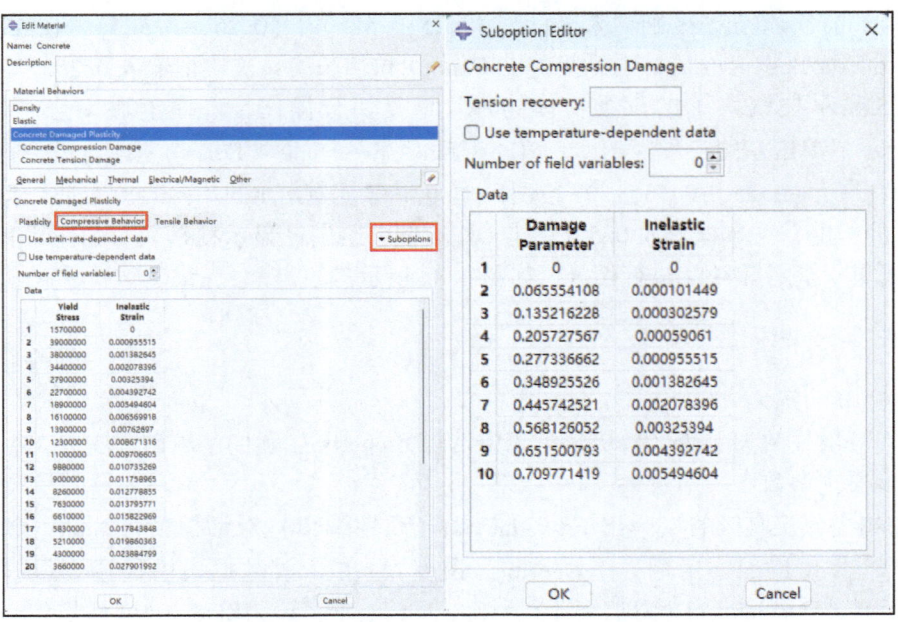

图 4.10 混凝土损伤参数定义

(2) 钢筋参数

1) 本算例共使用三种类型钢筋，为此按照表 4.1 分别建立 $\phi6$、$\Phi12$、$\Phi16$ 种钢筋的本构模型，分别命名为 A6、C12、C16。单击左侧工具区的 按钮，弹出 Edit Material（属性编辑）对话框，在 Name 文本框中输入 A6；单击 General（通用）→Density（密度），在 Data 编辑数据表中设置 Mass Density 为 7800；随后单击 Mechanical（力学特性）→Elasticity（弹性）→Elastic（弹性模型），在 Data 数据表中设置 Young's Modulus（弹性模量）为

第 4 章 混凝土框架梁柱子结构连续倒塌实例分析方法

162000000000，Poisson's Ratio（泊松比）为 0.3。单击 Mechanical（力学特性）→Plasticity（塑性），在 Data 数据表中填入钢筋的屈服强度和极限强度，如图 4.11 所示。

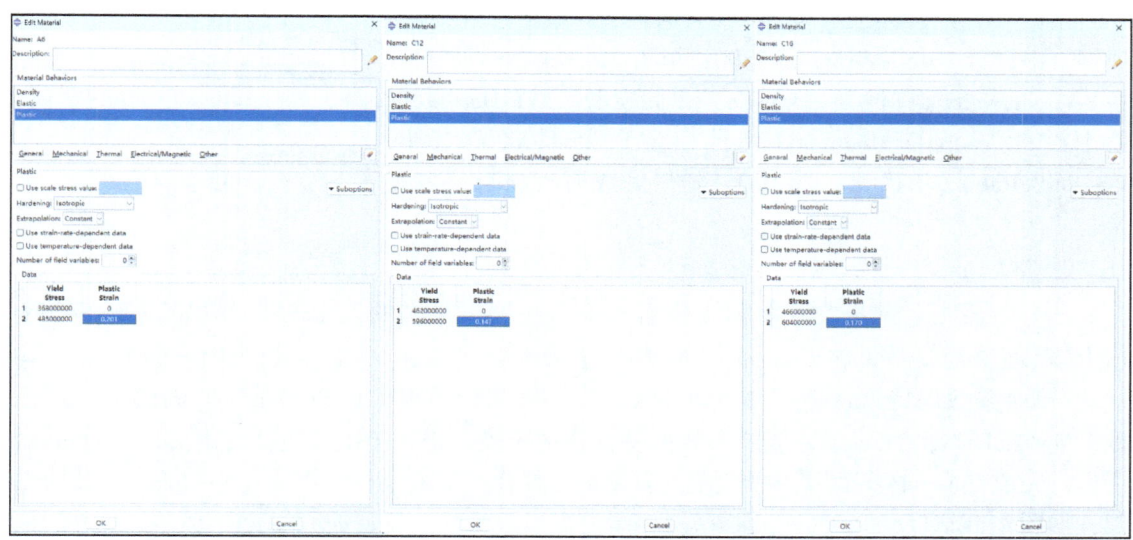

图 4.11　钢筋塑性参数定义

2）单击 Mechanical（力学特性）→Damage for Ductile Metals（延性金属损伤）→Ductile Damage（延性损伤），在 Data 数据表中设置 Fracture Strain（断裂应变）为 0.15，Stress Triaxiality（三轴应力特性）为 0，Strain Rate（应变率效应）为 0，如图 4.10a 所示。单击 Suboptions（子选项）按钮，弹出 Suboption Editor（子选项编辑）对话框，在 Data 数据表中设置 Displacement at Failure（断裂位移）为 0.00015，如图 4.12b 所示。重复前序步骤，完成 C12、C16 钢筋参数定义。

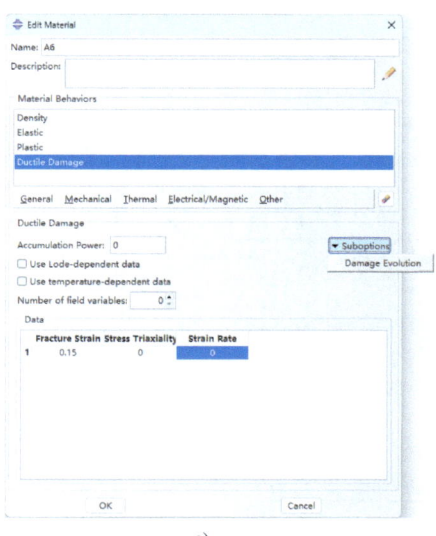
a)

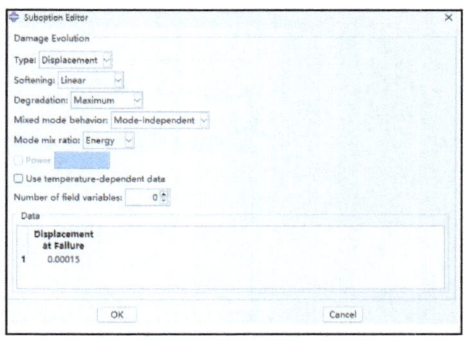
b)

图 4.12　钢筋断裂性能参数定义

(3) 钢板、钢块参数　单击左侧工具区的 按钮，弹出 Edit Material（属性编辑）对话框，在 Name 文本框中输入 Steelplate，单击 General（通用）→Density（密度），在 Data 数据表中设置 Mass Density 为 7800；单击 Mechanical（力学特性）→Elasticity（弹性）→Elastic（弹性模型），在 Data 数据表中设置 Young's Modulus（弹性模量）为 210000000000，Poisson's Ratio（泊松比）为 0.3。随后完成所有材料参数定义，如图 4.13 所示。

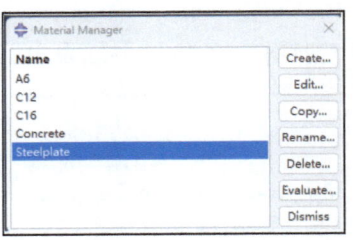

图 4.13　材料属性管理器截面

2. 材料参数截面定义

(1) 混凝土、钢板、钢块实体截面　单击左侧工具区的 按钮，弹出 Create Section（创建截面）对话框，将 Category（种类）设为 Solid（实体），Type 设为 Homogeneous（均质），剩余参数保持默认值不变。单击 Continue 按钮，弹出 Edit Section（截面编辑）对话框，Material 选择 Concrete，剩余参数保持默认值不变。单击 OK 按钮，退出 Edit Section 对话框，完成 Concrete 截面属性的创建。重复前序操作，完成钢板、钢块（Steelplate）截面创建，如图 4.14a 所示。

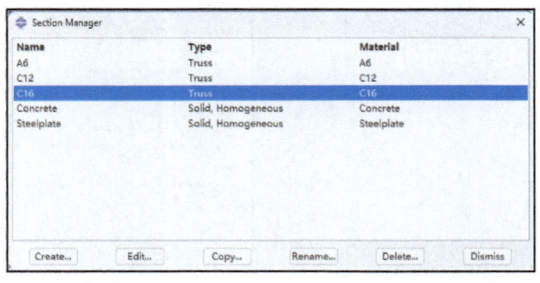

a)

b)

图 4.14　材料参数截面创建界面

(2) 钢筋截面　单击左侧工具区的 按钮，弹出 Create Section（创建截面）对话框，将 Category（种类）设为 Beam（梁），Type 设为 Truss（桁架），剩余参数保持默认值不变。单击 Continue 按钮，弹出 Edit Section（截面编辑）对话框，Material 选择 A6，Cross‐sectional area（截面面积）文本框中输入 A6 钢筋截面面积 0.000113，剩余参数保持默认值不变。单击 OK 按钮，退出 Edit Section 对话框，完成 A6 截面属性的创建。重复前序操作，完成 C12、C16 截面创建，如图 4.14a 所示。随后完成所有材料截面创建，如图 4.14b 所示。

3. 材料参数截面赋予

在环境栏 Part 选项中选择 Concrete 部件。单击左侧工具区的 按钮，提示区提示用户选择赋予截面属性的区域，框选模型，单击中键确认，弹出 Edit Section Assignment 对话框，Section 选择 Concrete，剩余参数保持默认值不变。单击 OK 按钮，退出 Edit Section Assignment 对话框。此时 Concrete 部件显示为青色，完成对 Concrete 部件截面属性的赋值。重复前序操作，完成钢板、钢块、钢筋截面赋予。

4.2.3　子结构组装

在窗口环境栏的 Module（模块）列表中选择 Assembly（装配）功能模块。

1. 构件导入

单击左侧工具区 按钮，弹出 Create Instance（创建实例）对话框，选择所有部件，选择 Instance type 为 Independent（独立）。单击 OK 按钮，右侧出现所有部件的三维视图。

2. 构件移动

单击左侧工具区 (Translate Instance，移动实例) 按钮，利用移动工具，单击选择纵筋部件起始节点，将 LDZJ1 构件移至指定位置，然后单击中键确认。采用同样的方法，将其他钢筋构件移动到指定位置。单击左侧工具区 (Rotate Instance，旋转实例) 按钮，提示区信息变为 Select an axis or a start point for the rotation vector-or enter X,Y,Z（选择旋转轴的起始点，或输入起始点的坐标）；选取两点线为旋转轴，单击中键确认，完成钢筋旋转操作。

3. 钢筋阵列

单击左侧工具区阵列工具 (Linear Pattern，线性模式) 按钮，选中 LDZJ1（梁底纵筋1）构件。当很难在图形中选择部件，可以单击右下角的 Instance Selection（实例选项）按钮，在其中找到对应钢筋。单击中键确认，弹出 Linear Pattern 对话框，根据梁-柱子结构尺寸输入纵横向的阵列距离，完成 LDZJ1（梁底纵筋1）构件阵列。采用同样的方法，对其他纵筋和箍筋进行阵列，最终得到梁-柱子结构钢筋笼，如图 4.15 所示。

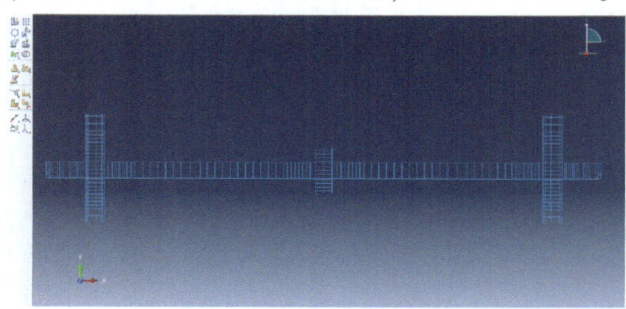

图 4.15　梁-柱子结构钢筋笼

4. 子结构组装

重复前序构件移动、旋转操作步骤，将混凝土实体、钢筋笼、钢板、钢块组装，梁-柱子结构实体模型如图 4.16 所示。

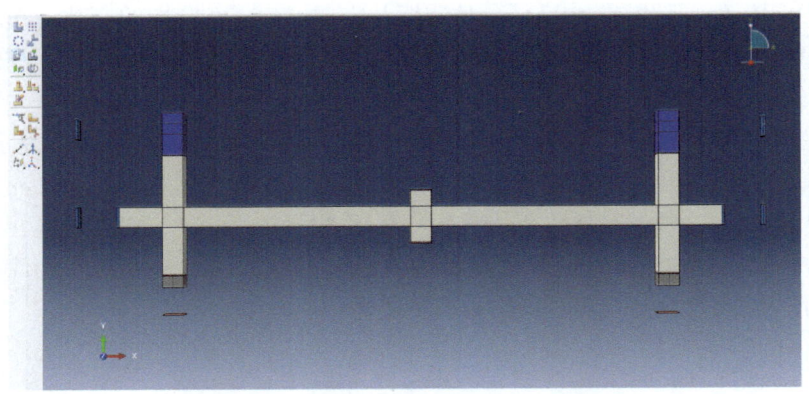

图 4.16 梁-柱子结构实体模型

4.2.4 构件网格划分

在环境栏的 Module 列表中选择 Mesh（网格）功能模块进行网格划分。

1. 构件布种

单击左侧工具区中 ![] 按钮，弹出 Seed Part（构件布种）对话框，在 Approximate global size（全局单元尺寸）文本框输入 0.02，其余参数保持默认值不变。单击 Apply 按钮，绘图区的模型已经按要求布满种子，如图 4.17a 所示。单击 OK 按钮，退出 Global Seeds 对话框，完成网格种子布置。重复上述操作，完成钢筋、钢板、钢块布种。

2. 划分网格

单击左侧工具区中 ![]（Mesh Part Instance，实体网格划分）按钮，提示区提示用户是否给部件划分网格；单击 Yes 按钮，模型按照网格种子自动划分网格完毕，如图 4.17b 所示。为提高运算效率，梁-柱混凝土实体网格尺寸为 20mm，钢筋、钢板、钢块网格尺寸均为 50mm。

3. 网格单元类型选择

（1）混凝土、钢板、钢块实体单元属性设置　单击左侧工具区中 ![]（Assign Element Type，单元类型选择）按钮，选中梁柱-混凝土实体；单击中键，将所有混凝土单元属性改为 C3D8R（三维实体减缩积分单元），如图 4.17c 所示。重复前序操作，将钢板、钢块的单元属性设置为 C3D8R。

（2）钢筋线单元属性设置　单击左侧工具区中 ![]（Assign Element Type，单元类型选择）按钮，选中钢筋，单击中键，将所有钢筋单元属性改为 T3D2（两节点线性三维桁架单元）。

第 4 章 混凝土框架梁柱子结构连续倒塌实例分析方法

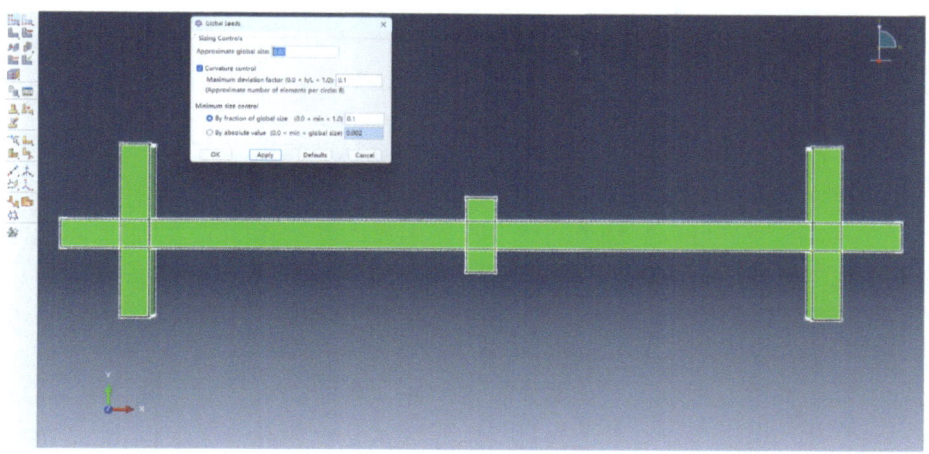

a)

b)

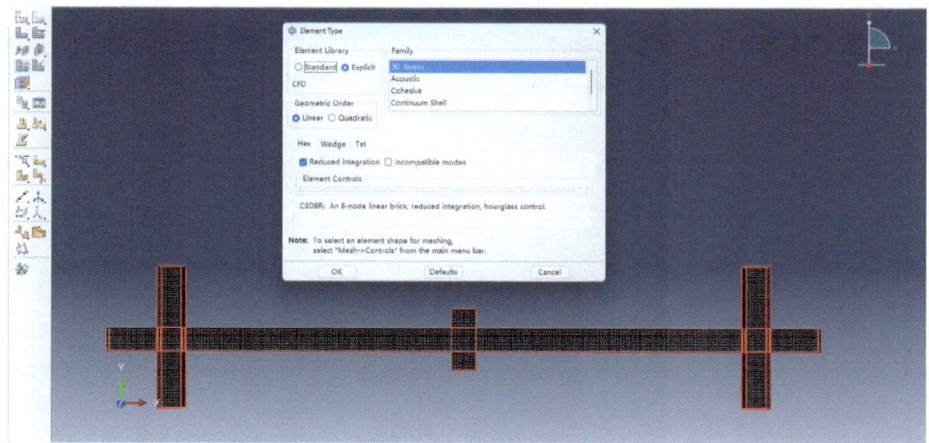

c)

图 4.17 子结构网格尺寸及属性

4.3 分析步与约束设置

4.3.1 分析步设置

1. 创建分析步

（1）子结构边柱轴压分析步定义　单击左侧工具区的 按钮，弹出 Create Step（创建分析步）对话框，Procedure type 选择 General，在下拉列表框中选择 Dynamic，Explicit。单击 Continue 按钮，弹出 Edit Step 对话框，将 Time period 改为 0.2，其他参数保持不变。单击 OK 按钮，退出 Edit Step 对话框，完成轴压分析步定义。

（2）失效柱拟静力分析步定义　再次单击左侧工具区的 按钮，弹出 Create Step（创建分析步）对话框，Procedure type 选择 General，在下拉列表框中选择 Dynamic，Explicit。单击 Continue 按钮，弹出 Edit Step 对话框，将 Time period 改为 1，其他参数保持不变。单击 OK 按钮，退出 Edit Step 对话框，完成失效柱拟静力分析步定义，如图 4.18 所示。

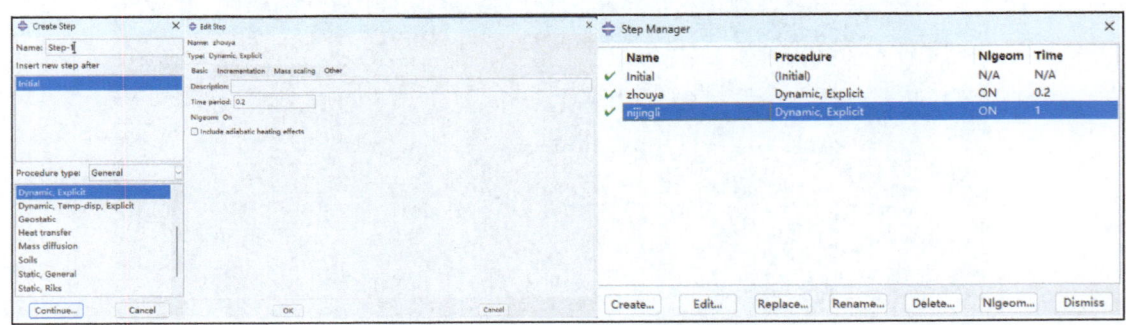

图 4.18　算例分析步创建及编辑

2. 创建场输出

单击左侧工具区的 按钮，弹出 Create field（场输出）对话框，在 step 项下拉菜单中选择 zhouli，单击 Continue 按钮，弹出 Edit field Output request 对话框，设置相应参数；单击 OK 按钮，退出 Edit field Output request 对话框。

3. 创建历程输出

单击左侧工具区的 按钮，弹出 Create History（历程输出）对话框，在 step 项下拉菜单中选择 shuipingli。单击 Continue 按钮，弹出 Edit History Output Request 对话框，设置相应参数；单击 OK 按钮，退出 Edit History Output Request 对话框。

4.3.2 约束设置

在环境栏的 Module 列表中选择 Interaction（相互作用）功能模块设置模型之间的约束关系。

1. 钢筋笼嵌入

单击左侧工具区的 按钮，弹出 Create Constraint（创建相互作用）对话框，在 name 文本框中输入 Constraint-1。Type 选择 Embed Region（嵌入区域），提示区显示 Select the embedded region（选择嵌入的部分），选择钢筋笼部件，如图 4.19a 所示。单击中键确认，提示区显示 Select the method for host region（选择选择主区域的方法），选择整个模型，所有参数保持默认值不变；单击中键确认，弹出 Edit Constraint 对话框，所有参数保持默认值不变；单击 OK 按钮，退出 Edit Constraint 对话框，完成钢筋笼与混凝土约束关系的定义，如图 4.19b 所示。

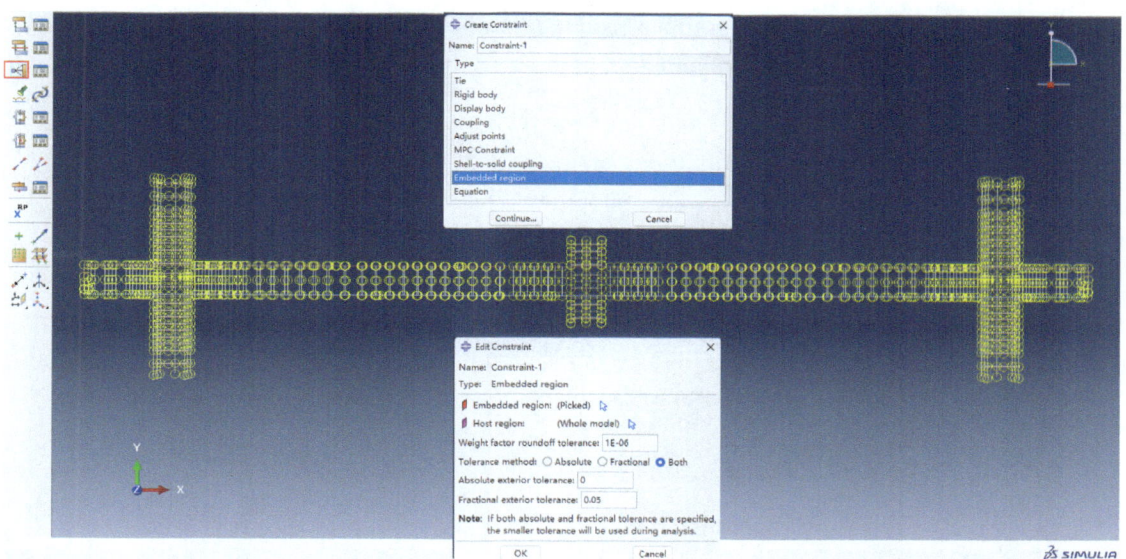

a)

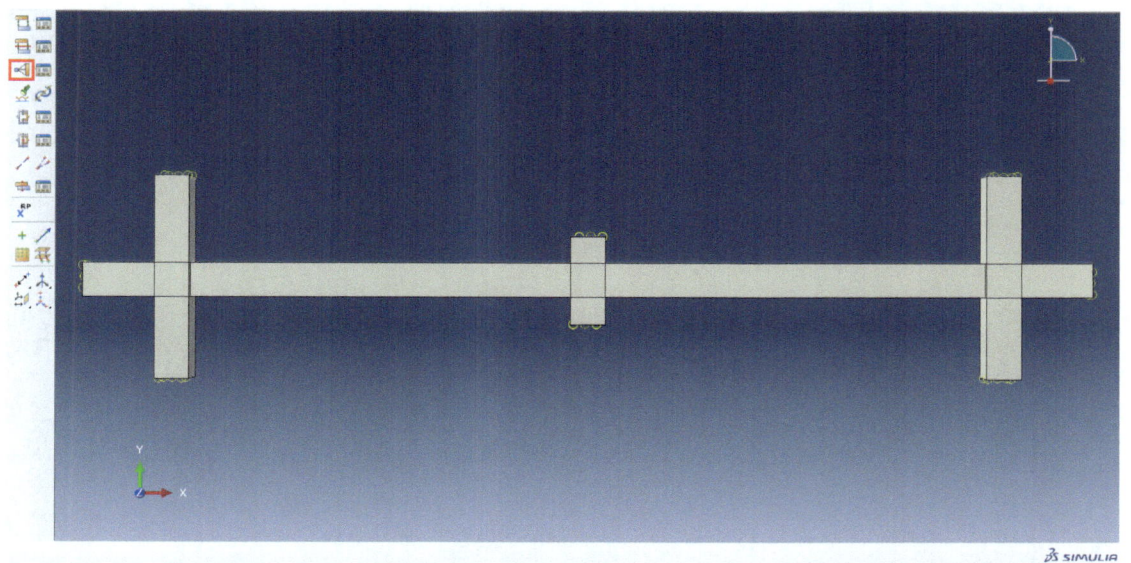

b)

图 4.19　钢筋笼嵌入

2. 耦合约束

单击左侧工具区的 ![icon]（Create Datum Point：Midway Between two Points，创建基准点：两点之间）按钮，提示区显示 Select the first point，选中左侧边柱钢板 1 上表面参考点；单击中键确认，提示区显示 Select the second point，选中左侧边柱钢块 1 下表面参考点；单击中键确认，完成基准点建立，如图 4.20 所示。

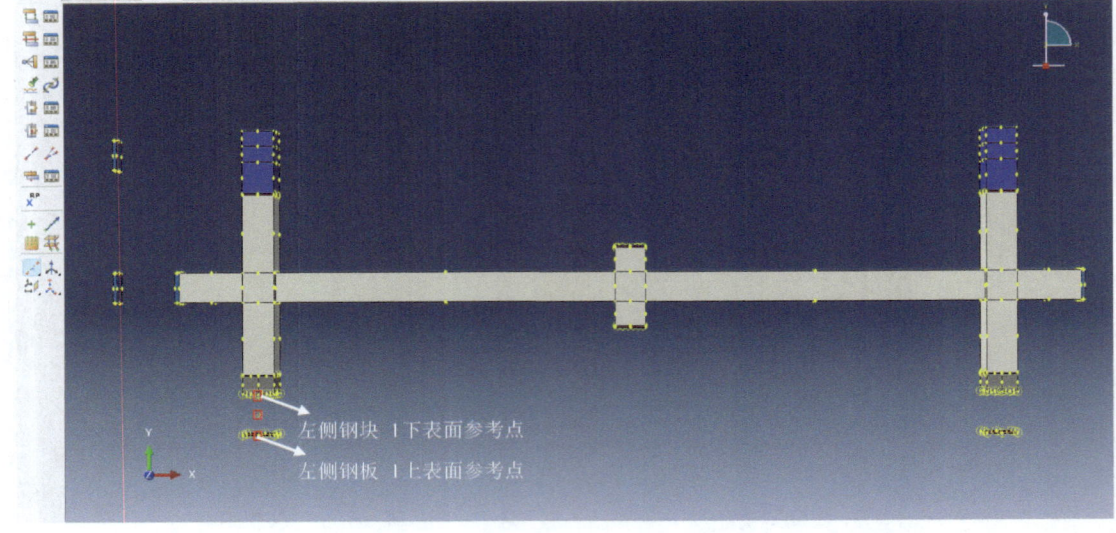

a)

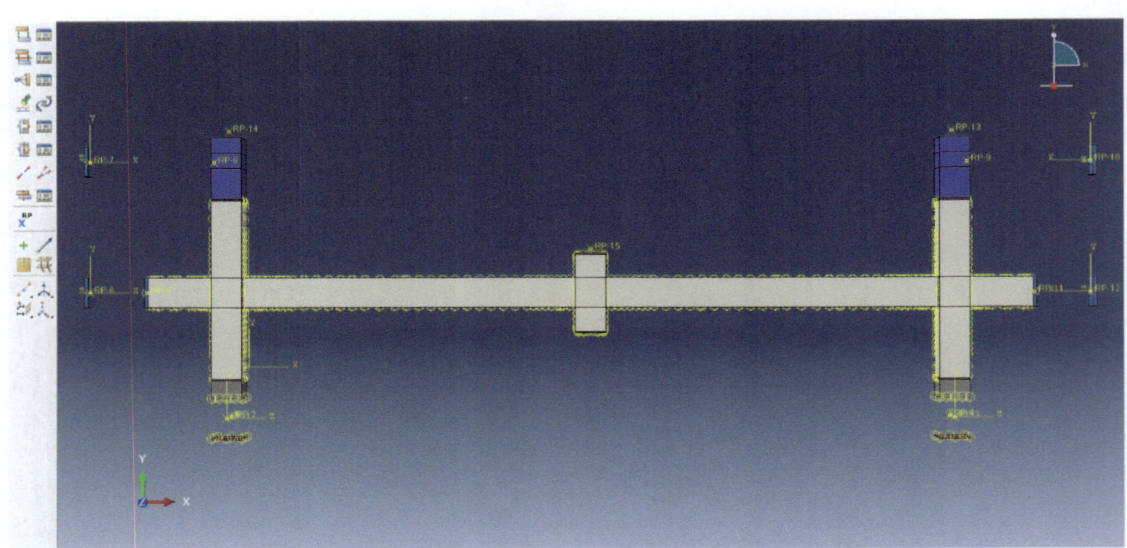

b)

图 4.20　基准点创建

单击左侧工具区的 ![icon]（Create Reference Point，创建参考点）按钮，提示区显示 Select a start point to act as reference point-or enter X，Y，Z；选中刚刚建立的基准点，建立第一个参考

点 RP-1。RP-1、RP-2 的详图如图 4.21a 所示，重复前序操作，完成其他参考点的建立，如图 4.21b 所示。

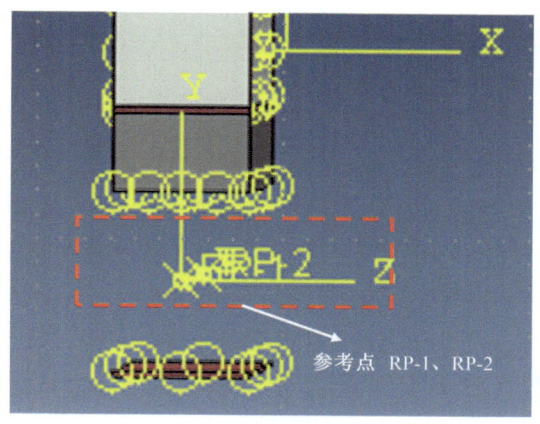

a)

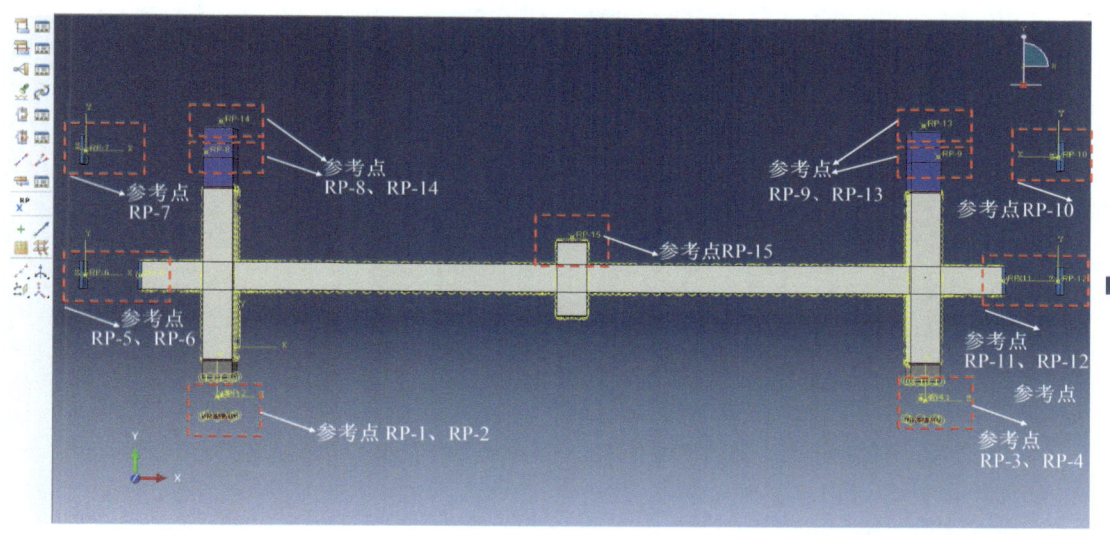

b)

图 4.21 参考点创建

采用类似方法设置 15 个参考点，各个参考点的用途见表 4.2。

表 4.2 参考点的用途

参考点	作用	参考点	作用
RP-1	后用于设置铰接支座的转动中心	RP-5	后用于设置梁端弹簧约束
RP-2		RP-6	
RP-3	后用于设置铰接支座的转动中心	RP-7	后用于设置柱顶弹簧约束
RP-4		RP-8	

(续)

参 考 点	作 用	参 考 点	作 用
RP-9	后用于设置柱顶弹簧约束	RP-13	后续施加柱顶轴压
RP-10		RP-14	后续施加柱顶轴压
RP-11	后用于设置梁端弹簧约束	RP-15	后续施加失效柱荷载
RP-12			

单击左侧工具区的 ■（Create Constraint，创建相互作用）按钮，在弹出的对话框中选择 Coupling（耦合）；单击 Continue 按钮，提示区显示用户选择定义耦合约束的从属区域，选择 RP-15；单击中键确认，提示区显示 Select the constraint region type（选择约束区域类型）；单击 Surface（表面）按钮，选择定义耦合约束的主区域，选中图 4.22a 所示的平面作

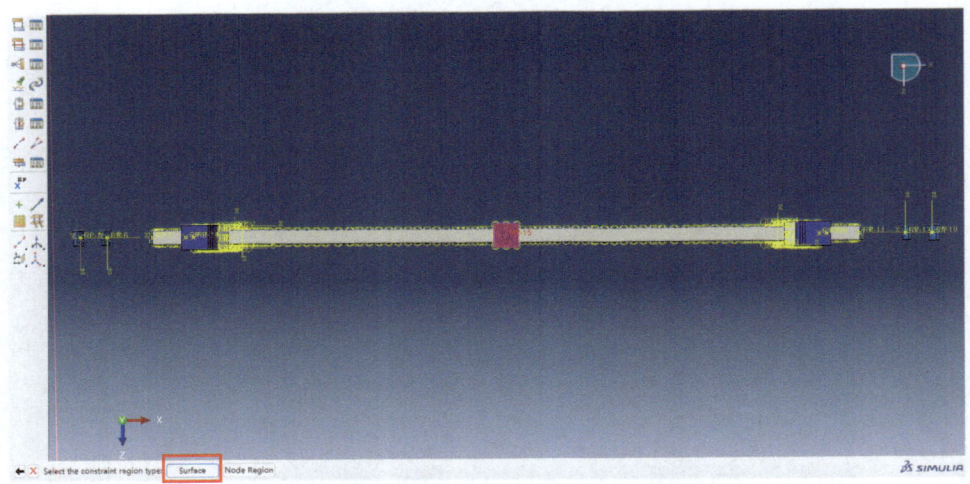

a)

b)

图 4.22 耦合约束创建

为约束面；单击中键确认，弹出 Edit Constaint 对话框，保持所有参数不变；单击 OK 按钮。重复前序操作，完成其他参考点与约束面的耦合约束，如图 4.22b 所示。

3. 绑定约束

单击左侧工具区的 ◁（Create Constraint，创建相互作用）按钮，在弹出的对话框中选择 Tie（绑定），命名为 GB2-GK1；单击 Continue 按钮，弹出 Edit Constaint 对话框，选择定义绑定约束的主-从表面，Main surface（主表面）选择钢板 2 下表面，Secondary surface（从表面）选择钢块 1 上表面，如图 4.23 所示。

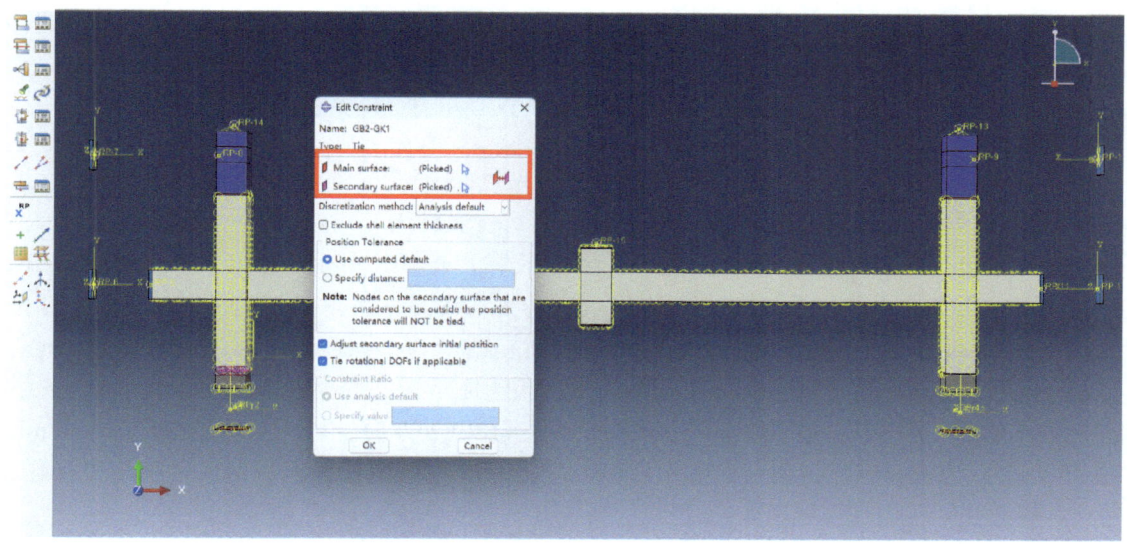

图 4.23 绑定约束

4.4 荷载与边界条件

在环境栏的 Module 列表中选择 Load（载荷）功能模块进行荷载及边界条件的定义。

4.4.1 加载幅值创建

在环境栏的 Module Database（模型树）中选择 Amplitude（幅值）功能模块进行加载幅值创建。右击 Amplitude（幅值）功能模块，弹出 Create（创建）选项，Name（名称）文本框中输入：Nijingli（拟静力），Type（类型）选择 Tabular（表格），单击 Continue 按钮，弹出 Edit Amplitude，在选项表中输入对应幅值，单击 OK 按钮，完成拟静力加载幅值创建。重复前序操作，完成轴压荷载幅值创建，如图 4.24 所示。

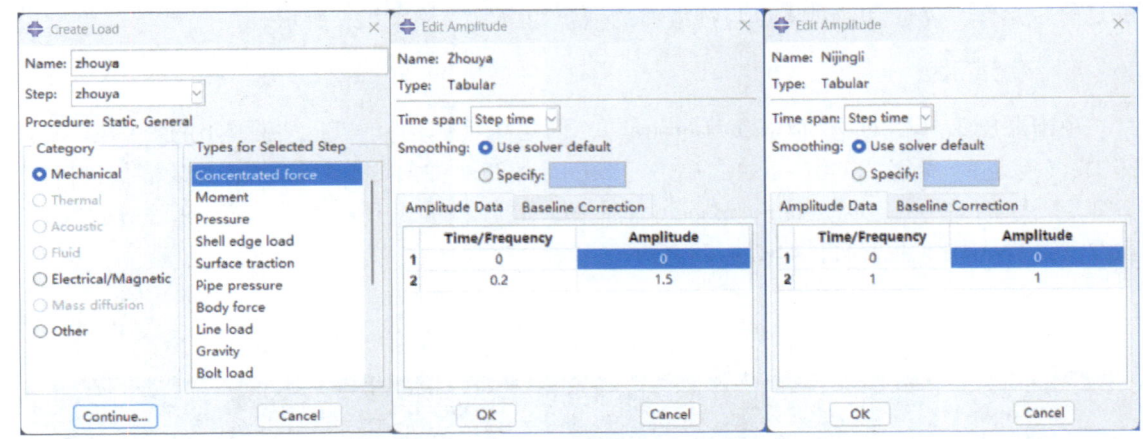

图 4.24　加载幅值创建

4.4.2　边柱轴压创建

单击左侧工具区的 ![] （Create load，创建荷载）按钮，弹出 Create load 对话框，在 Name 文本框输入 Zhouya1（轴压1），将 Step 设为 zhouya，Category（类别）选中 Mechanical（力学），Types for Selected Step（分析步所选类型）选择 Concentrated force（集中力），剩余参数保持默认值不变。单击 Continue 按钮，提示区提示用户选择添加荷载的区域，选中 RP-14。单击中键确认，弹出 Edit Load 对话框，在 CF2 方向上输入 -2812000，Amplitude（幅值）选择 Zhouya，保持剩余参数默认值不变，完成左侧边柱轴压创建。重复前序操作，完成右侧边柱轴压创建，如图 4.25 所示。

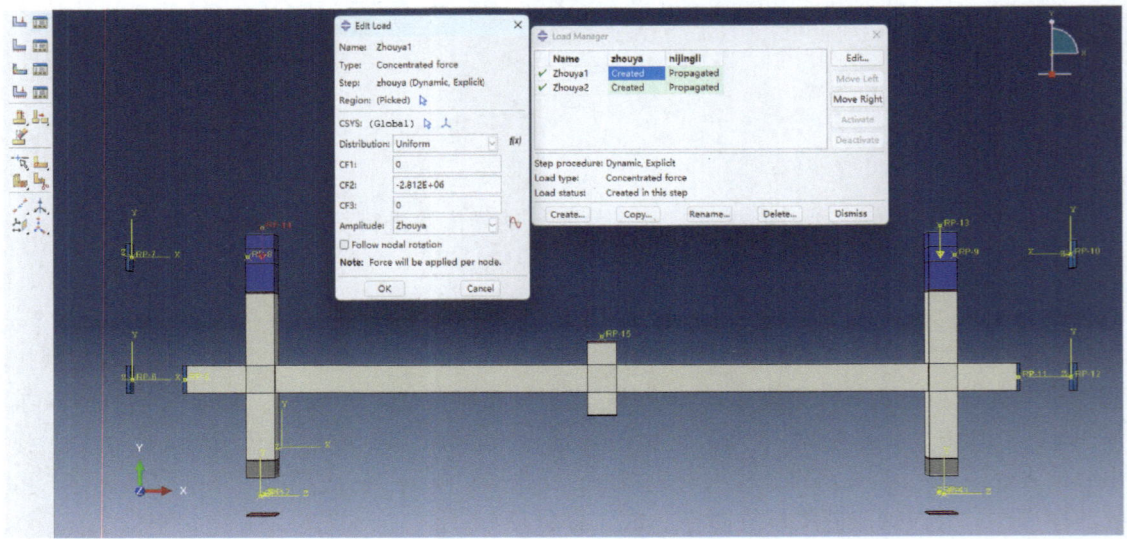

图 4.25　边柱轴压创建

4.4.3 失效柱荷载创建

对失效柱采用位移加载方式，以此实现对子结构施加拟静荷载阶段。

单击左侧工具区的 ⌐ （Create Boundary Condition，创建边界条件）按钮，弹出 Create Boundary Condition 对话框（图 4.26a），在 Name 文本框输入 Weiyi（位移），将 Step 设为 nijingli，Category（类别）选中 Mechanical（力学），Types for Selected Step（分析步所选类型）选择 Displacement/Rotation（位移/转角），剩余参数保持默认值不变。单击 Continue 按钮，提示区提示用户选择添加荷载的区域，选中 RP-15。单击中键确认，弹出 Edit Load 对话框，在 U2 方向上输入-1.5，Amplitude（幅值）选择 Nijingli，剩余参数保持默认值不变，完成失效柱竖向位移创建，如图 4.26b 所示。

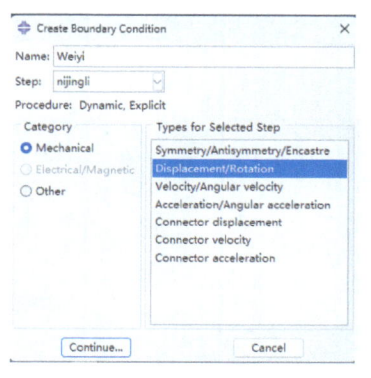
a)
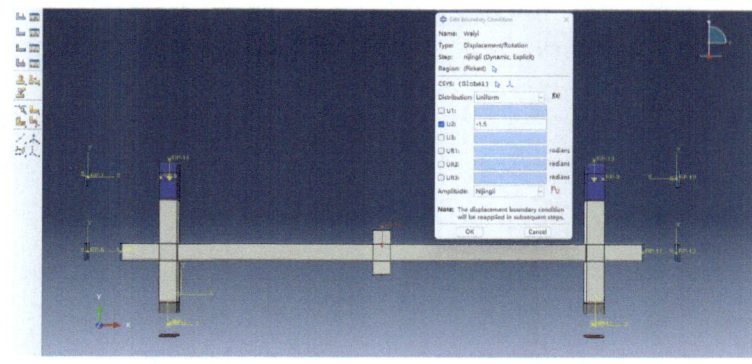
b)

图 4.26　失效柱竖向位移创建

单击左侧工具区的 ⌐ （Create Boundary Condition，创建边界条件）按钮，弹出 Create Boundary Condition 对话框（图 4.27a），在 Name 文本框输入 Shuipingweiyi（水平位移），将 Step 设为 Initial，Category（类别）选中 Mechanical（力学），Types for Selected Step（分析步所选类型）选择 Displacement/Rotation（位移/转角），剩余参数保持默认值不变。单击 Continue 按钮，提示区提示用户选择添加荷载的区域，选中钢板上表面。单击中键确认，弹出

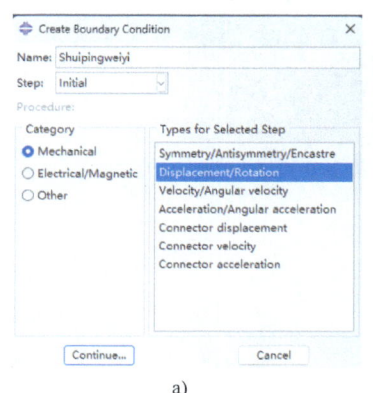
a)
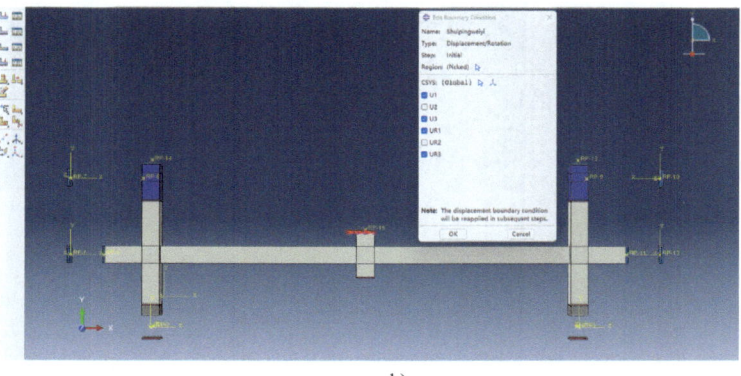
b)

图 4.27　失效柱水平位移创建

Edit Load 对话框，勾选 U1、U3、UR1、UR3 方向，剩余参数保持默认值不变，完成失效柱水平位移创建，如图 4.27b 所示。

4.4.4 子结构边界条件设置

1. 固支边界

单击左侧工具区的 ![icon] （Create Boundary Condition，创建边界条件）按钮，弹出 Create Boundary Condition 对话框，在 Name 文本框输入 GZ1（固支1），将 Step 设为 Initial，Category（类别）选中 Mechanical（力学），Types for Selected Step（分析步所选类型）选择 Displacement/Rotation（位移/转角），剩余参数保持默认值不变。单击 Continue 按钮，提示区提示用户选择添加荷载的区域，选中钢板1下表面。单击中键确认，弹出 Edit Load 对话框，在所有方向上勾选，剩余参数保持默认值不变，完成左侧边柱固支边界条件创建，如图 4.28a 所示。重复前序操作，完成其他固支边界条件创建，如图 4.28b 所示。

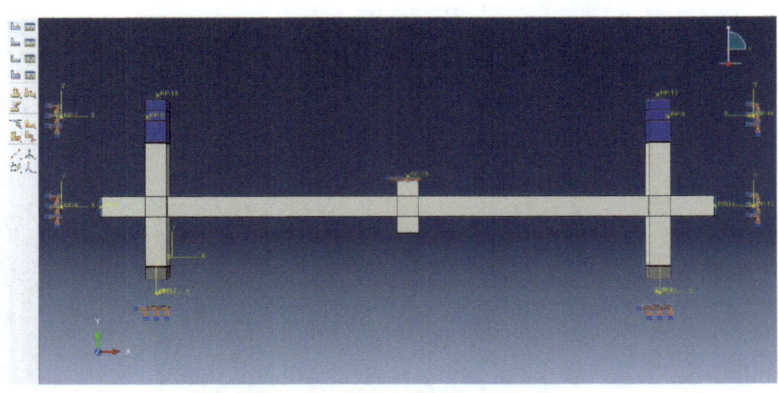

a)

b)

图 4.28 固支边界条件创建

2. 铰支边界

在环境栏的 Module 列表中选择 Interaction（相互作用）功能模块进行模型之间的约束关系。

（1）创建 Pin（销钉） 单击左侧工具区的 ![icon] （Create Constraint，创建相互作用）按

第 4 章　混凝土框架梁柱子结构连续倒塌实例分析方法

钮，弹出 Create Constraint 对话框，在 Name 文本框输入 GB1（钢板 1），Type 选择 Rigid body（刚体）。单击 Continue 按钮，弹出 Edit Constraint 对话框，选择 Pin（nodes）选项。单击 (Edit selection，截面选择）按钮，在绘图区选中钢板 1 上表面；单击中键确认，弹出 Edit Constraint 对话框，所有参数保持默认值不变。单击 OK 按钮，完成钢板 1 销钉约束创建。重复前序操作，完成右侧边柱钢板 2 销钉创建，如图 4.29 所示。

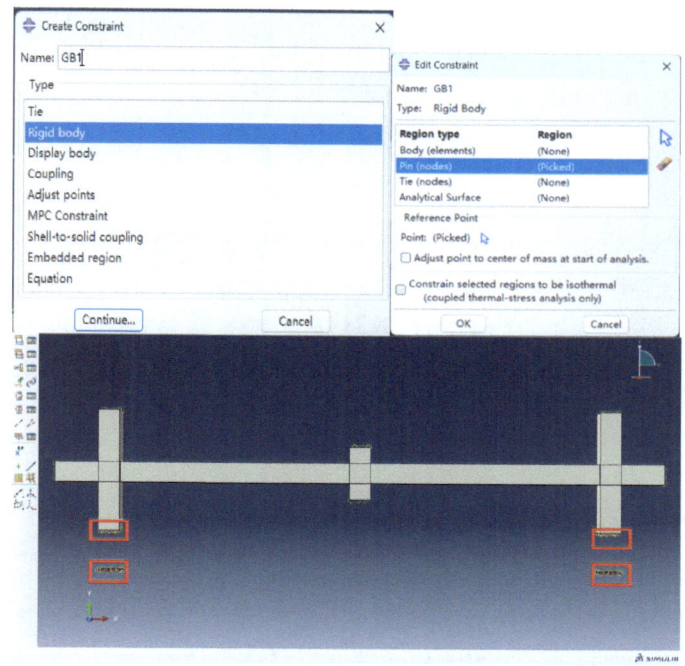

图 4.29　销钉约束创建

（2）创建线特征　单击左侧工具区的 (Create Wire Feature，创建线特征）按钮，弹出 Create Wire Feature 对话框，单击 (Add，添加）按钮，在绘图区分别选中 RP-1、RP-2；单击中键确认，弹出 Create Wire Feature 对话框，所有参数保持默认值不变；单击 OK 按钮，完成钢板 1 线特征设置。重复前序操作，完成右侧边柱钢板 2 线特征设置，以及左右侧边梁、左右侧边柱上方钢块线特征创建，如图 4.30 所示。

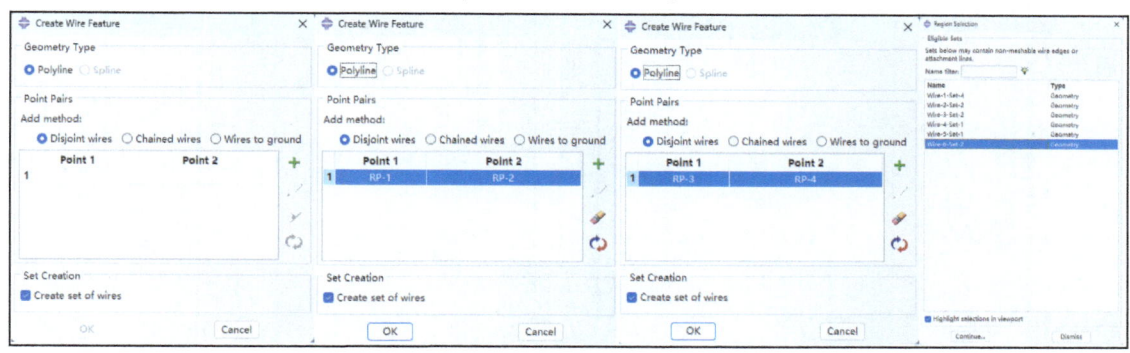

图 4.30　线特征创建

利用类似方法,创建了 6 个线特征,具体用途见表 4.3。

表 4.3 创建线的用途

线 名	用 途	线 名	用 途
Wire-1	后用于设置左侧边柱底部铰接支座转动中心连接	Wire-4	后用于设置右侧边梁弹簧约束连接
Wire-2	后用于设置右侧边柱底部铰接支座转动中心连接	Wire-5	后用于设置左侧边柱顶弹簧约束连接
Wire-3	后用于设置左侧边梁弹簧约束连接	Wire-6	后用于设置右侧边柱顶弹簧约束连接

(3) 创建铰支边界

1) 单击左侧工具区的 ![icon] (Create Connector Section,创建连接截面) 按钮,弹出 Create Connector Section 对话框 (图 4.31a),在 Name 文本框输入 GB1,Connection Type (连接类型) 选择 Hinge (铰链),其他参数保持默认值不变;单击 Continue,弹出 Edit Connector

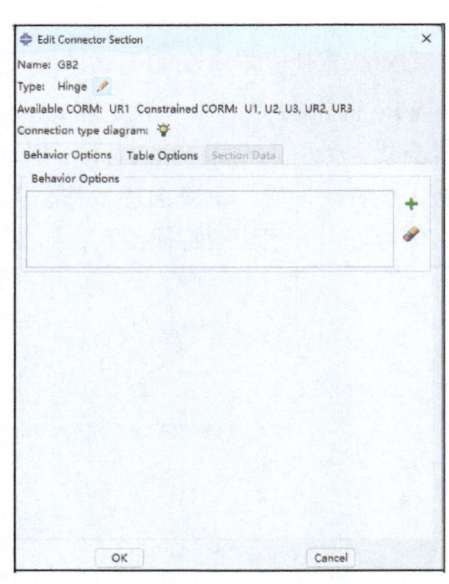

图 4.31 铰链截面创建

Section 对话框（图 4.31b），所有参数保持默认值不变；单击 OK 按钮，完成钢板 1 铰链截面创建。重复前序操作，完成右侧边柱钢板 2 铰链截面创建，如图 4.31c 所示。

2）单击左侧工具区的 ![icon]（Create Section Assignment，创建截面属性）按钮，弹出 Create Section Assignment 对话框；单击 ![icon]（Edit，编辑）按钮，弹出 Edit Connector Section Assignment 对话框（图 4.32a）在绘图区选中 Wire1，Section 选项选择 GB1 截面，其他参数保持默认值不变，单击 OK 按钮，完成左侧边柱钢板 1 铰支边界条件创建。重复前序操作，完成右侧边柱钢板 2 铰支边界条件创建，如图 4.32b 所示。

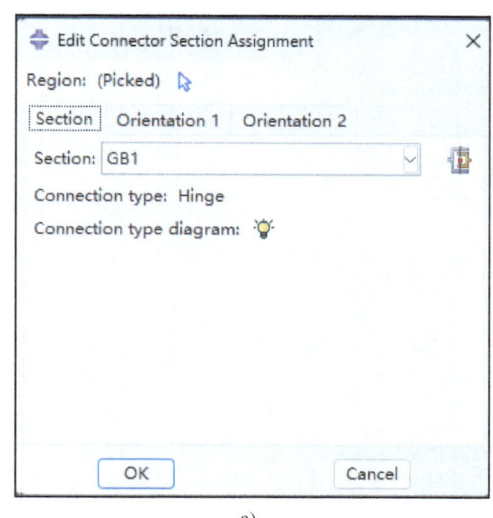
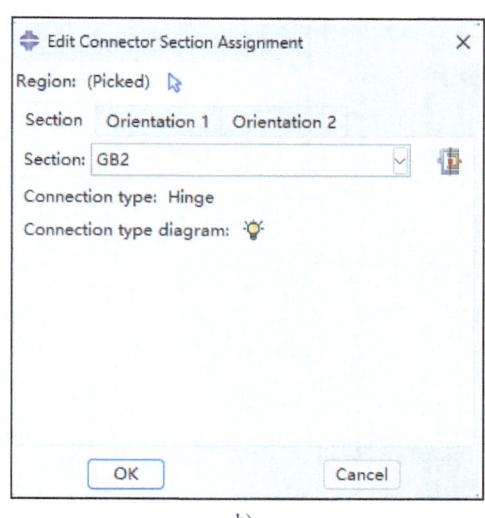

a)　　　　　　　　　　　　　　　　b)

图 4.32　边柱铰支边界创建

3. 水平约束

本算例中，通过弹簧模拟周围梁跨对子结构产生的水平约束。

（1）创建弹簧截面　单击左侧工具区的 ![icon]（Create Connector Section，创建连接截面）按钮，弹出 Create Connector Section 对话框（图 4.33a），在 Name 文本框输入 Liang，Connection Category（连接目录）选择 Basic（基本），Connection Type（连接类型）中的子选项 Translational type（平移的类型）选择 Axial（轴向），其他参数保持默认值不变；单击 Continue 按钮，弹出 Edit Connector Section 对话框（图 4.33b），Behavior Options 选项卡中通过 ![+] （Add）按钮。添加 Elasticity（弹性），Elasticity 选项组中依次选择 Nonlinear（非线性）、F1、Uncoupled（未耦合的），其他参数保持默认值不变；单击 OK 按钮，完成梁端弹簧截面创建。重复前序操作，完成钢块弹簧截面创建，如图 4.33c 所示。

（2）创建水平约束　单击左侧工具区的 ![icon]（Create Section Assignment，创建截面属性）按钮，弹出 Create Section Assignment 对话框；单击 ![icon]（Edit，编辑）按钮，弹出 Edit Connector Section Assignment 对话框，在绘图区选中 Wire3，Section 选项选择 Liang 截面，保持其他参数默认值不变；单击 OK 按钮，完成左侧边梁弹簧边界条件创建。重复前序操作，完成右侧边梁弹簧边界条件创建，以及左右侧边柱两块钢块弹簧边界创建，如图 4.34 所示。

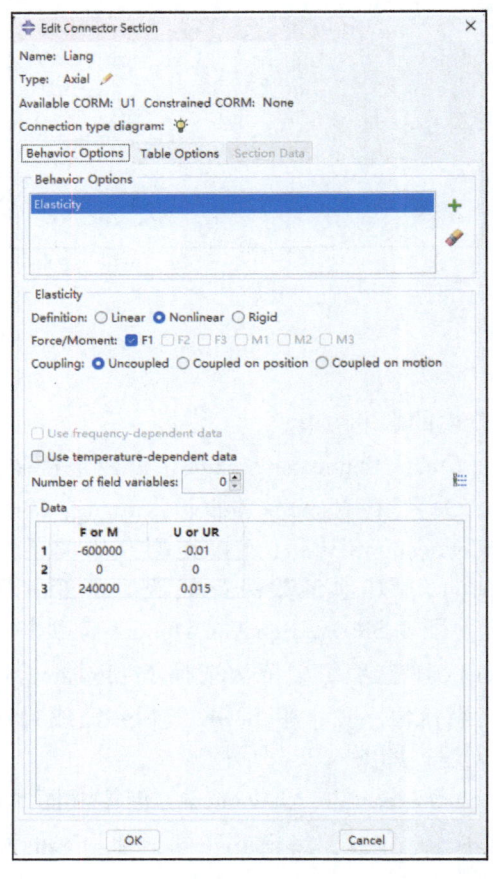
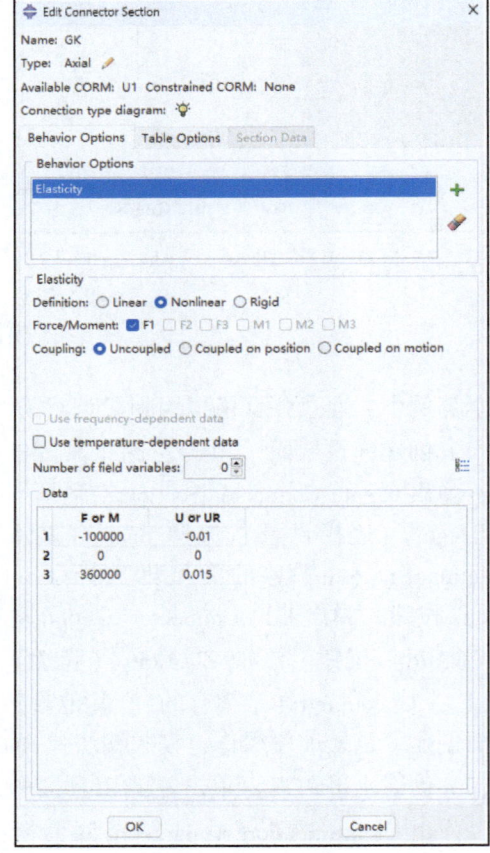

图 4.33 弹簧截面创建

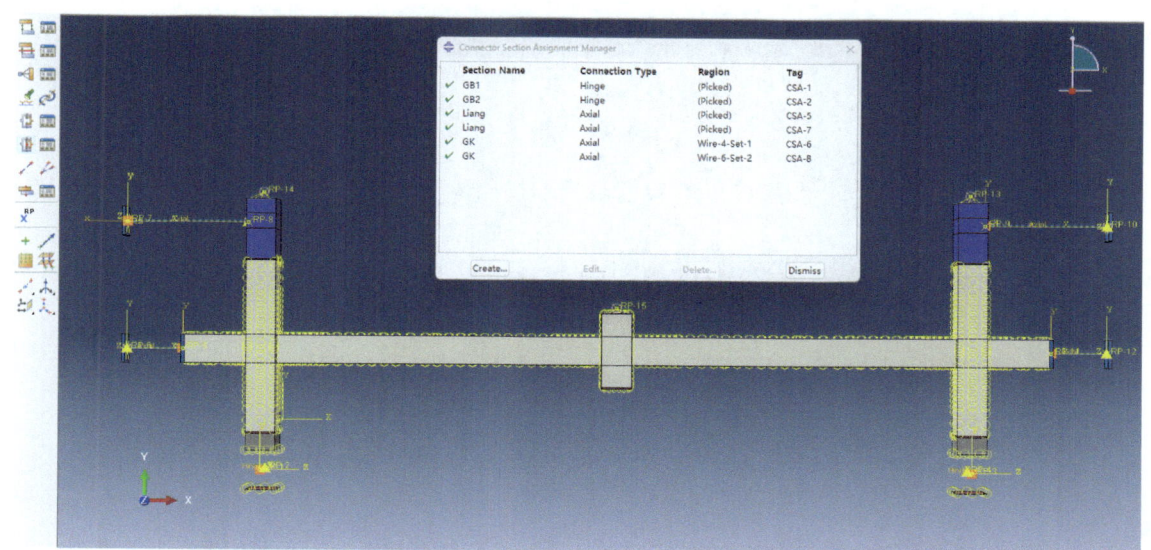

图 4.34　弹簧边界创建

4.5　提交作业与分析

4.5.1　创建作业

单击左侧工具区中的 ▉（Create Job，创建作业）按钮，弹出 Create Job 对话框，所有参数保持默认值不变；单击 Continue 按钮，弹出 Edit Job 对话框，所有参数保持默认值不变；单击 OK 按钮，完成作业创建。

4.5.2　提交分析

选择主菜单 Job-Manager（作业管理器），弹出 Job Manager 对话框，单击 Submit（提交分析）按钮，可以看到对话框中的 Status（状态）提示依次变为 Submitted（已提交）、Running（正在运算）和 Completed（已完成）；单击对话框中的 Results（分析结果）按钮，自动进入 Visualization 模块。

注：本例使用的材料模型参数的取值仅供参考之用。

4.6　后处理

4.6.1　混凝土应变云图分析

单击左侧工具区中的 ▉（Plot Contours on Deformed Shape，模型变形轮廓）按钮，单击主菜单中的 ▉（Field Output Dialog，场输出对话框）命令，依次选择 Primary→PE→Max Principal，绘图区显示梁-柱子结构变形后的塑性应变云图，如图 4.35 所示。

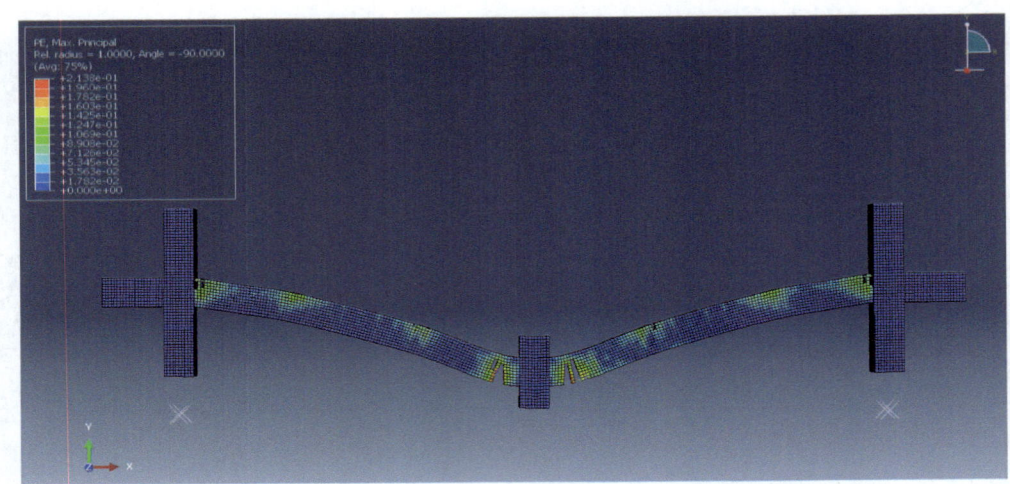

图 4.35　子结构在中柱位移下的混凝土损伤

4.6.2　钢筋应力云图分析

单击左侧工具区中的 ![icon]（Plot Contours on Deformed Shape，模型变形轮廓）按钮，单击主菜单中的 ![icon]（Field Output Dialog，场输出对话框）命令，依次选择 Primary→S→Max Principal。单击主菜单中的 ![icon]（Create Display Group，创建显示组）命令，弹出 Create Display Group 对话框，Item（项目）列表中选择 Part instances（部分实例），右侧列表选择所有钢筋；单击 ![icon]（Replace，替换）按钮，退出对话框，绘图区出现钢筋骨架的应力云图，如图 4.36 所示。

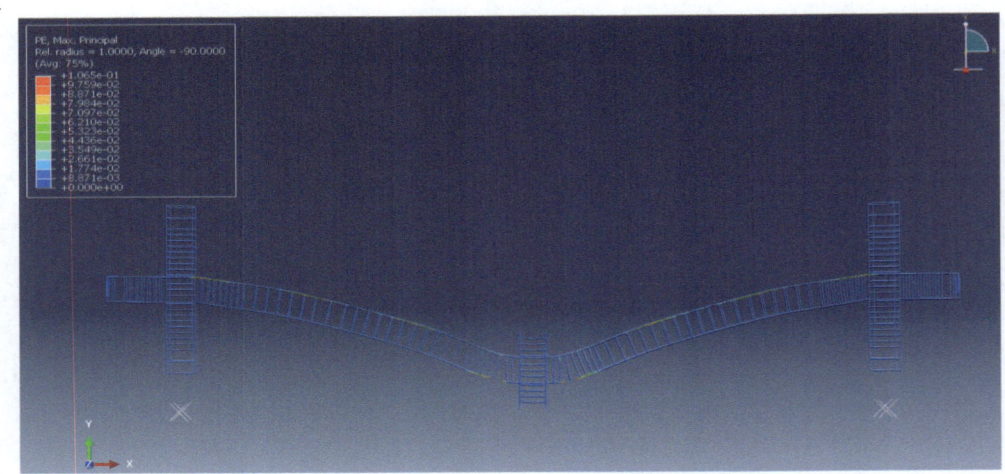

图 4.36　子结构在中柱位移下的钢筋应力分布

4.6.3　中柱竖向抗力-位移曲线获取

由于输出文件都是时间历程曲线，想要获得力-位移曲线就需要将时间-力曲线和时间-位移曲线分别输出，然后将两者正交化即可得到力-位移曲线。

单击左侧工具区 📊（Create XY Data，创建 XY 数据）按钮，弹出 Create XY Data 对话框，选择 ODB Field Output（ODB 场输出）选项；单击 Continue 按钮，弹出 XY data from ODB Field Output 对话框，Position（位置）选择 Unique Nodal（唯一节点），在绘图区选中节点 RP-15；单击 Plot（绘图）按钮，完成时间-力曲线和时间-位移曲线分别输出，如图 4.37 所示。

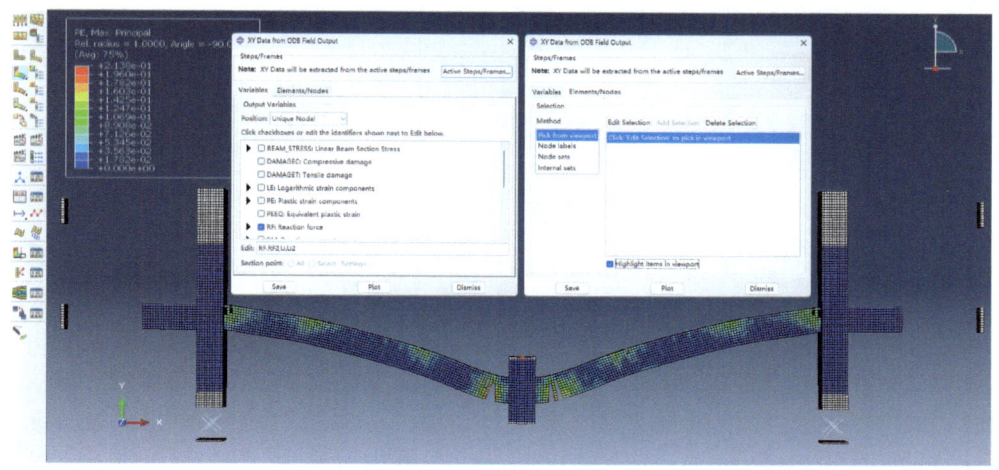

图 4.37　子结构时间-力曲线和时间-位移曲线输出

单击左侧工具区 📊（Create XY Data，创建 XY 数据）按钮，弹出 Create XY Data 对话框，选择 Operate on XY Data（编辑 XY 数据）选项；单击 Continue 按钮，弹出 Operate on XY Data 对话框，在右侧 Operators（操作项）列表选项中选择 combine（X，X）按钮，分别选 U2、RF2；单击 Plot Expression（曲线显示），绘图区显示曲线，完成抗力-位移曲线输出，如图 4.38 所示。

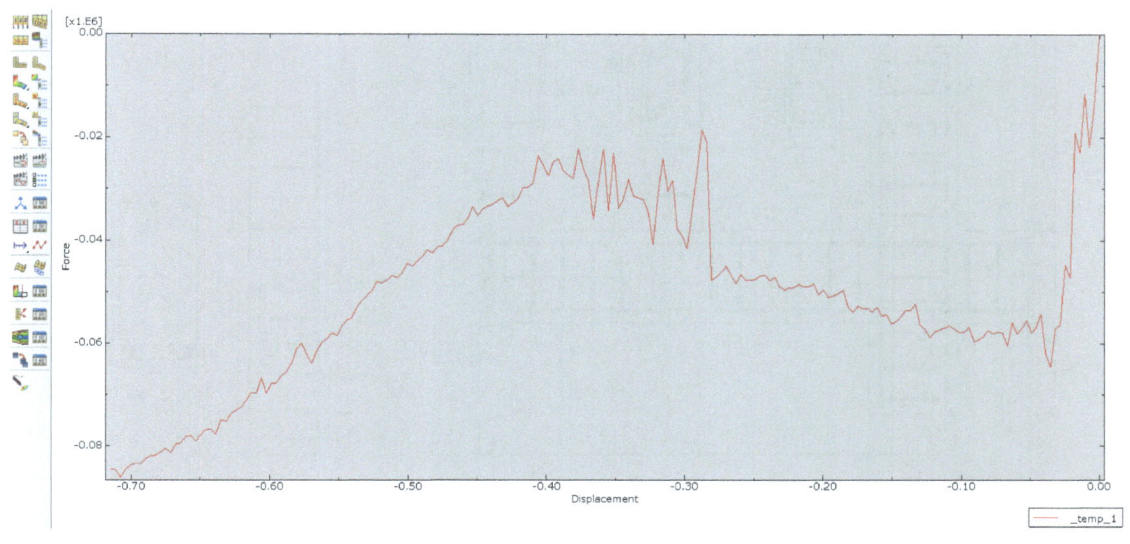

图 4.38　子结构抗力-位移曲线输出

第 5 章
高温作用下钢筋混凝土梁温度场实例分析方法

5.1 基本工况

5.1.1 问题简介

如图 5.1a 所示为一个 1/2 缩尺的梁-柱节点试件配筋图（由于是对称结构，故仅展示半边试件），将中柱拆除以模拟中柱失效。梁长为 1370mm，截面尺寸为 150mm×300mm，试件梁端通过钢筋与钢板螺栓连接；柱高为 1200mm，柱截面尺寸为 300mm×300mm，保护层厚度为 15mm。试件采用通长配筋的形式。中柱纵筋采用 4⌀20，梁上下纵筋均采用 2⌀14，梁上部截断钢筋采用⌀16，在距离中柱 900mm 处截断，箍筋均采用⌀8。混凝土设计强度等级为 C40，钢筋均为 HRB400 等级，其弹性模量均为 200GPa，屈服强度为 500MPa，极限强度为 600MPa，断后伸长率约为 15%。试通过 ISO-834 国际标准升温曲线对梁-柱子结构进行三面（梁侧面和底面）受火升温试验，以获取加热 2 小时后其截面温度分布曲线，截面温度测点位置如图 5.1b 所示。

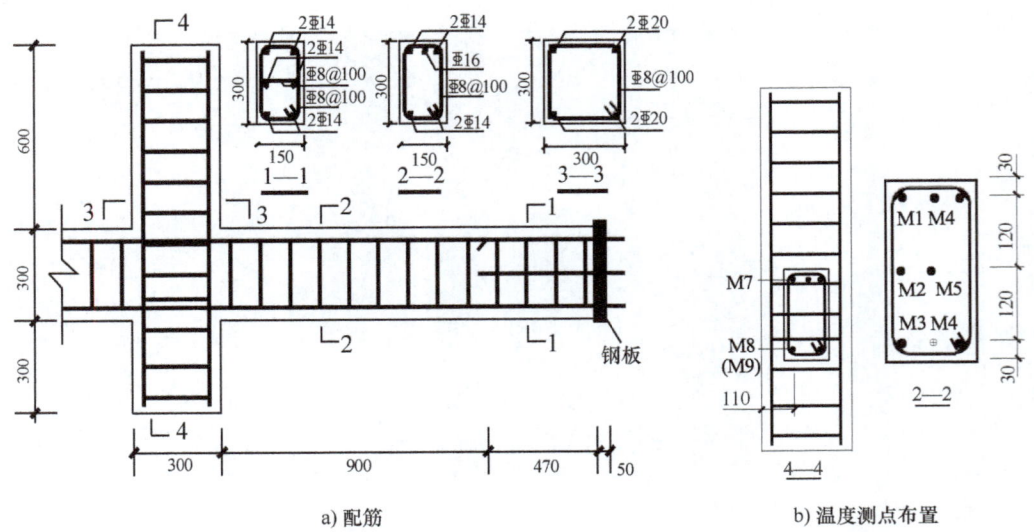

a) 配筋   b) 温度测点布置

图 5.1 钢筋混凝土梁-柱子结构配筋与温度测点布置（M 表示测点）

5.1.2 求解规划

在建模过程中需要考虑以下问题：

1）此问题研究的是结构的静态温度分布响应，所以分析步类型应为 Heat transfer（Transient）瞬态热传递，使用 ABAQUS/Standard 作为求解器。

2）尽管几何模型具有轴对称性，但考虑到对称截面处的温度传导，因此需要建立完整的三维实体模型。

3）在 ABAQUS 温度场分析中无法设置边界条件，因此可忽略边界条件的建立。

4）在 ABAQUS 温度场分析中需要的材料属性包括传导率（Conductivity）、线膨胀系数（Expansion）和比热（Specific Heat），其余材料参数对温度场分析结果无影响，为方便学习，本模型只设置上述三种材料属性，读者可自行选择添加。

5）由于此问题关心的是加热后结构的温度分布状态，因此在模型中混凝土和钢板使用 DC3D8 单元（八结点线性传热六面体单元），钢筋使用 DC1D2（两结点传热连接单元）。

6）此问题研究的是加热 2 小时后结构的温度分布，因此此处将求解时间设置为 120min。整个模型使用 m-Pa-min 单位制，请读者注意单位的协调统一。

5.2 模型建立

以下将详细介绍建模过程。由于 ABAQUS 不提供撤销命令（Undo），笔者建议读者养成良好的操作习惯，即在保证自己上一步操作正确时，单击保存命令及时保存模型文件，必要时使用另存为命令，以便在操作失误后能够通过读取命令获得前一步或前几步的模型。

5.2.1 创建部件

1. 创建工作路径

启动 ABAQUS/CAE，在弹出界面中的 Create Model Database 选项中选择 With Standard/Explicit Model。在主菜单中选择 File→Set Work Directory 命令，在弹出的 Set Work Directory 对话框中选择创建好的工作路径，如 F:\sub，最后单击 OK 按钮，完成工作路径的创建，如图 5.2 所示。

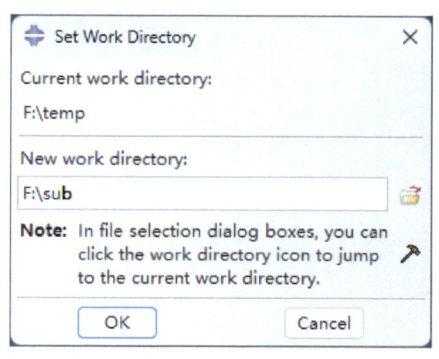

图 5.2 创建工作路径

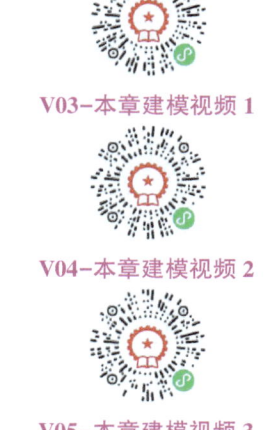

V03-本章建模视频 1

V04-本章建模视频 2

V05-本章建模视频 3

2. 创建模型文件

单击保存按钮，弹出的 Save Model Database As 对话框（图 5.3），在 Directory 文件夹选择上面创建好的工作路径，如 F:\sub，并在 File Name 文本框中输入文件名，如 beam-column，最后单击 OK 按钮，创建模型文件。

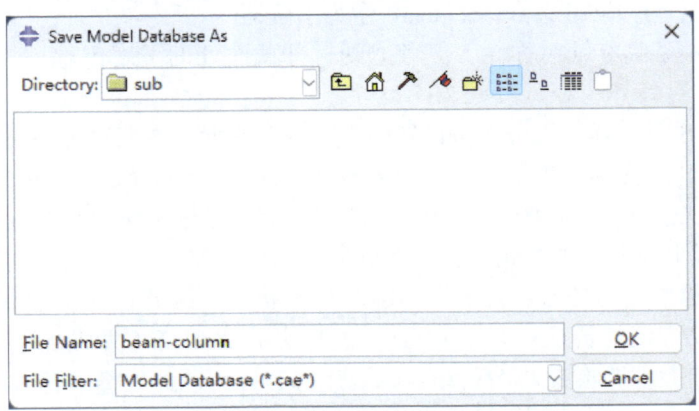

图 5.3　创建模型文件

3. 建立实体模型

进入 Part 功能模块，单击左侧工具区中的 ![] （创建部件）按钮，弹出图 5.4a 所示的 Create Part 对话框，在 Name 文本框中输入 column，将 Modeling Space（模型所在空间）设为 3D（三维），Shape 设为 Solid（实体），Type 选择 Extrusion（拉伸），Approximate size 文本框输入 2（该数值大小可根据组件大小确定）；单击 Continue 按钮，自动进入二维绘图界面，单击左侧工具区中的 ![] 按钮，提示区显示 pick a starting point for line-or enter X,Y（单击直线的起始点-或输入 X、Y 坐标），输入坐标 (0,0)；单击中键确认，绘图区出现起始点，提示区显示 pick an ending point for line-or enter X,Y（单击直线的终止点-或输入 X、Y 坐标），

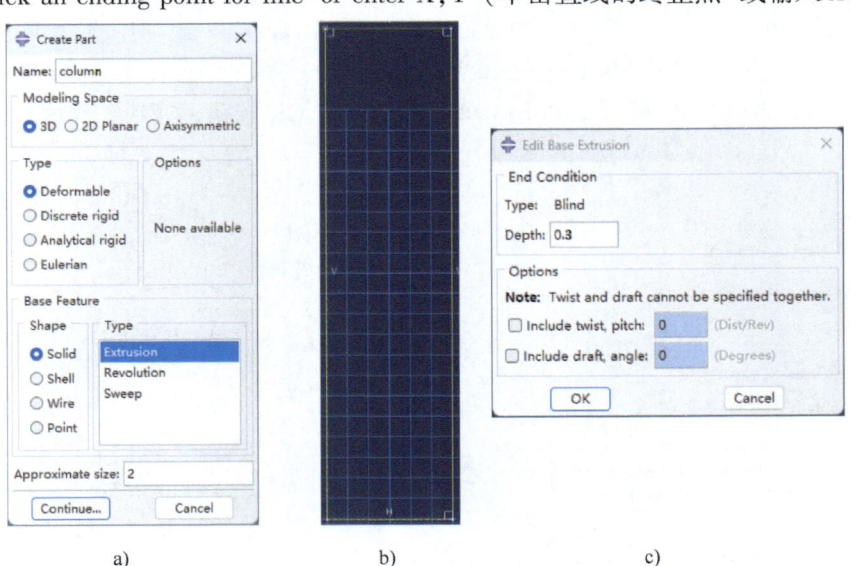

a)　　　　　　　　　　　　b)　　　　　　　　　　　　c)

图 5.4　建立中柱

输入坐标（0.3,0）；单击中键确认，依次输入以下坐标（0.3,1.2）、（0,1.2）、（0,0），绘图区中显示出了混凝土柱横截面的二维图形；单击中键，退出绘线工具，完成混凝土柱二维截面的绘制，如图5.4b所示。单击中键，弹出图5.4c所示的Edit Base Extrusion对话框，在Depth文本框中输入0.3；单击OK按钮，即可生成混凝土柱实体模型如图5.5a所示。梁实体模型建立类似，此处不再赘述，建成的实体模型如图5.5所示。

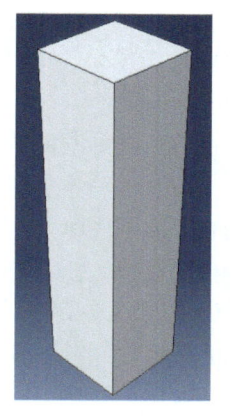
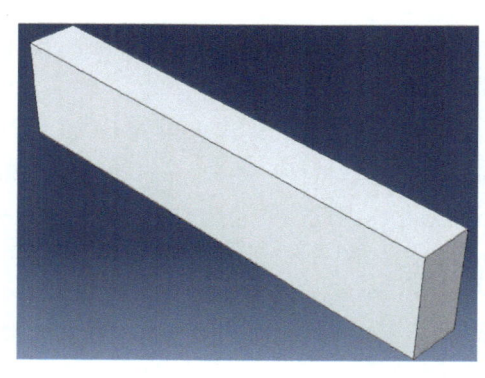

a）柱实体模型　　　　　　　　b）梁实体模型

图5.5　实体模型建立

4. 建立钢筋模型

与实体单元类似，进入Part功能模块，单击左侧工具区中的 （创建部件）按钮，弹出图5.6a所示的Create Part对话框，在Name文本框中输入stirrup-column，将Modeling Space（模型所在空间）设为3D（三维），Type选择Deformable（可变形体），Base Feature设为Wire（线），Approximate size文本框中输入1；单击Continue按钮，自动进入二维绘图

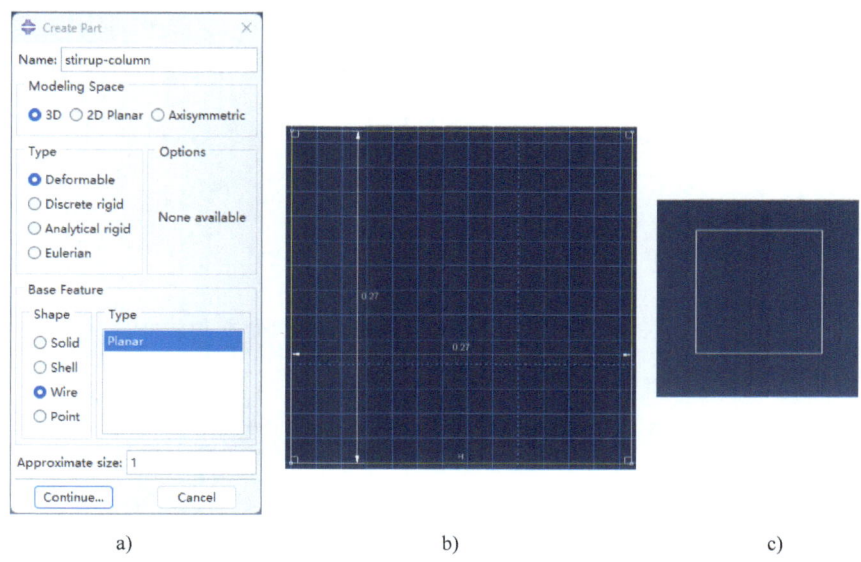

a)　　　　　　　　b)　　　　　　　　c)

图5.6　建立柱箍筋

界面，单击左侧工具区中的按钮，依次输入以下坐标（0,0）、（0.27,0）、（0.27,0.27）、（0,0.27）、（0,0），绘图区中显示出了混凝土柱箍筋的二维图形，如图5.6b所示。单击中键，即可生成柱子箍筋模型，如图5.6c所示。重复上述操作，即可完成其他钢筋模型的建立，此处不再赘述。

5.2.2 创建材料和截面属性

在窗口栏的Module（模块）列表中选择Property（特性）功能模块。

1. 创建材料

单击左侧工具区的按钮，弹出Edit Material对话框，在Name文本框中输入concrete，依次单击Mechanical（力学特性）→Thermal（热）→Conductivity（传导率）选项，由于传导率会随着温度不断变化，因此需要勾选Use temperature-dependent date选项，在Data数据表中会出现Temp列表，输入图5.7a所示的传导率与温度关系的数据；单击General（整体）→Density（密度）选项，在Data数据表中输入混凝土密度2400，如图5.7b所示；单击Thermal（热）→Specific Heat（比热）选项，传热率也是随着温度不断变化的，勾选Use temperature-dependent date选项，输入图5.7c所示的比热与温度关系的数据；单击Thermal（热）→Expansion（热膨胀）选项，热膨胀系数也是随着温度不断变化的，勾选Use temperature-dependent date选项，输入图5.7d所示的线膨胀系数与温度关系的数据。

单击左侧工具区的按钮，弹出Edit Material对话框，在Name文本框中输入reinforcement，重复上述操作，分别输入图5.8中的数据，即可完成钢筋材料的建立。单击左侧工具区的按钮，弹出Edit Material对话框，在Name文本框中输入steel，钢板的材料参数与钢筋一致，此处不再赘述。

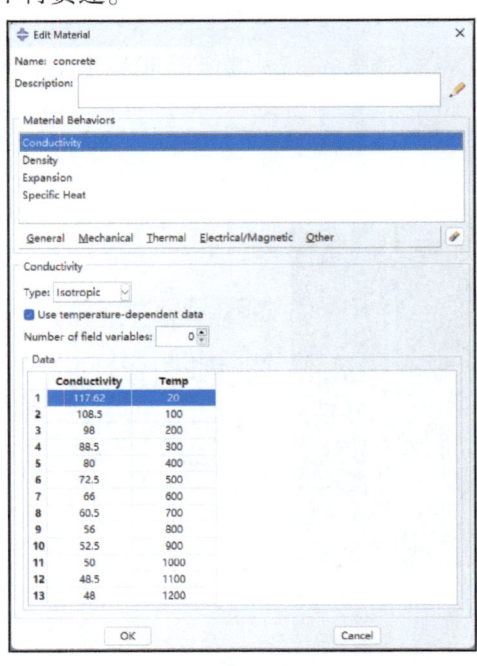
a)

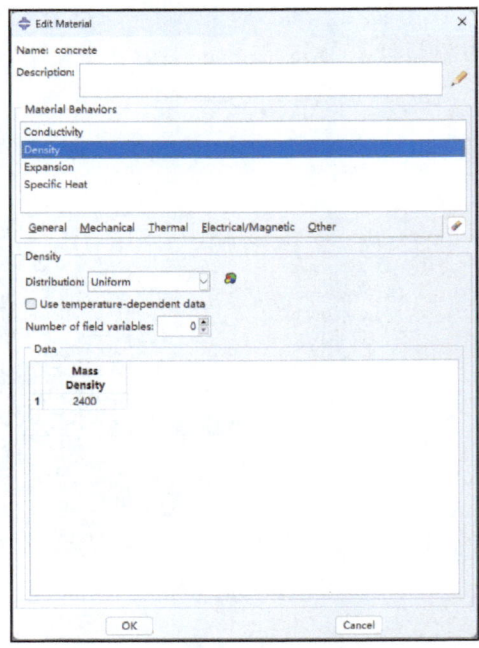
b)

图5.7 混凝土Edit Material对话框

第 5 章 高温作用下钢筋混凝土梁温度场实例分析方法

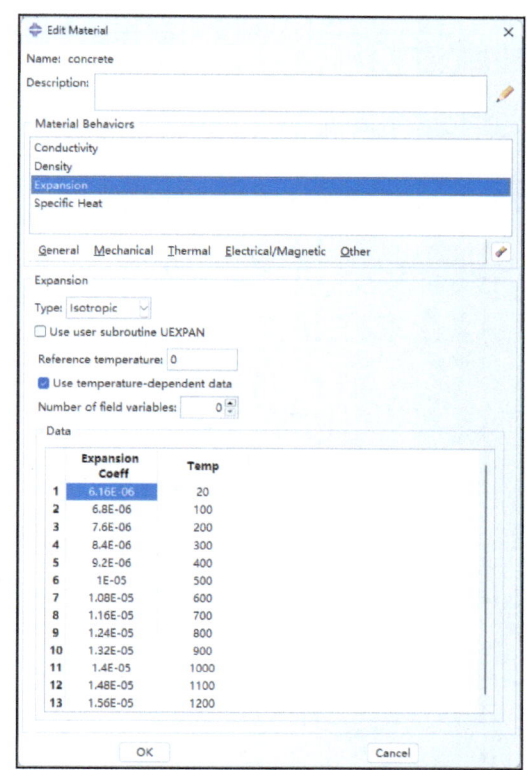
c)

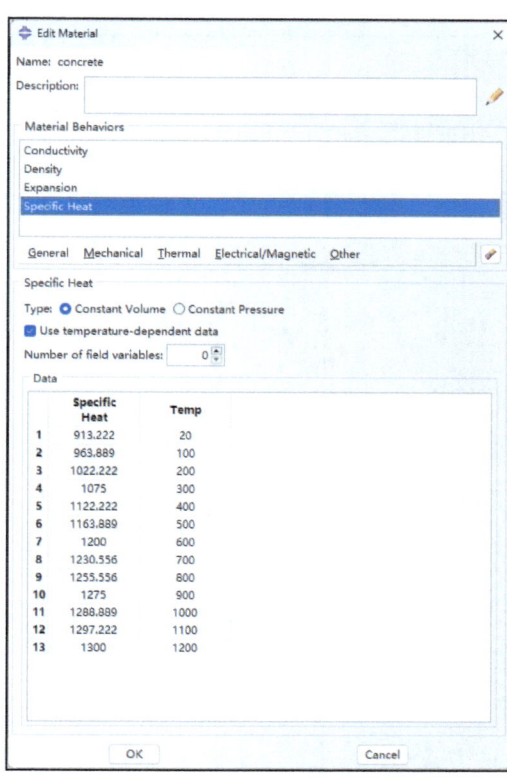
d)

图 5.7 混凝土 Edit Material 对话框（续）

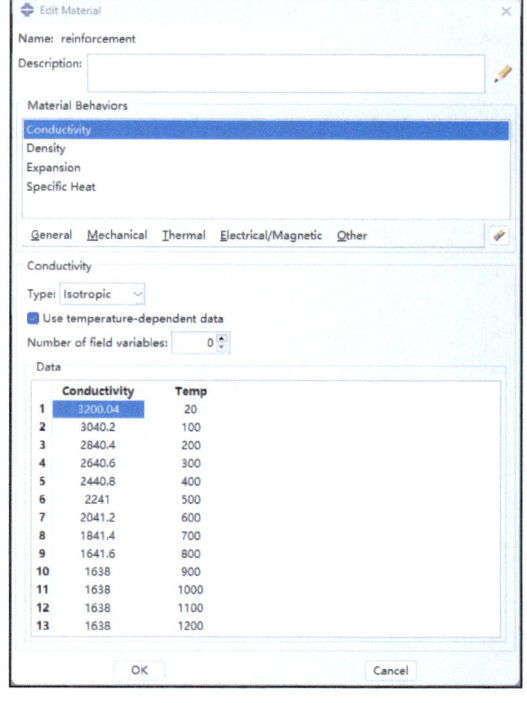
a)

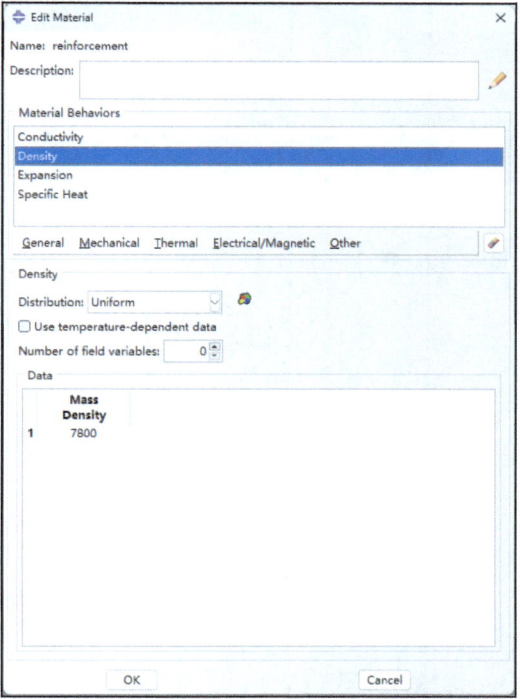
b)

图 5.8 钢筋 Edit Material 对话框

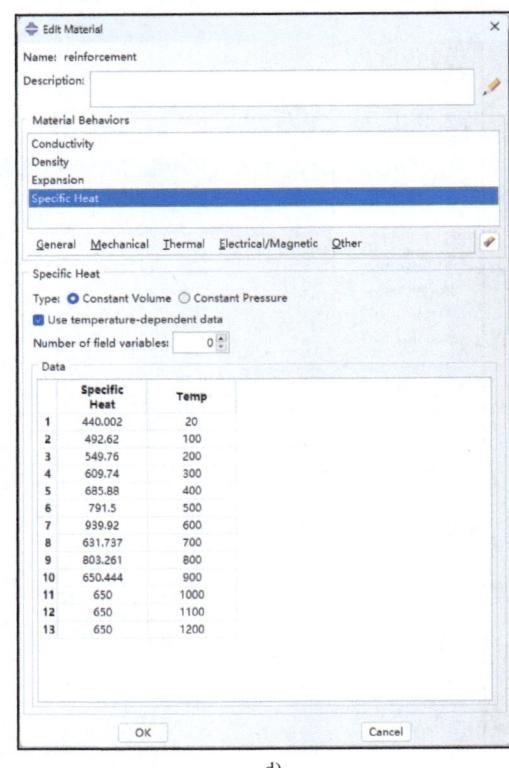

图 5.8 钢筋 Edit Material 对话框（续）

2. 创建截面属性

单击左侧工具区的 按钮，弹出 Create Section 对话框（图 5.9a），将 Category（种类）设为 Solid，Type 设为 Homogeneous（均质），剩余参数保持默认值不变；单击 Continue 按钮，弹出 Edit Section 对话框（图 5.9b），在 Material 栏目中选择上一步创建的 concrete；单击 OK 按钮，退出 Edit Section 对话框，完成混凝土截面属性的创建。钢板的截面属性创建与混凝土一致，此处不再赘述。

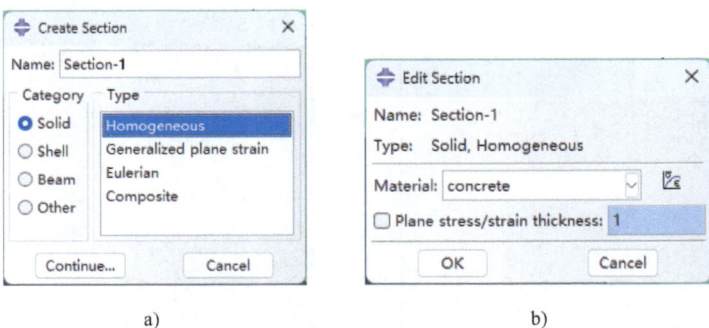

图 5.9 混凝土截面属性创建

本算例中共有Φ8、Φ14、Φ16 及Φ20 4 种不同直径的钢筋，所以需要定义 4 种不同的截面属性（分别用 D8、D14、D16 和 D20 表示）。单击左侧工具区的 按钮，弹出 Create

Section 对话框（图 5.10a），在 Name 文本框中输入 D8，将 Category（种类）设为 Beam，Type 设为 Truss（桁架），剩余参数保持默认值不变；单击 Continue 按钮，弹出 Edit Section 对话框（图 5.10b），Material 选择上一步创建的 reinforcement，在 Cross-sectional area（截面面积）文本框中输入 5.02655E-05；单击 OK 按钮，退出 Edit Section 对话框，完成直径为 8mm 的箍筋截面属性的创建。重复前面步骤，定义直径为 14mm、16mm 和 20mm 的钢筋的截面属性。

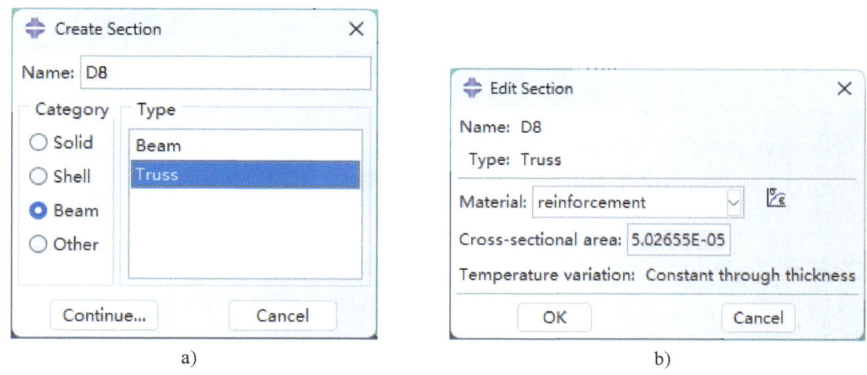

图 5.10 钢筋 D8 截面属性创建

3. 赋予截面属性

在窗口栏的 Part（部件）列表中选择 column。单击左侧工具区的按钮，提示区显示 seclect the regions to be assigned a section（选择赋予截面属性的区域），用左键框选模型；单击中键确认，弹出 Edit Section Assignment 对话框，Section 选择上一步创建的混凝土截面 Section-1，如图 5.11a 所示；单击 OK 按钮，退出 Edit Section Assignment 对话框，模型由白色变成青色，混凝土截面属性赋值完成。重复前面步骤，赋予混凝土梁及钢板截面属性。

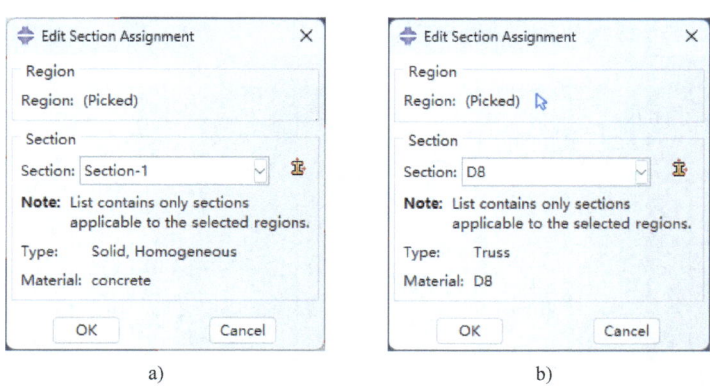

图 5.11 赋予截面属性

在窗口栏的 Part（部件）列表中选择 stirrup-column。单击左侧工具区的按钮，提示区显示 seclect the regions to be assigned a section（选择赋予截面属性的区域），用左键框选模型；单击中键确认，弹出 Edit Section Assignment 对话框，在 Section 栏目中选择上一步创建的钢筋 D8 截面，如图 5.11b 所示；单击 OK 按钮，退出 Edit Section Assignment 对话框，模型由白色变成青色，完成直径为 8mm 的箍筋截面属性的赋予。重复前面步骤，分别赋予直径为 14mm、16mm 和 20mm 的钢筋的截面属性。

5.2.3 定义装配件

在窗口栏的 Module（模块）列表中选择 Assembly（装配）功能模块。

单击左侧工具区的 按钮，弹出 Edit Material 对话框，在 Name 文本框中输入 steel，钢板的材料参数与钢筋一致。在窗口栏的 Module（模块）列表中选择 Assembly（装配）功能模块。此部分仅说明装配常用操作，读者可根据常用操作按照试件尺寸进行装配。

1. 构件导入

单击左侧工具区 按钮，弹出 Create Instance（创建实例）对话框，选择所有部件，选择 Instance type 为 Independent（独立）。单击 OK 按钮，右侧出现所有部件的三维视图。

2. 构件移动

单击左侧工具区 (Translate Instance，移动实例）按钮，利用移动工具，单击选择纵筋部件起始节点，将 stirrup-column（柱箍筋）构件移至指定位置，然后单击中键确认。采用同样的方法，将其他钢筋构件移动到指定位置。单击左侧工具区 （Rotate Instance，旋转实例）按钮，提示区信息变为 Select an axis or a start point for the rotation vector or enter X，Y，Z（选择旋转轴的起始点，或输入起始点的坐标）；选取两点线为旋转轴，单击中键确认，完成钢筋旋转操作。

3. 钢筋阵列

阵列工具 （Linear Pattern，线性模式）按钮，选中 stirrup-column（柱箍筋）构件。当很难在图形中选择部件，可以单击右下角的 Instance Selection（实例选项）按钮，在其中找到对应钢筋。单击中键确认，弹出 Linear Pattern 对话框，根据梁-柱子结构尺寸输入纵横向的阵列距离，完成 stirrup-column（柱箍筋）构件阵列。采用同样的方法，对其他纵筋和箍筋进行阵列，最终得到梁-柱子结构钢筋笼，如图 5.12 所示。

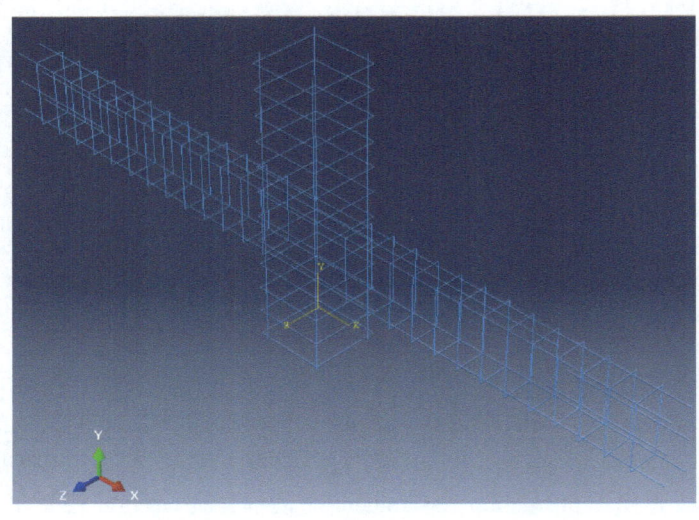

图 5.12 梁-柱子结构钢筋笼

4. 构件组装

重复前述移动、旋转等操作步骤，将混凝土柱、梁、钢筋笼、钢板组装。为方便操作，将混凝土构件合并成为一个部件。单击左侧工具区的 ⚭ 按钮，弹出 Merge/Cut Instances 对话框，如图 5.13 所示。在 Part name 文本框中输入 concrete，单击 Continue 按钮；提示区显示 Select the Instance to merge，框选所有混凝土柱及梁；单击中键确认，完成操作。

5. 划分实体

为方便后续相互作用及网格划分，将合并的 concrete 混凝土部件进行切割划分。在环境栏的 Module 列表中选择 Mesh（网格）功能模块。将环境栏中的 Object 项设为 Part：concrete。单击左侧工具区的 按钮，在提示栏选择 Point & Normal（一点及法线），选择需要切割面上的一点及一条法线，如图 5.14a 所示；单击中键确认，完成操作，如图 5.14b 所示。依次划分梁柱节点区域，划分好的部件如图 5.15 所示。

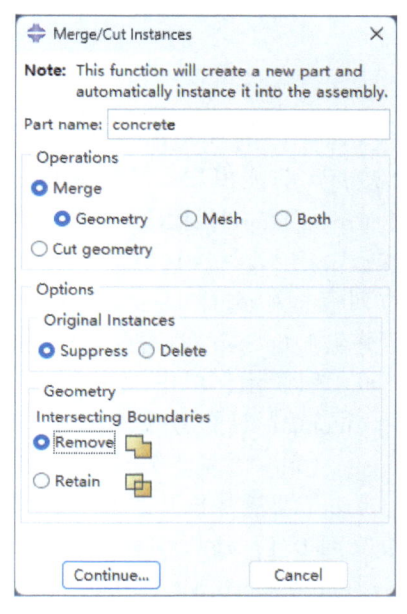

图 5.13 Merge/Cut Instances 对话框

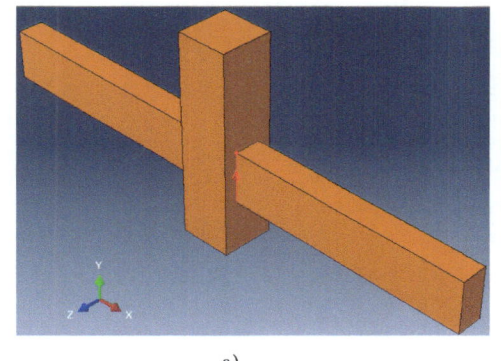

a)

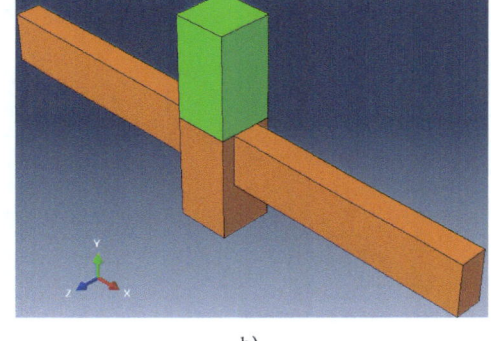

b)

图 5.14 部件切割操作

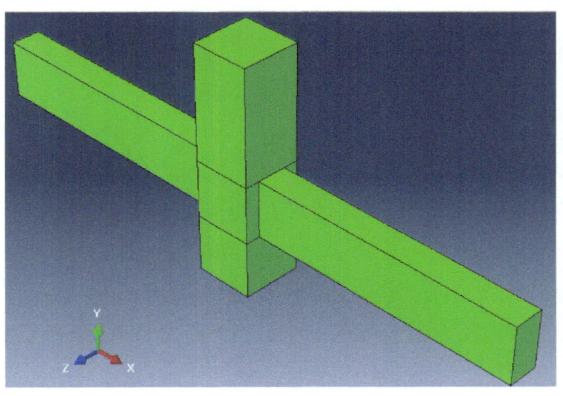

图 5.15 完成划分的部件

5.2.4 设置分析步

1. 创建分析步

在窗口栏的 Module（模块）列表中选择 Step（分析步）功能模块。单击左侧工具区的 按钮，弹出 Create Step 对话框，如图 5.16 所示，在 Name 文本框中输入 Step-1，Procedure type 选择 General，下拉列表框中选择 Heat transfer。单击 Continue 按钮，弹出 Edit Step 对话框，将 Time period 改为 120，如图 5.17a 所示，单击 Incrementation 选项卡，Type 选择 Automatic 计算方式，将 Maximum number of increments（最大增量步数）修改为 100000，将 Increment size（增量步长）最小值修改为 1E-05，初始值修改为 0.1，最大值修改为 5，将 Max. allowable temperature change per increment（每个增量步温度最大改变）修改为 5，如图 5.17b 所示，剩余参数保持默认值不变；单击 OK 按钮，退出 Edit Step 对话框，完成分析步的创建。

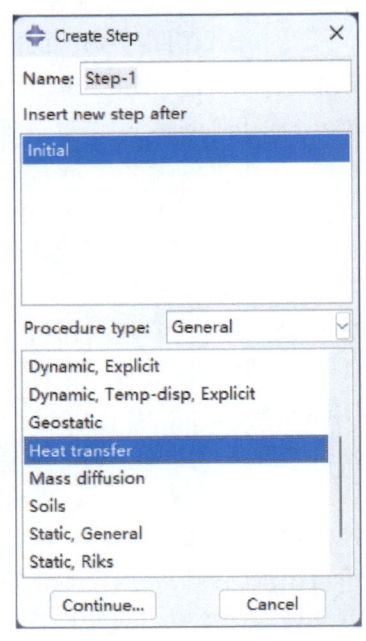

图 5.16 Create Step 对话框

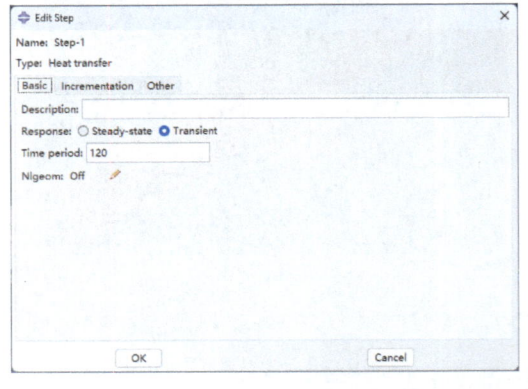

a)

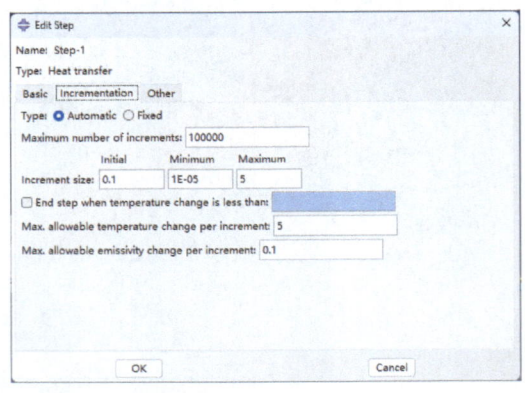

b)

图 5.17 Edit Step 对话框

2. 输出变量

读者可以根据需要在 Step 中调整场变量和历史变量的输出数量。

选择主菜单 Output→Field Output Requests→Manager 选项，弹出 Field Output Requests Manager 对话框，如图 5.18a 所示；单击 Edit 按钮，弹出 Edit Field Output Request 对话框，系统默认选择了 Thermal 选项，如图 5.18b 所示，读者可以根据自己的需要，增加或减少输出变量的数量；单击 OK 按钮，完成场变量的输出。

第 5 章 高温作用下钢筋混凝土梁温度场实例分析方法

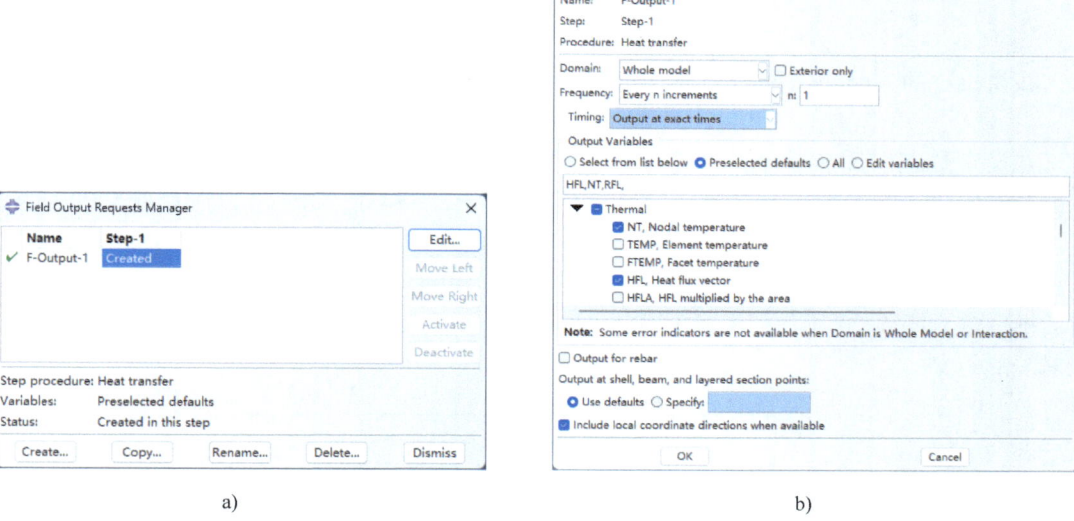

图 5.18 场变量输出

单击左侧工具区的 按钮，弹出 Create History 对话框，在 Name 文本框中输入 H-Output-1，如图 5.19a 所示；单击 Continue 按钮，弹出 Edit History Output Request 对话框，

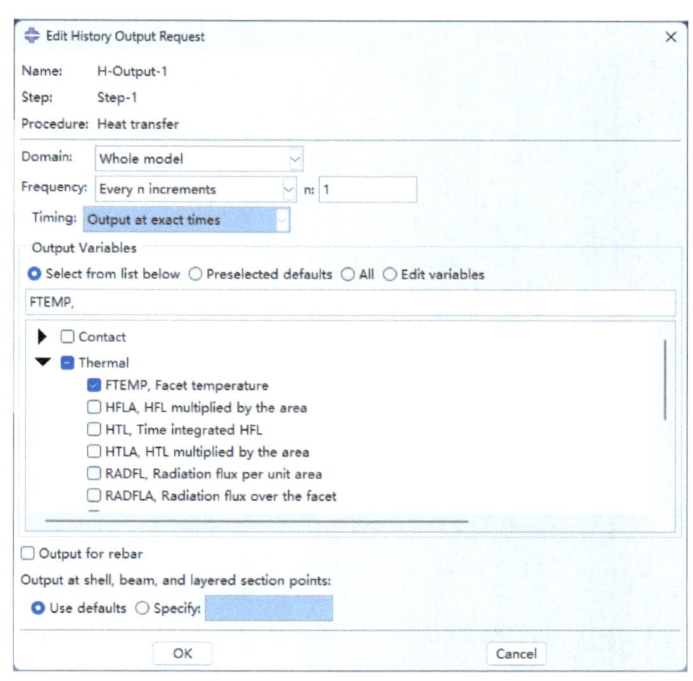

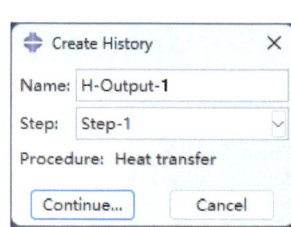

图 5.19 历史变量输出

在 Thermal 选项中勾选 FTEMP，Facet temperature，如图 5.19b 所示，读者可以根据自己的需要，增加或减少输出变量的数量；单击 OK 按钮，完成历史变量的输出。

5.2.5 定义相互作用

在窗口栏的 Module（模块）列表中选择 Interaction（相互作用）功能模块。

1. 受火面条件定义

在设定热辐射和热对流条件前，需要先定义一个升温曲线，本例题采用 ISO-834 国际标准升温曲线，室温定义为 20°C，其计算公式为 $T=20+345\lg(8t+1)$，得到图 5.20 所示的温度时程曲线。选择主菜单 Tools→Amplitude→Create 选项，弹出 Create Amplitude 对话框，如图 5.21a 所示，在 Name 文本框中输入 ISO-834；单击 Continue 按钮，弹出 Edit Amplitude 对话框，输入图 5.20 所示的温度时程曲线数据，如图 5.21b 所示；单击 OK 按钮，完成升温曲线的定义。

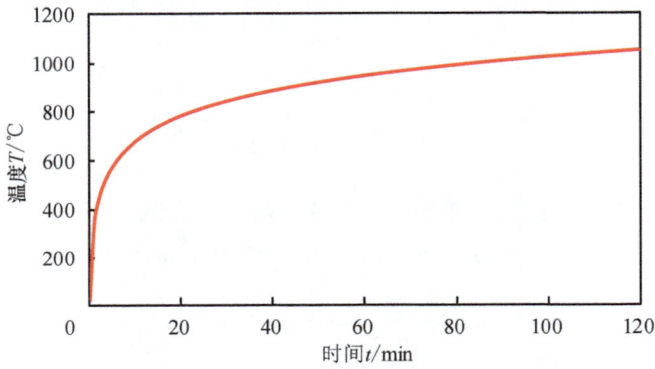

图 5.20 ISO-834 标准升温曲线

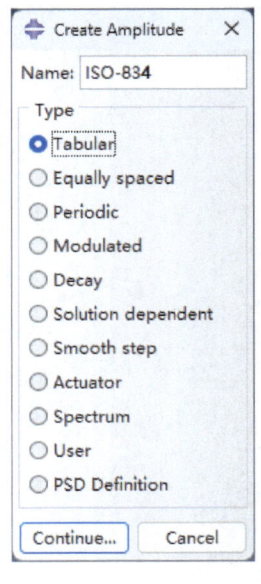

a)

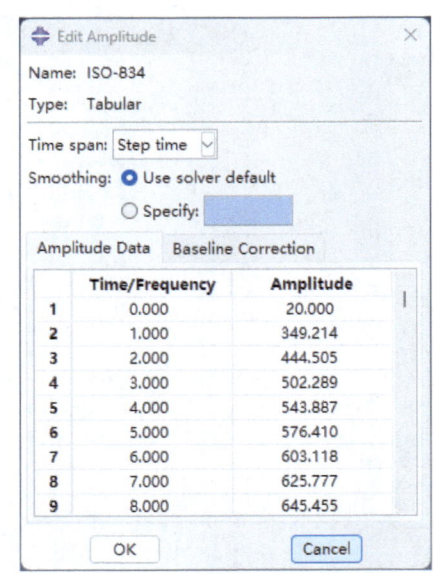

b)

图 5.21 定义升温曲线

(1) 定义热对流条件 单击左侧工具区的 按钮，弹出 Create Interaction 对话框，如图 5.22a 所示，Step 选择 Step-1，Types for Selected Step 选中 Surface film condition（表面热对流条件）；单击 Continue 按钮，提示区显示 Select the surface（选择面施加热对流条件），选中梁的侧面和底面及梁柱节点处的侧面和底面，如图 5.23 所示；单击中键确认，弹出 Edit Interaction 对话框，在 Film coefficient（热对流换热系数）文本框中输入 1500，在 Sink temperature（空气温度）文本框中输入 1，Sink amplitude 选择 ISO-834，剩余参数保持默认值不变，如图 5.22b 所示；单击 OK 按钮，退出 Edit Interaction 对话框，完成受火面热对流条件的定义。

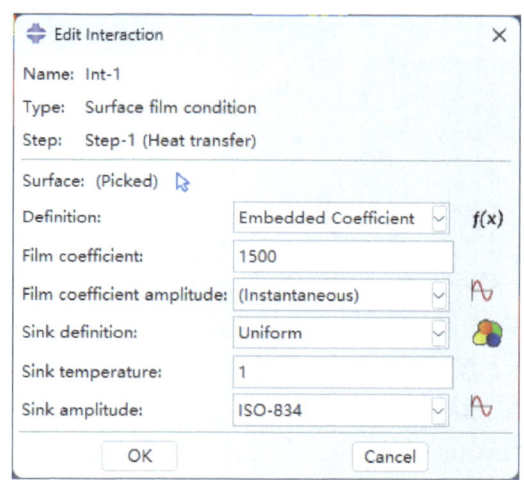

图 5.22 定义受火面热对流

(2) 定义热辐射条件 单击左侧工具区的 按钮，弹出 Create Interaction 对话框，如图 5.24a 所示，Step 选择 Step-1，Types for Selected Step 选中 Surface radiation（表面热辐射）；单击 Continue 按钮，提示区显示 Select the surface（选择面施加热辐射条件），选中图 5.23 所示面；单击中键确认，弹出 Edit Interaction 对话框，在 Emissivity（综合热辐射系数）文本框中输入 0.5，在 Ambient temperature（环境温度）文本框中输入 1，Ambient temperature amplitude 选择 ISO-834，剩余参数保持默认值不变，如图 5.24b 所示；单击 OK 按钮，退出 Edit Interaction 对话框，完成受火面热辐射条件的定义。

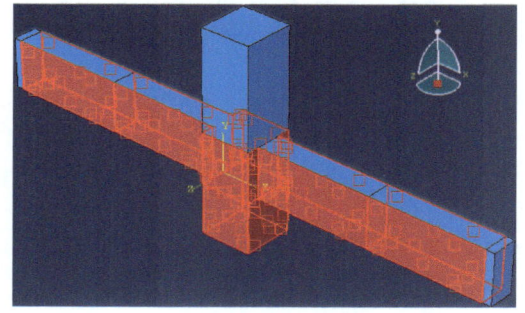

图 5.23 受火面

2. 非受火面条件定义

虽然非受火面没有直接被火场影响，但热量还是可以通过对流、热传导将能量传递过来，因此也需要对非受火面进行处理。

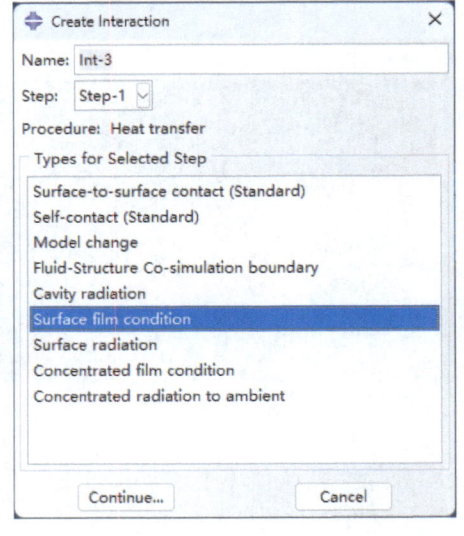

图 5.24 定义受火面热辐射

单击左侧工具区的按钮，弹出 Create Interaction 对话框，如图 5.25a 所示，Step 选择 Step-1，Types for Selected Step 选中 Surface film condition（对流条件）；单击 Continue 按钮，提示区显示 Select the surface（选择面施加热对流条件），选中图 5.26 所示的面；单击中键确认，弹出 Edit Interaction 对话框，在 Film coefficient（对流换热系数）文本框中输入 540，在 Sink temperature（空气温度）文本框中输入 20，剩余参数保持默认值不变，如图 5.25b 所示；单击 OK 按钮，退出 Edit Interaction 对话框，完成非受火面热对流条件的定义。

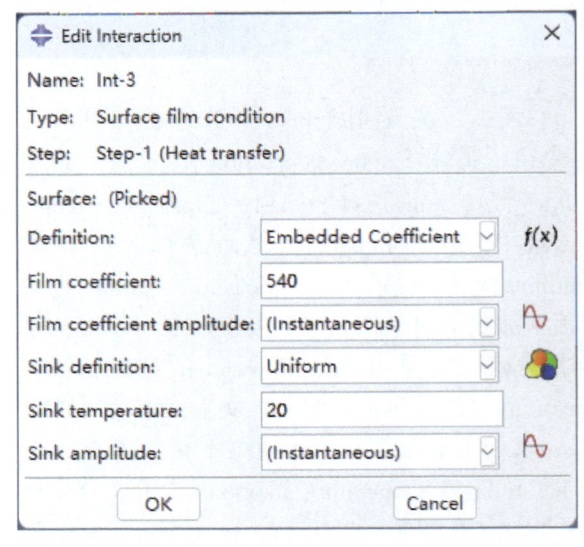

图 5.25 定义非受火面热对流

第5章 高温作用下钢筋混凝土梁温度场实例分析方法

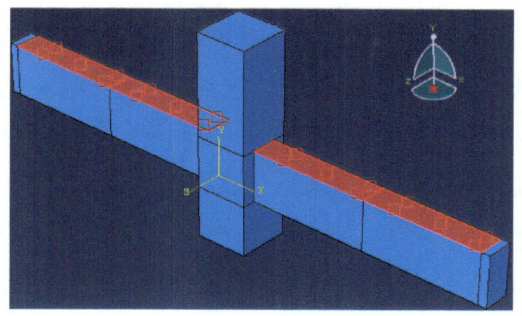

图 5.26 非受火面

3. 绝热面条件定义

在模型中没有选择的面，将被默认为是绝热面。绝热面就是不传导热量的面。单击主菜单 Model→Edit Attributes→Model，弹出 Edit Model Attributes 对话框，如图 5.27 所示，在 Absolute zero temperature 文本框中输入 −273.15，在 Stefan-Boltzmann constant 文本框中输入 3.402E−06，剩余参数保持默认值不变；单击 OK 按钮，退出 Edit Model Attributes 对话框，完成绝热面的定义。

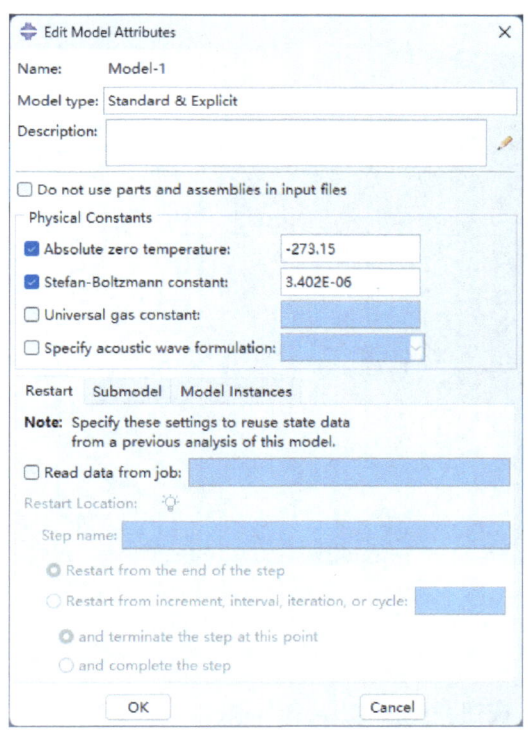

图 5.27 定义绝热面

4. 钢筋嵌入定义

单击左侧工具区的 按钮，弹出 Create Constraint（创建约束），如图 5.28a 所示，在 Name 文本框中输入 Constraint-1，Type 选择 Embed region，提示区显示 select the embedded region（选择嵌入的部分），选择 all reinforcement 部件；单击中键确认，提示区显示 selection the method for host region（选择主区域的方法），单击 Whole model 按钮，弹出 Edit Constraint 对话框，如图 5.28b 所示，所有参数保持默认值不变；单击 OK 按钮，退出 Edit Constraint 对话框，完成钢筋骨架与混凝土约束关系的定义。定义钢筋嵌入后的模型如图 5.29 所示。

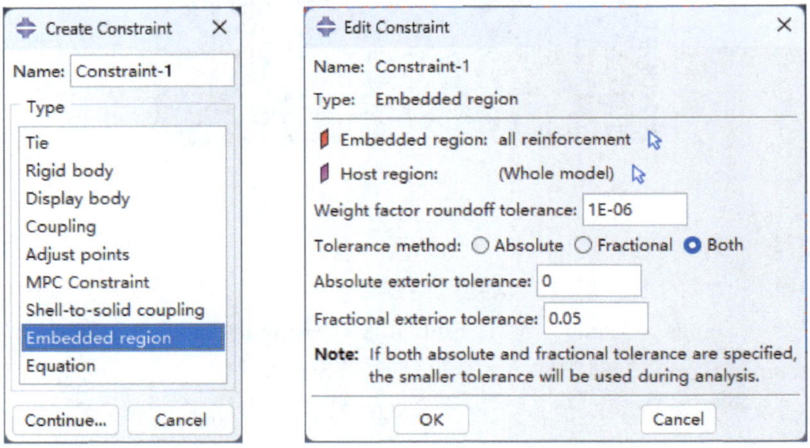

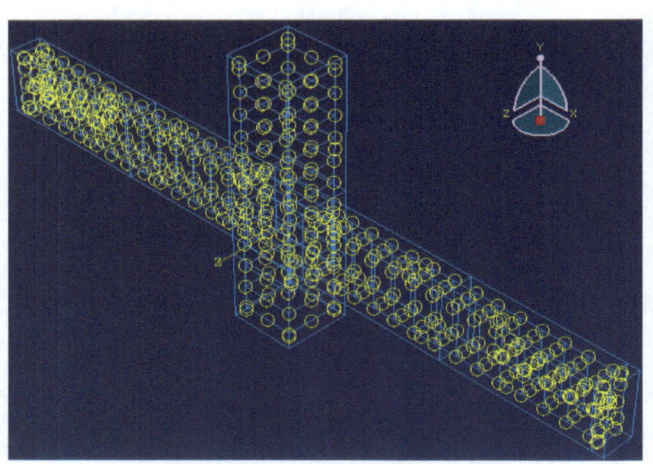

a)　　　　　　　　　　　　　　b)

图 5.28　定义钢筋内置

图 5.29　定义钢筋嵌入后的模型

5. 钢板绑定定义

单击左侧工具区的按钮，弹出 Create Constraint（创建约束），在 Name 文本框中输入 Constraint-2，Type 选择 Tie，提示区显示 Choose the master type（选择主类型），选择 Surface 选项，提示区显示 Select regions for the master surface（选择主表面），单击选中与混凝土接触的钢板表面，如图 5.30a 所示；单击中键确认，提示区显示 Choose the slave type（选择从类型），选择 Surface 选项，提示区显示 Select regions for the slave surface（选择从表面），单击选中混凝土与钢板接触的混凝土表面，如图 5.30b 所示；单击中键确认，弹出 Edit Constraint 对话框，如图 5.31 所示；保持所有参数默认值不变，单击 OK 按钮，退出 Edit Constraint 对话框，完成钢板与混凝土约束关系的定义。

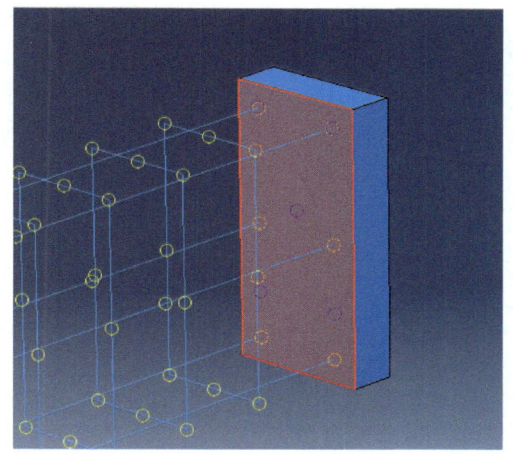
a)

b)

图 5.30　定义约束主从面

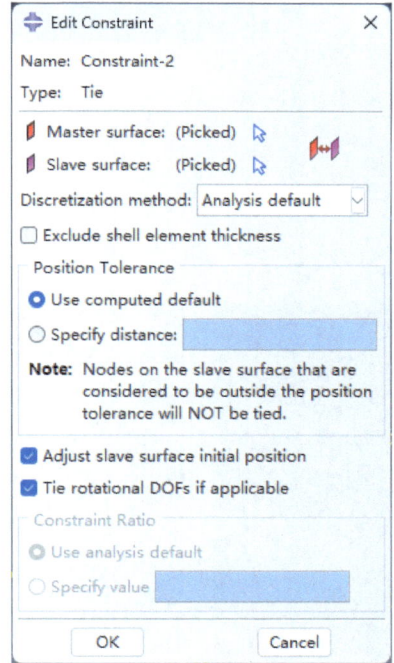

图 5.31　定义绑定约束

5.2.6　定义荷载和边界条件

在窗口栏的 Module 列表中选择 Load（载荷）功能模块，在此模块中通过预定义场的功能对模型进行预温度场的定义。

单击左侧工具区的 ![](按钮，弹出 Create Predefined Field 对话框，如图 5.32a 所示，在 Name 文本框中输入 Predefined Field-1，Step 选择 Initial，Category 选择 Other，Types for Selected Step（所选分析步的载荷类型）设为 Temperature，剩余参数保持默认值不变；单击 Continue 按钮，提示区出现 Select regions for the field or press Done to use calculated temperatures（为计算温度的预定场选择区域），用左键选中整个模型，如图 5.33 所示；单击中键确认，弹出 Edit Predefined Field 对话框，如图 5.32b 所示，在 Magnitude 文本框中输入 20，其余参数保持默认值不变；单击 OK 按钮，退出 Edit Predefined Field 对话框，完成模型预温度场的设定。定义预温度场后的模型如图 5.34 所示。

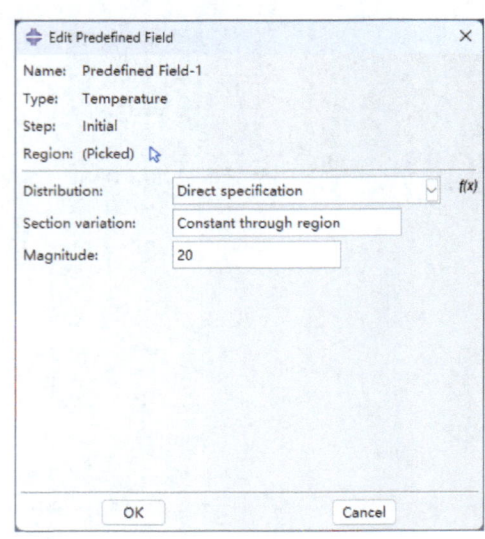

图 5.32 定义预温度场

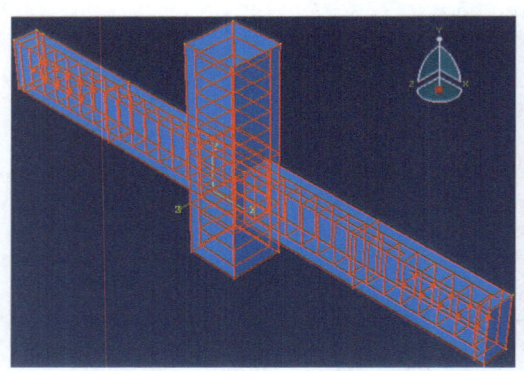

图 5.33 预温度场定义范围

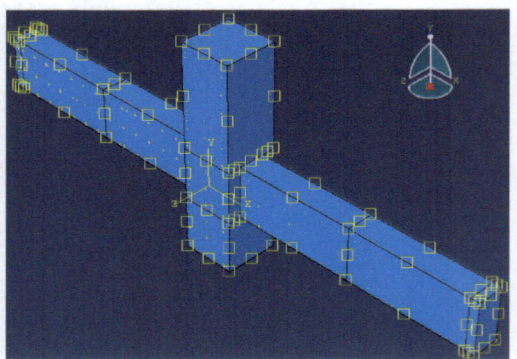

图 5.34 定义预温度场后的模型

5.2.7 划分网格

在环境栏的 Module 列表中选择 Mesh（网格）功能模块进行网格划分。将环境栏中的 Object 项设为 Part：concrete，即为部件 concrete 划分网格。

1. 布置边上种子

单击左侧工具区中的 按钮，弹出 Global Seeds 对话框，在 Approximate global size（全局单元尺寸）文本框中输入 0.025，保持剩余参数默认值不变；单击 Apply 按钮，模型已经按要求布满种子，如图 5.35 所示；单击 OK 按钮，退出 Global Seeds 对话框。

2. 划分网格

单击左侧工具区中的 按钮，提示区提示是否给部件划分网格；单击 Yes 按钮，模型自动划分网格，如图 5.36 所示。

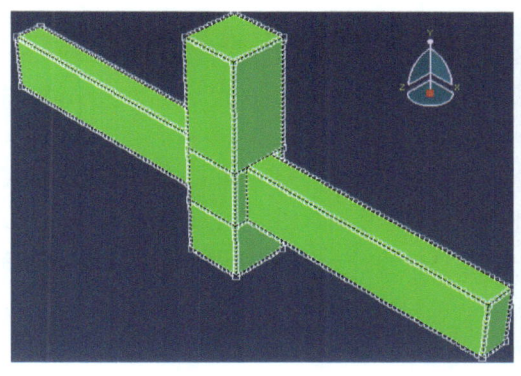
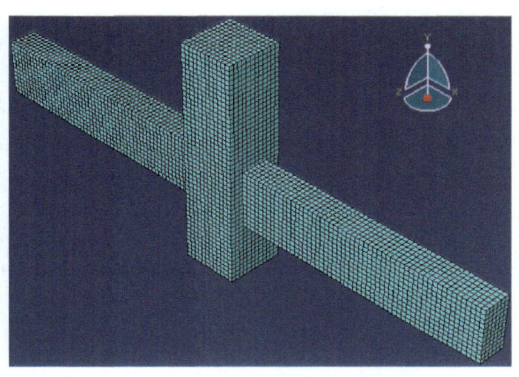

图 5.35　模型种子布置情况　　　　　图 5.36　模型网格划分情况

3. 选择单元类型

单击左侧工具区的 按钮，用左键框选整个模型，弹出 Element Type 对话框，如图 5.37 所示，Family 选择 Heat Transfer 类型，剩余参数保持默认值不变；单击 OK 按钮，退出 Element Type 对话框，完成单元类型的选择。

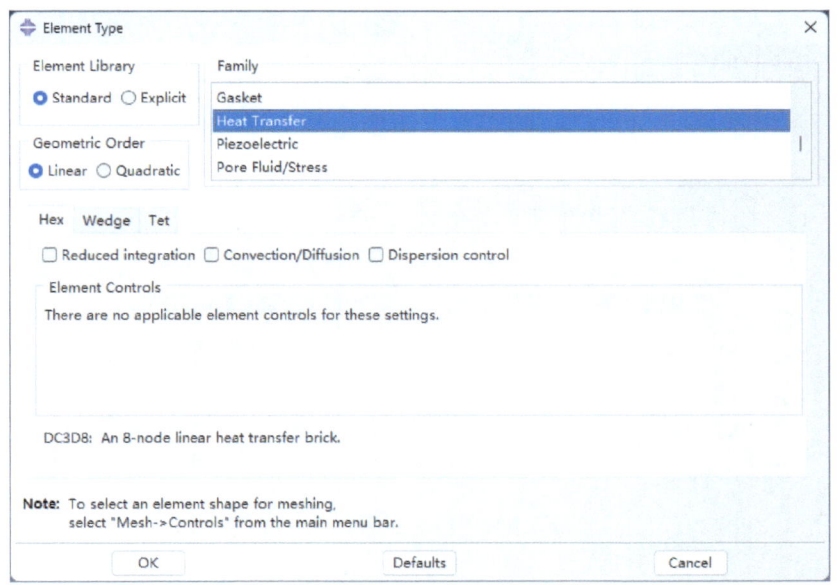

图 5.37　Element Type 对话框

重复上述操作，按照相同的方法对钢筋的几何模型进行网格划分及单元类型的选择，此处不再赘述。

5.3 提交作业和后处理

5.3.1 提交计算作业

在环境栏的 Module 列表中选择 Job（作业）功能模块进行作业提交。

1. 创建计算作业

单击左侧工具区中的 ![]按钮，弹出 Create Job 对话框，设置相关参数；单击 Continue 按钮，弹出 Edit Job 对话框，所有参数保持默认值不变；单击 OK 按钮，退出 Edit Job 对话框。

2. 提交分析

选择主菜单 Job→Manager，弹出 Job Manager 对话框；单击 Submit（提交分析）按钮，可以看到对话框中的 Status（状态）提示由 None（无）变为 Submitted（提交）后变为 Running（运算），最终显示为 Completed（完成）；单击对话框中的 Results（分析结果）按钮，自动进入 Visualization 模块。

5.3.2 后处理

1. 显示温度云图

单击主菜单 Field Output 命令，弹出 Field Output 对话框，如图 5.38 所示，在 Primary Variable 选项卡中，Output Variable 选项组下的 Name 参数选择 NT11（温度）；单击 OK 按钮，退出 Field Output 对话框；单击左侧工具区中的 ![]按钮，此时绘图区将显示模型最后一个分析步结束时的温度云图，如图 5.39 所示。

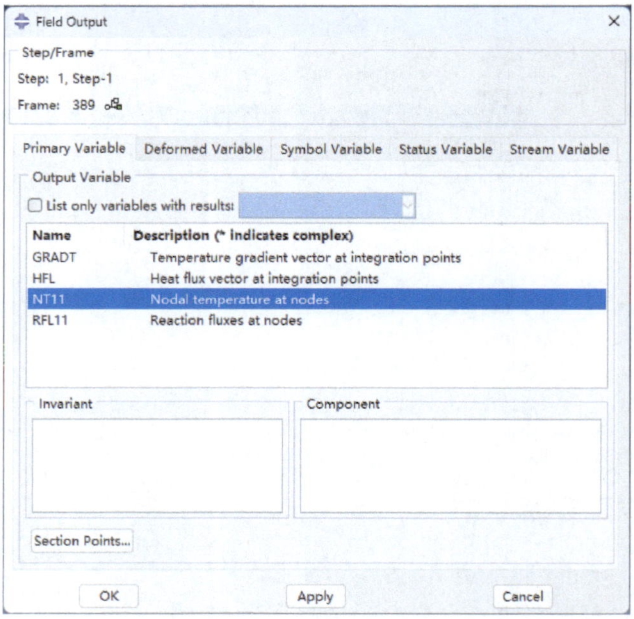

图 5.38 Field Output 对话框

第5章 高温作用下钢筋混凝土梁温度场实例分析方法

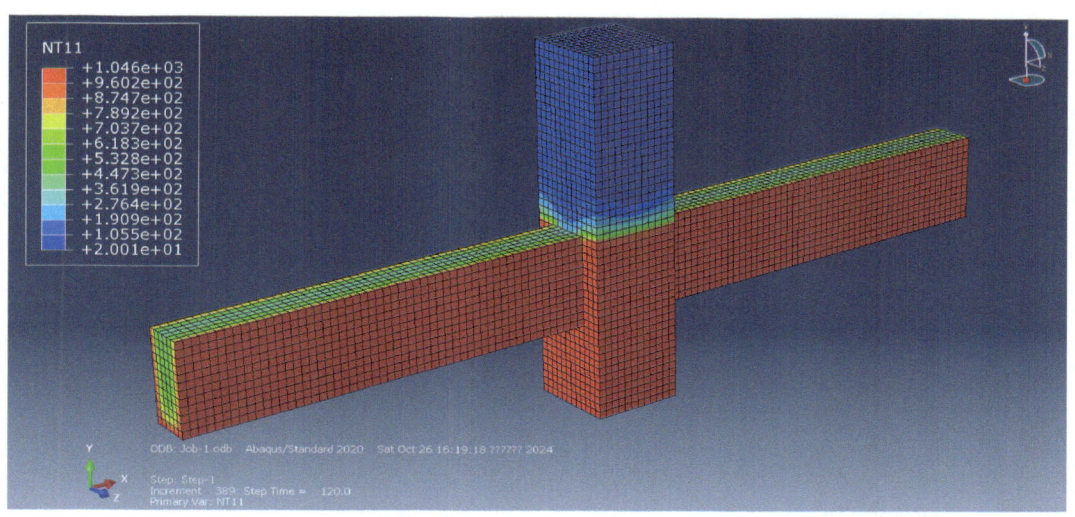

图 5.39　模型温度云图

2. 制作切片

ABAQUS 为用户提供了切片这一后处理工具,用户可以方便地观察模型中任意截面上的应力、温度等变量的分布。

在温度云图状态下,单击左侧工具区的 按钮,绘图区出现模型切片的云图;单击后面的 按钮,弹出 View Cut Manager 对话框,如图 5.40 所示。用户可以选择不同轴,对模型做切片;用左键选中 Position 选项中的滑块,左右移动得到不同位置模块的切片。选择不同轴,会出现不同方向的切片,图 5.41~图 5.43 展示的分别是沿 X、Y、Z 轴做切片得到的视图。

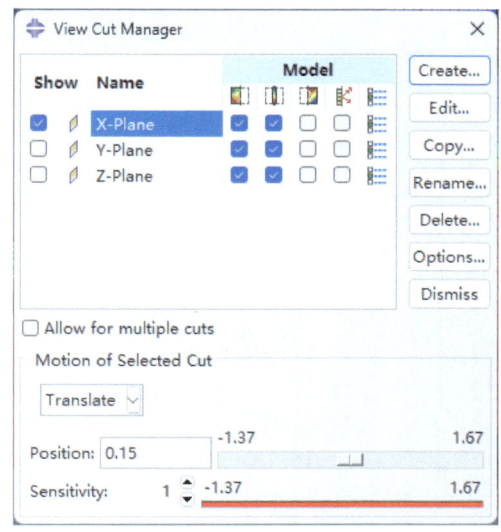

图 5.40　View Cut Manager 对话框

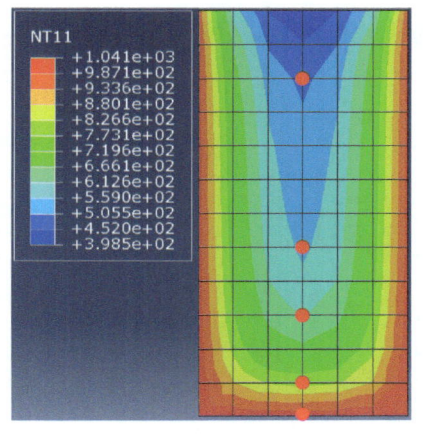

图 5.41　模型沿 X 轴所得切片

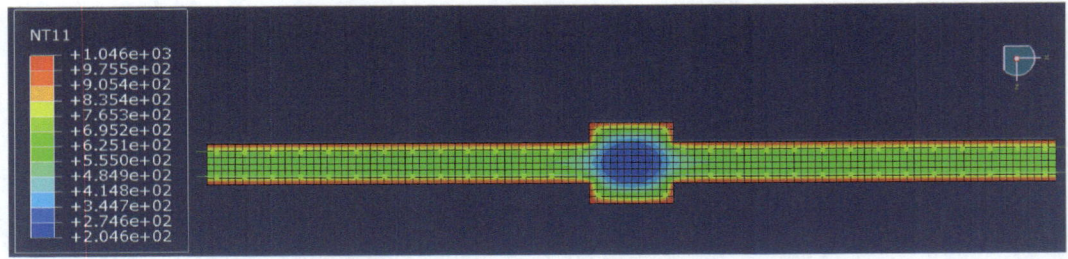

图 5.42　模型沿 Y 轴所得切片

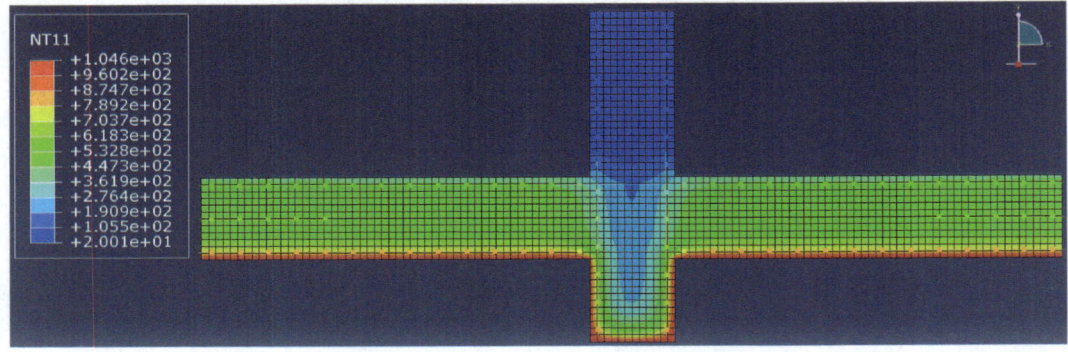

图 5.43　模型沿 Z 轴所得切片

3. 显示 X-Y 图

温度云图状态下，单击左侧工具区中的 按钮，单击 Create 按钮，在 Create XY Data 对话框中选择 ODB Field Output；单击 Continue 按钮，弹出 XY Data from ODB Field Output 对话框。在 Variables 选项卡中，Output Variables 选项组的 Position 参数选择 Unique Nodal，选中 NT11，如图 5.44 所示；单击 Elements/Nodes 选项卡，单击 Edit Selection 按钮，选择图 5.41

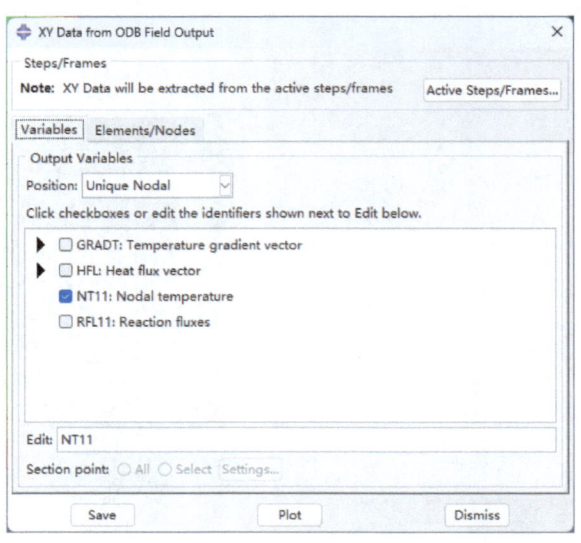

图 5.44　XY Data from ODB Field Output 对话框

所示节点；单击中键确认，单击对话框底部的 Plot 按钮，得到图 5.45 所示混凝土截面不同节点的温度时程关系曲线。

利用同样的方法可以得到钢筋节点的温度时程关系曲线，如图 5.46 所示。

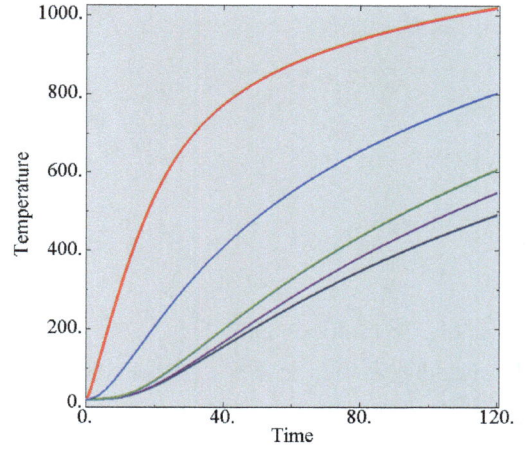

图 5.45　混凝土节点温度时程关系曲线

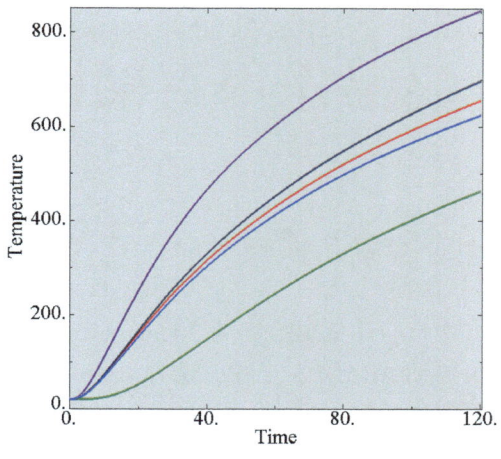

图 5.46　钢筋节点温度时程关系曲线

第 6 章
高温作用下钢框架梁实例分析方法

6.1 钢梁几何尺寸

本章所用钢梁截面为 300mm×150mm×10mm×10mm，梁长 4000mm。

启动 ABAQUS/CAE，选择 Create Model Database，创建新模型数据库；在 ABAQUS/CAE 窗口顶部的环境栏中，单击模块列表 Module 按钮，选择 Part（部件）功能模块。

6.1.1 创建部件

单击左侧工具区的 ![icon] （创建部件）按钮，弹出 Create Part 对话框。在 Name 文本框输入 beam，将 Modeling Space（模型所在空间）设为 3D（三维），Shape 设为 Solid（实体），Type 选择 Extrusion（拉伸），在 Approximate size 文本框中输入 1，如图 6.1 所示；单击 Continue 按钮，进入二维绘图界面。

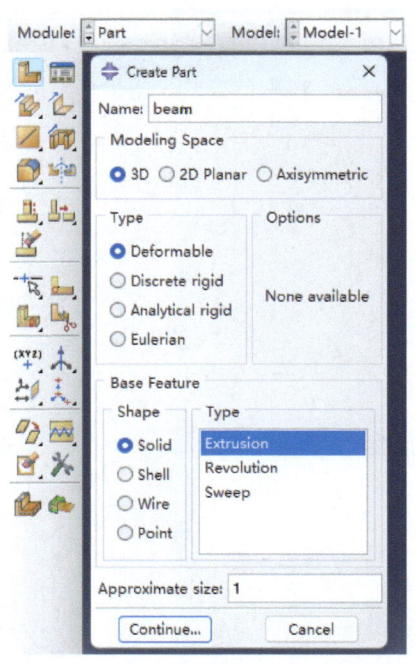

V06-本章建模视频

图 6.1 Create Part 对话框

6.1.2 绘制二维图形

首先绘制出一个 H 型框，然后单击 按钮，分别测量各个边的距离，在左下角 New dimension 处，长、宽分别输入相应的尺寸，如图 6.2 所示。双击中键，弹出 Edit Base Extrusion 对话框，如图 6.3 所示，在 Depth 文本框输入 4；单击 OK 按钮，绘制区显示端板的三维模型，如图 6.4 所示。

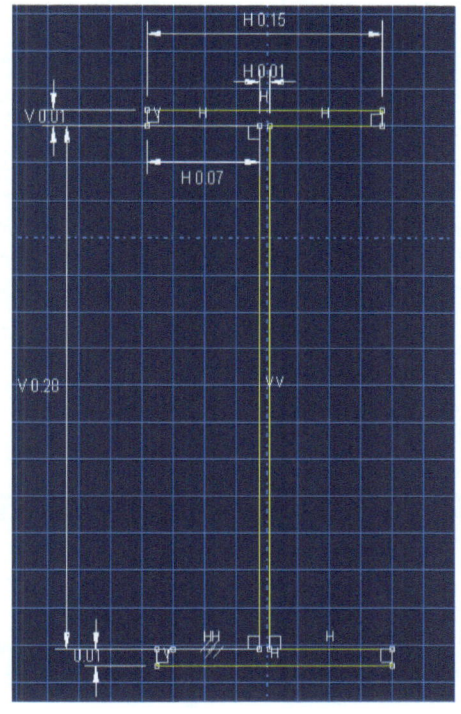

图 6.2　beam 二维界面

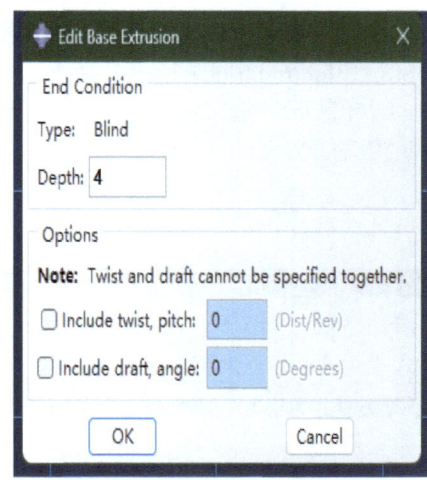

图 6.3　拉伸尺寸界面

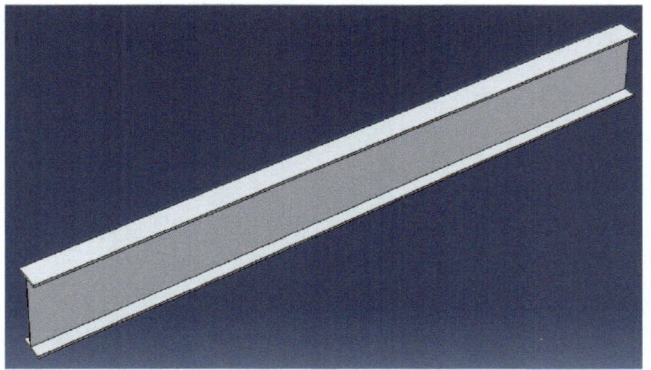

图 6.4　端板三维模型

6.2 材料属性

在窗口环境栏 Module（模块）列表中选择 Property（特性）功能模块。

6.2.1 创建材料

单击左侧工具区 按钮，弹出 Edit Material 对话框，在 Name 文本框中输入 steel；单击 Thermal 选项卡，Material Behaviors 选择 Conductivity（传导率），由于传导率是随温度不断变化的，因此用户需要勾选 Use temperature-dependent date，Data 数据表中会出现 Temp 选项，输入图 6.5 中传导率和温度相关的数据；单击 Thermal 选项卡，Material Behaviors 选择 Specific Heat（比热），与传导率相同，用户同样需要勾选 Use temperature-dependent date，在 Data 数据表中输入图 6.6 中传导率和温度相关的数据；单击 General 选项卡，Material Behaviors 选择 Density，在 Data 数据表中输入钢材的密度 7850，如图 6.7 所示；单击 Mechanical 选项卡，Material Behaviors 选择 Expansion（膨胀），同样膨胀会因温度改变随之改变，因此用户同样需要勾选 Use temperature-dependent date，在 Data 数据表中输入图 6.8 中传导率和温度相关的数据。

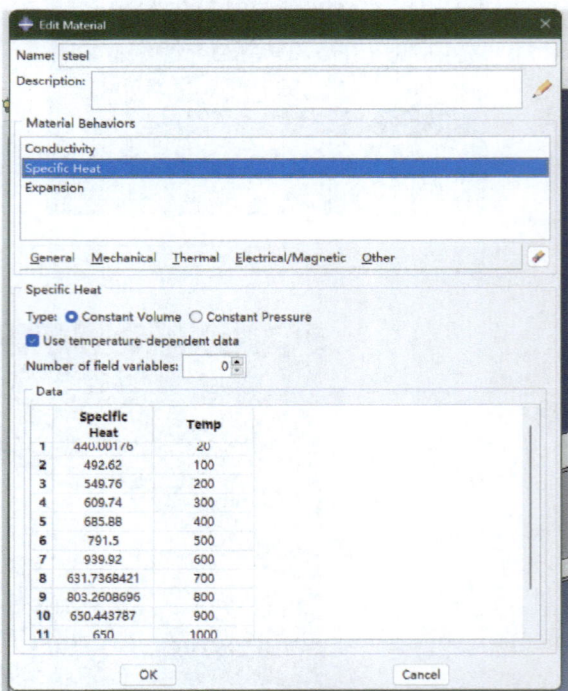

图 6.5　Conductivity 参数对话框　　　　图 6.6　Specific Heat 参数对话框

第 6 章 高温作用下钢框架梁实例分析方法

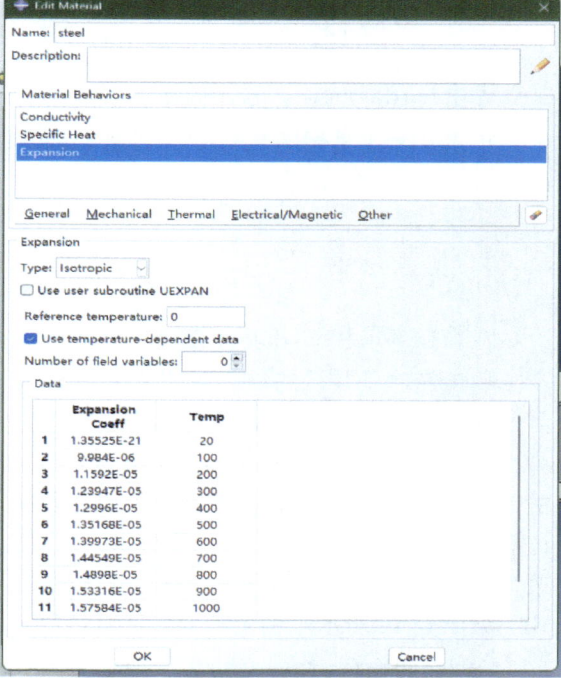

图 6.7 Density 参数对话框   图 6.8 Expansion 参数对话框

6.2.2 创建截面属性

单击左侧工具区的 ![icon] 按钮，弹出 Create Section 对话框，如图 6.9 所示，在 Name 文本框中输入 beam，将 Category（种类）设为 Solid，Type 设为 Homogeneous（均质），剩余参数保持默认值不变；单击中键，弹出 Edit Section 对话框，如图 6.10 所示，Material 选择 steel，剩余参数保持默认值不变；单击中键。

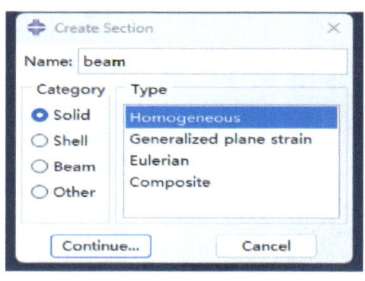 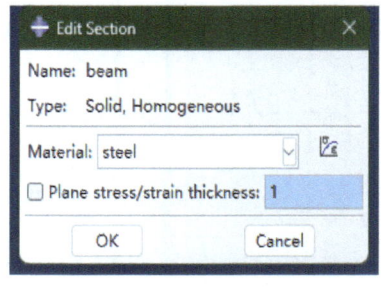

图 6.9 Create Section 对话框   图 6.10 Edit Section 对话框

6.2.3 给构件赋予截面属性

单击左侧工具区的 ![icon] 按钮，提示区域显示 select the regions to be assigned a section（选择赋予截面属性的区域），用左键框选模型；单击中键确认，弹出 Edit Section Assignment 对话框，所有参数保持默认值不变；单击中键，模型由白色变成青色，截面属性赋予完成。

6.3 定义装配件

在窗口环境栏 Module（模块）列表中选择 Assembly（装配）功能模块。

单击左侧工具栏的 按钮，弹出 Create Instance 对话框，所有参数默认值保持不变，单击中键，退出 Create Instance 对话框，完成装配件的定义。

6.4 设置分析步

在窗口环境栏 Module（模块）列表中选择 Step（分析步）功能模块。

单击左侧工具区的 ，弹出 Create Step 对话框，如图 6.11 所示，在 Name 文本框中输入 Step-1，Procedure type 选择 General，下拉列表框中选择 Heat transfer；单击 continue 按钮，弹出 Edit Step 对话框，将 Time period 设置为 10。单击 Incrementation 选项卡，Type 选择 Automatic 的计算方式，将 Maximum number of increments（最大迭代数）修改为 10000，将 Increment size（迭代步）Minimum（最小值）改为 1e-6，Initial（初始值）设为 0.01，Maximum（最大值）修改为 0.1，将 Max.allowable temperature change per increment（每个迭代步最大改变）修改为 10，如图 6.12 所示，剩余参数保持默认值不变；单击 OK 按钮，完成分析步的创建。

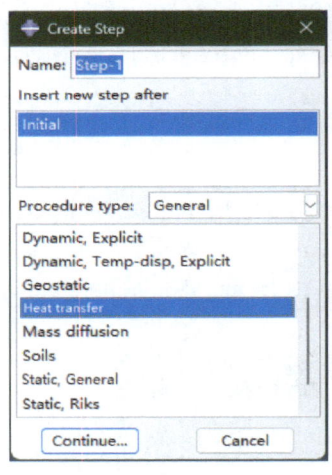
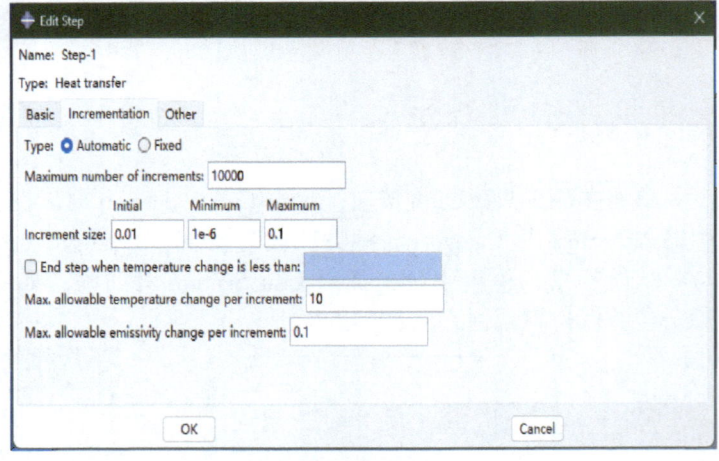

图 6.11　Create Step 对话框　　　　图 6.12　Edit Step 对话框

6.5 定义约束

在窗口环境栏 Module（模块）列表中选择 Interaction（相互作用）功能模块。

6.5.1 受火面的定义

在设定对流和辐射条件前，需要定义一个升温曲线，在上方工具栏中找到 Tools 中的 Amplitude，单击 Create 按钮，弹出 Create Amplitude 对话框，如图 6.13 所示，在 Name 文本框输入 ISO；单击 Continue 按钮，弹出 Edit Amplitude 对话框，输入对应的数据，如图 6.14 所示；单击 OK 按钮，完成幅值的设定。本例采用国际标准升温曲线，室温定义为 20℃，其

计算公式为 $T=20+345\lg(8t+1)$，得到图 6.15 的温度时程曲线。

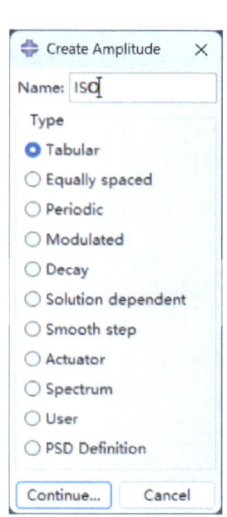 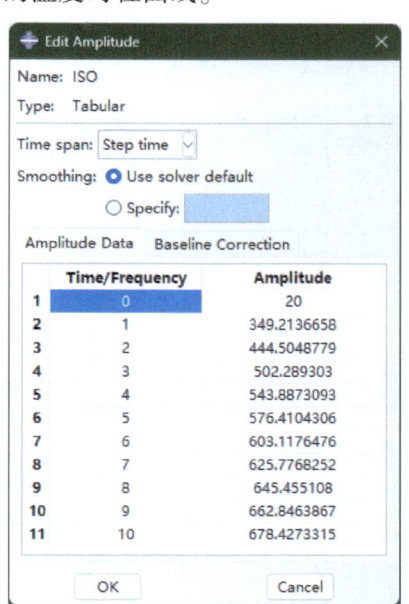

图 6.13　Create Amplitude 对话框　　　　　　图 6.14　Edit Amplitude 对话框

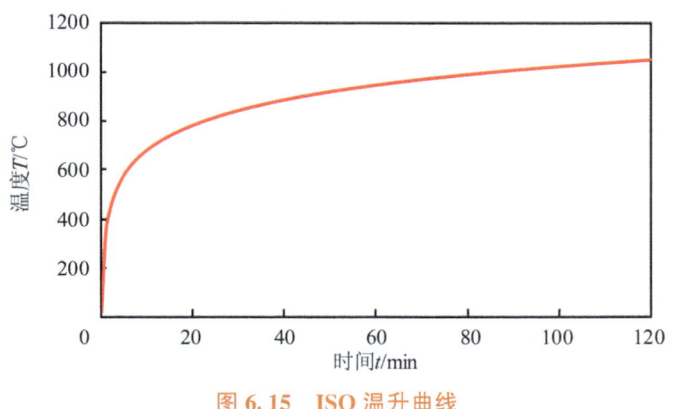

图 6.15　ISO 温升曲线

（1）定义对流条件　单击左侧工具区的 按钮，弹出 Create Interaction 对话框，在 Name 文本框输入 Int-1，Step 选择 Step-1，Types for Selected Step 选中 Surface film condition（对流条件），如图 6.17 所示；单击 Continue 按钮，提示区显示 select the surface（选择面施加对流条件），选中梁的左、右、底面，如图 6.16 所示；单击中键确认，弹出 Edit Interaction 对话框，

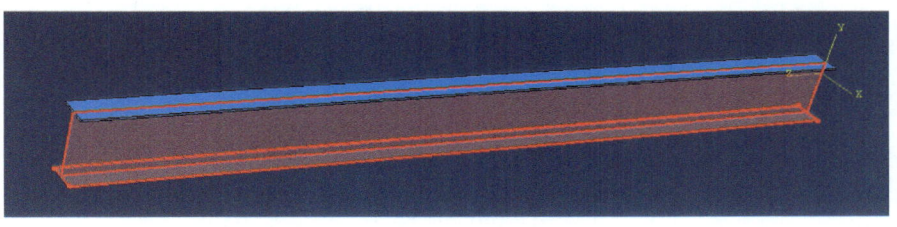

图 6.16　选择施加对流条件的面

在 Film coefficient（对流换热系数）文本框中输入 1500，在 Sink temperature（空气温度）文本框输入 1，Sink amplitude 选择 ISO，剩余参数保持默认值不变，如图 6.18 所示，完成对流条件定义。

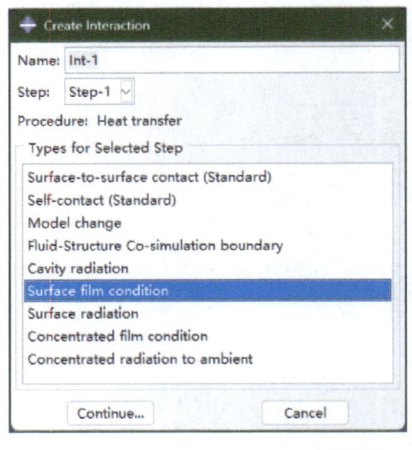

图 6.17　Create Interaction 对话框

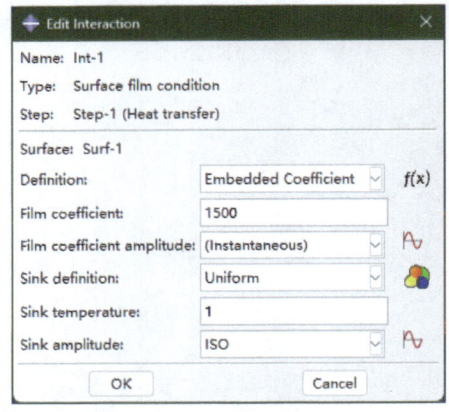

图 6.18　Edit Interaction 对话框

（2）定义辐射条件　单击左侧工具区的 按钮，弹出 Create Interaction 对话框，在 Name 文本框中输入 Int-2，Step 选择 Step-1，Types for Selected Step 选择 Surface radition；单击 Continue 按钮，提示区显示 select the surface（选择面施加辐射条件），同样选中梁的左、右、底面；单击中键确认，弹出 Edit Interaction 对话框，在 Emissivity（综合辐射系数）文本框中输入 0.5，在 Ambient temperature（空气温度）文本框中输入 1，Ambient temperature amplitude 选择 ISO，剩余参数保持默认值不变，如图 6.19 所示，完成辐射条件定义。

定义完受火面的构件三维模型如图 6.20 所示。

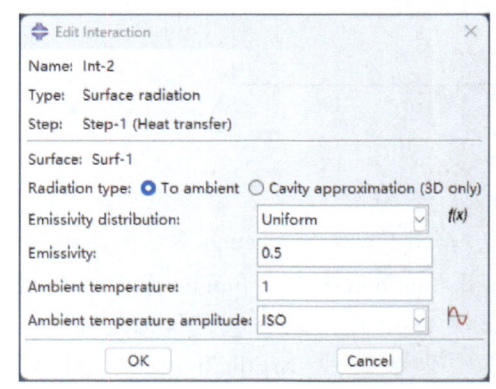

图 6.19　Edit Interaction 对话框

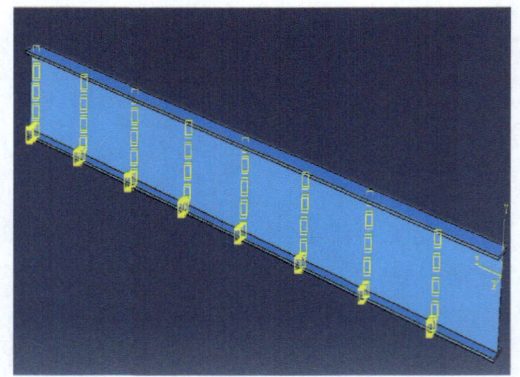

图 6.20　定义完受火面的构件三维模型

6.5.2　非受火面的定义

虽然非受火面没有直接被火场影响，但热量还是可以通过对流、热传导将能量传递过来，因此用户也需要对非受火面进行处理。

单击左侧工具区的 按钮，弹出 Create Interaction 对话框，在 Name 文本框中输入 Int-3，

Step 选择 Step-1，Types for Selected step 选中 Surface film condition（面辐射），如图 6.21 所示；单击 Continue 按钮，提示区显示 select the surface（选择面施加对流条件），选择上翼缘的所有面；单击中键确认，弹出 Edit Interaction 对话框，在 Film coefficient（对流换热系数）文本框中输入 540，在 Sink temperature（空气温度）文本框中输入 20，剩余参数保持默认值不变，如图 6.22 所示，完成非受火面的定义。

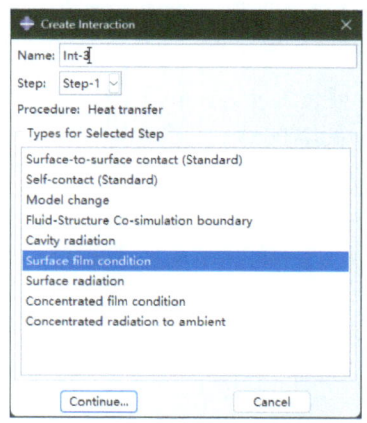

图 6.21　Create Interaction 对话框

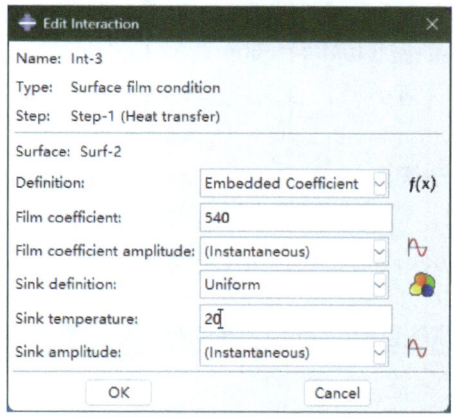

图 6.22　Edit Interaction 对话框

6.5.3　绝热面的定义

在模型中没有选择的面，将默认为绝热面。绝热面就是不传导热量的面。

单击主菜单 Model→Edit Attributes→Model-1，弹出 Edit Model Attributes 对话框，按图 6.23 进行参数设置；单击 OK 按钮，完成绝热面的定义。

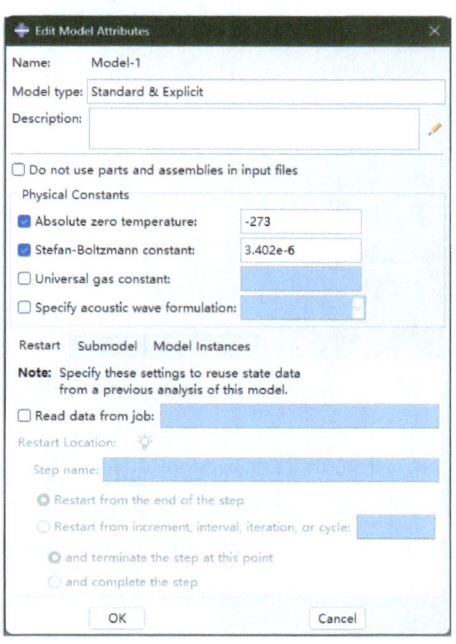

图 6.23　Edit Model Attributes 对话框

6.6 定义荷载和边界条件

在窗口环境栏 Module（模块）列表中选择 Load（载荷）功能模块，在此模块通过预定义场的功能对模型进行预温度场的定义。

单击左侧工具区的 ![icon] 按钮，弹出 Create Predefined Filed 对话框，在 Name 文本框中输入 Predefined Filed-1，Step 选择 Initial，Category 选择 Other，Types for Selected Step（所选分析步的载荷类型）设为 Temperature；单击中键，提示区出现 select regions for the field or press Done to use calculated temperatures（为计算温度预定义场选择区域），用左键选中整个模型；单击中键确认，弹出 Edit Predefined Field 对话框，如图 6.24 所示，在 Magnitude 文本框中输入 20，剩余参数保持默认值不变；单击 OK 按钮，完成模型预温度场的定义。定义预温度场后的模型如图 6.25 所示。

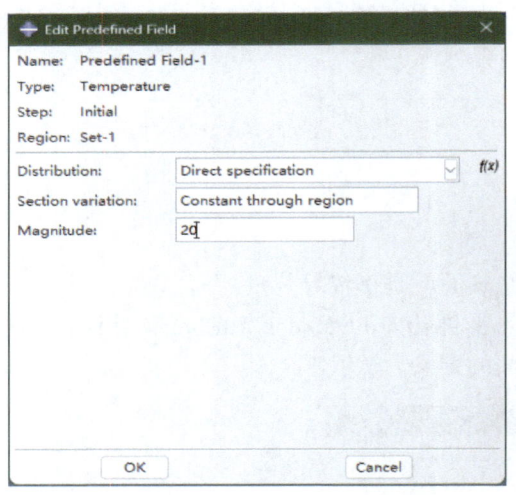
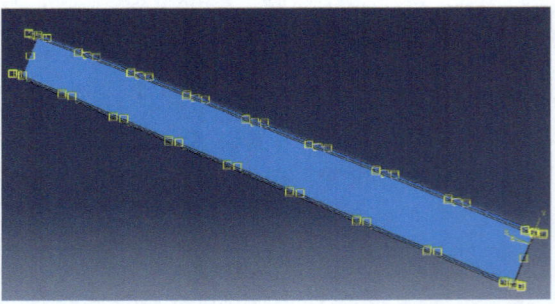

图 6.24　Edit Predefined Field 对话框　　　　图 6.25　定义预温度场后的模型

6.7 划分网格

在窗口环境栏 Module（模块）列表中选择 Mesh（网格）功能模块进行网格划分，将环境栏中的 Object 项设为 Part：beam，即为部件 beam 划分网格。

1. 划分网格

选择左边工具区的 ![icon] 按钮，在提示栏选择 Point&Normal（一点及法线），如图 6.26 所示；选择一点及一条法线，依次分割腹板和翼缘，将构件由黄色变为绿色，如图 6.27 所示。

选择左边工具区的 ![icon] 按钮，弹出图 6.28 所示对话框，所有参数保持默认值不变；单击中键，完成网格布种。选择左边工具区的 ![icon] 按钮，单击中键完成网格划分，如图 6.29 所示。

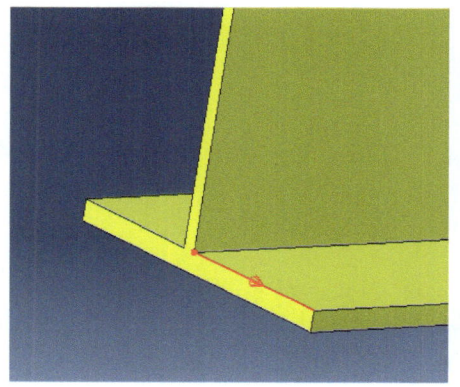

图 6.26　一点及法线选择

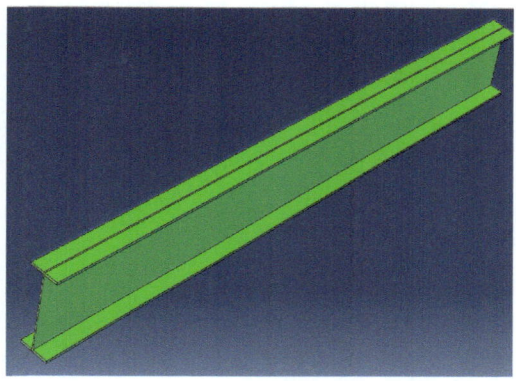

图 6.27　完成的分割的构件

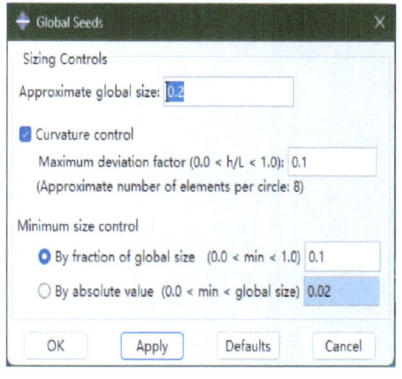

图 6.28　Global Seeds 对话框

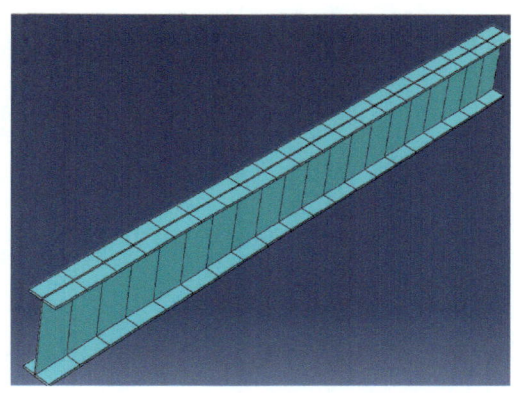

图 6.29　构件完成网格划分

2. 选择单元类型

选择左边工具区的 按钮，框选整个模型，弹出 Element Type 对话框（图 6.30），Family 选择 Heat Transfer，其他参数保持默认值不变；单击 OK 按钮，完成单元类型的选择。

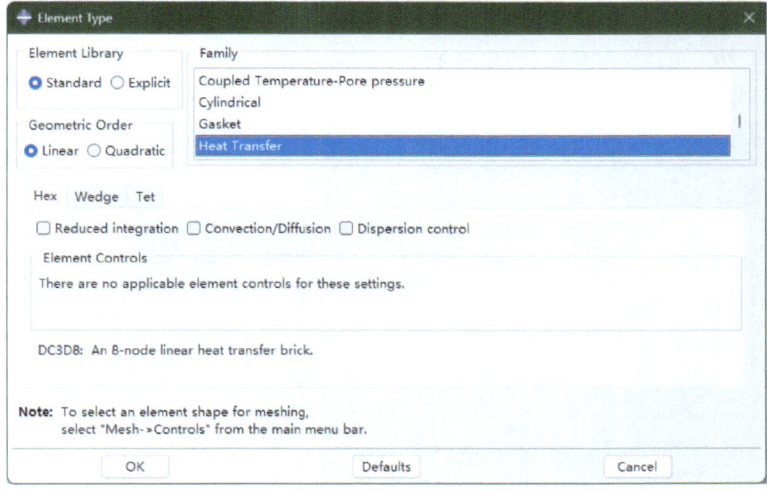

图 6.30　Element Type 对话框

6.8　提交分析作业

在窗口环境栏 Module（模块）列表中选择 Job（分析作业）功能模块进行作业分析提交。

6.8.1　创建分析作业

选择左边工具区的 按钮，弹出 Create Job 对话框；单击中键，弹出 Edit Job 对话框，如图 6.31 所示，所有参数保持默认值不变，单击 OK 按钮，退出 Edit Job 对话框。

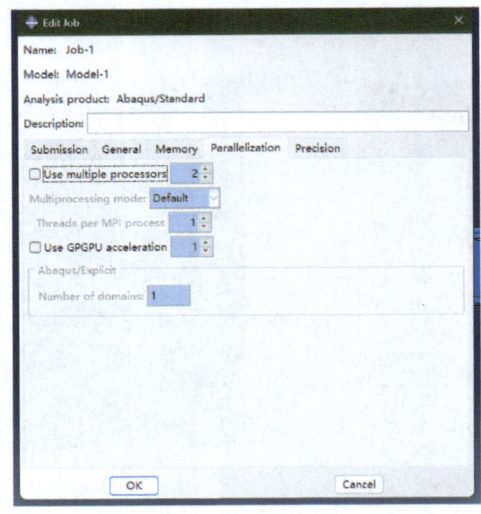

图 6.31　Edit Job 对话框

6.8.2　提交分析

选择主菜单 Job 中的 Manager，弹出 Job Manager 对话框，单击 Submit（提交分析）按钮，弹出图 6.32 所示的提示信息（在 Step-1 中历史变量没有输出）；单击 Yes 按钮继续分析，可以看到对话框中的 Status（状态）提示由 Submitted（提交）变为 Running（运行），最终显示为 Completed（完成）；单击对话框中的 Results（分析结果）按钮，自动进入 Visualization 模块。

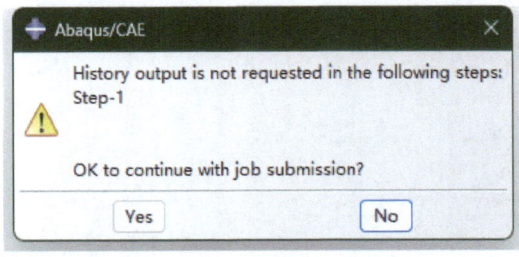

图 6.32　Abaqus/CAE 提示框

6.9 后处理

6.9.1 显示热流量云图

单击左侧工具区的 ![btn] 按钮，显示出最后一个分析步结束时的 HFL（热流量）云图，如图 6.33a 所示。

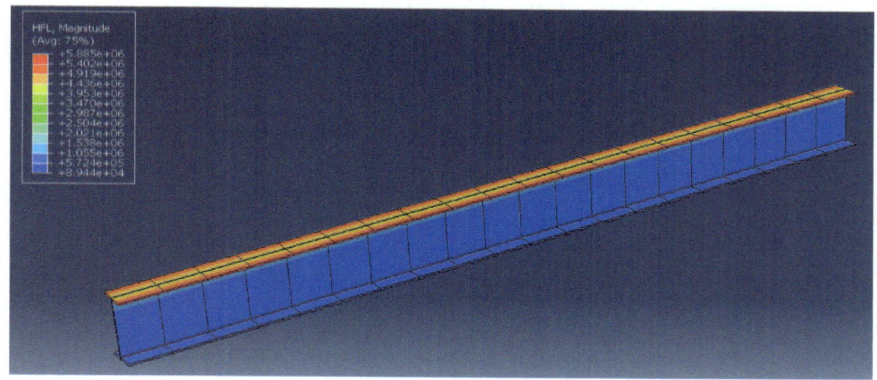

a）热流量云图

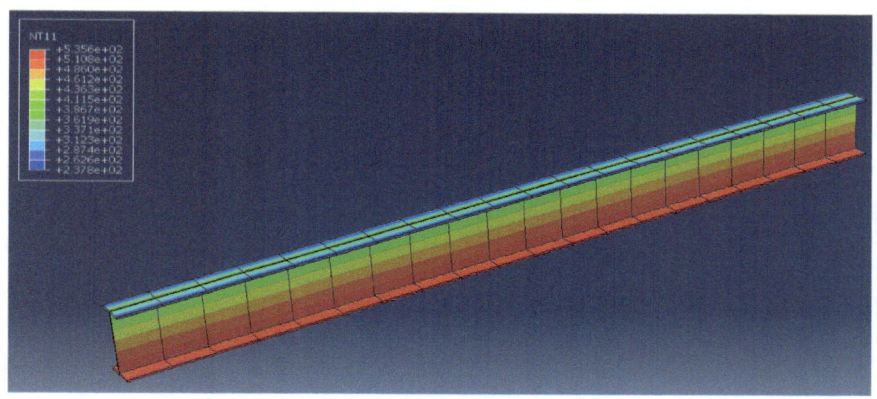

b）温度云图

图 6.33 云图示意

6.9.2 显示温度云图

单击主菜单 Results 的 Field Output 命令，弹出 Field Output 对话框，Primary Variable 选项卡的 Output Variable 中选择 NT11（温度）；单击 OK 按钮，退出 Field Output 对话框，此时绘图区将显示模型的温度云图，如图 6.33b 所示。

6.9.3 制作切片

在云纹图状态下，单击左侧工具区的 ![btn] 按钮，绘图区出现模型切片的云图；单击后面的 ![btn] 按钮，弹出 View Cut Manager 对话框，用户可以选择不同轴对模型做切片；用左键选中

Position 选项的滑块，左右移动可得到不同位置的切片。选择不同轴，会出现不同方向的切片，如图 6.34 所示。

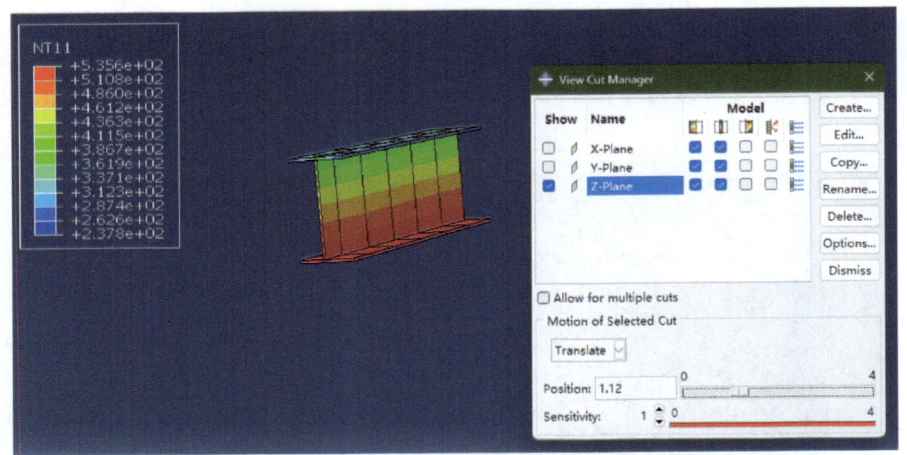

图 6.34 切片示意

6.9.4 显示 X-Y 图

在温度云图状态下，单击 Create 按钮，在弹出的 Create XY Date 对话框中选择 ODB Field Output；单击 Continue 按钮，弹出 XY Date from ODB Field Output 对话框，在 Variables 选项卡中，Output Variables 选项组的 Position 参数选择 Unique Nodal，选中 NT11；单击 Elements/Nodes 选项卡，单击 Edit Selection 按钮，选择其中一个节点；单击对话框底部的 Plot 按钮，得到图 6.35 所示的温度时程关系曲线。

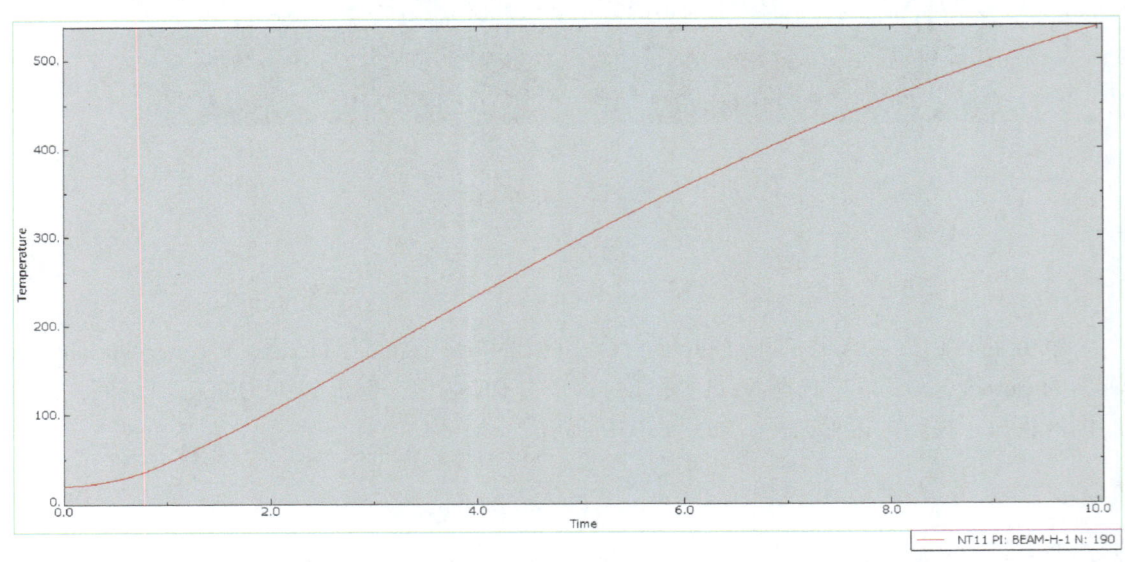

图 6.35 温度时程关系曲线

6.10 将温度场导入静力模型模拟耐火试验

将前面的温度场模型（TEMP）复制一个用作静力加载模型（F），如图 6.36 所示。

在 F 模型中单击 Material Manager，弹出 Material Manger 对话框；再单击 Edit 按钮修改 steel 的材料属性，在 Edit Material 对话框添加 Elastic 和 Plastic，以及 Density 用于拟静力分析，如图 6.37 所示，具体细节不再赘述。

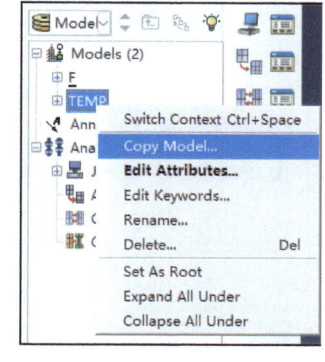

图 6.36 复制温度场模型

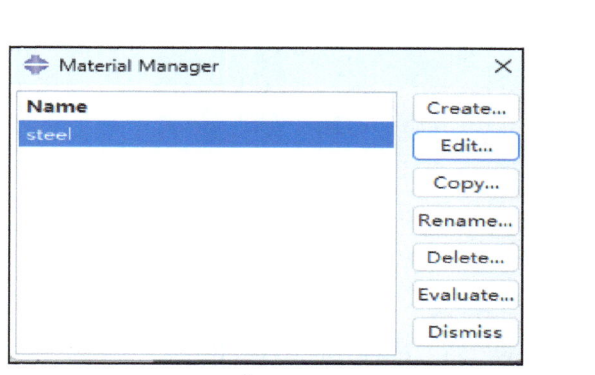

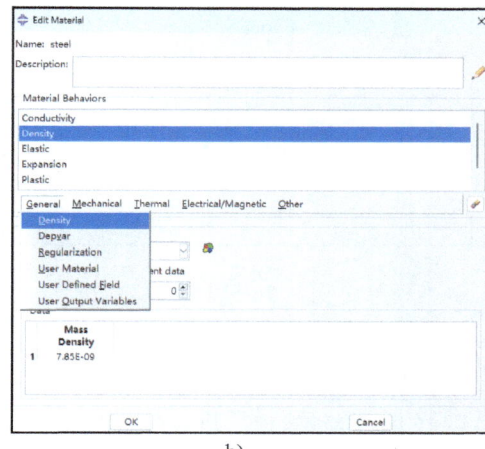

图 6.37 设置材料属性

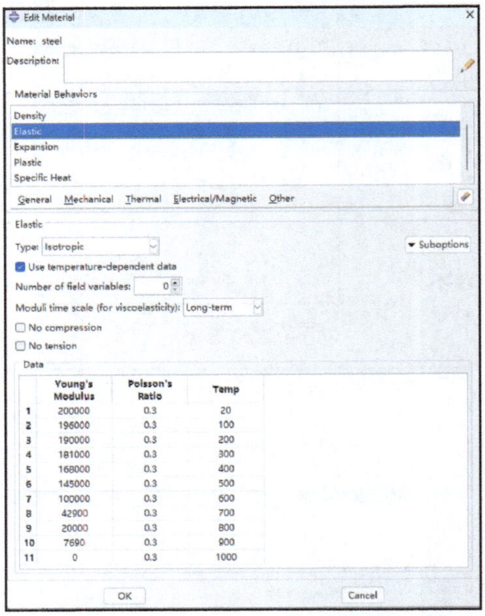

e) 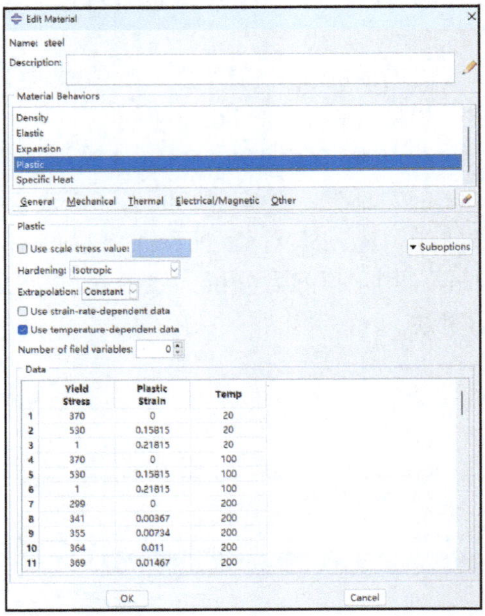   f)

图 6.37 设置材料属性（续）

单击 Step manager 按钮，关闭 TEMP 分析步，新建两个 Static，General 分析步，设置如图 6.38 所示，分析步时长设置为 1，F-temp 分析步为热力耦合，按图 6.38 操作可提高模型收敛性。

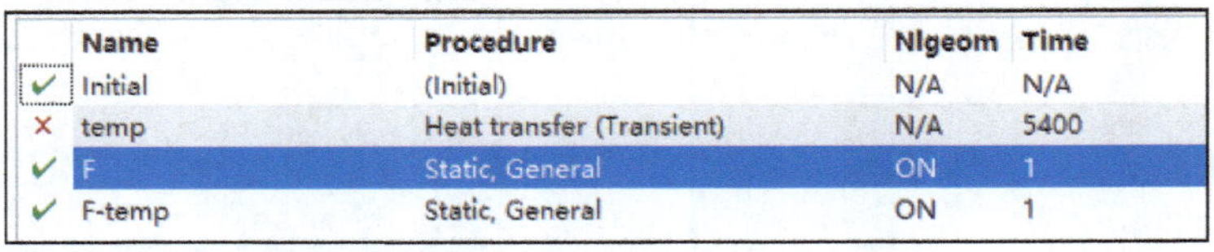

a)

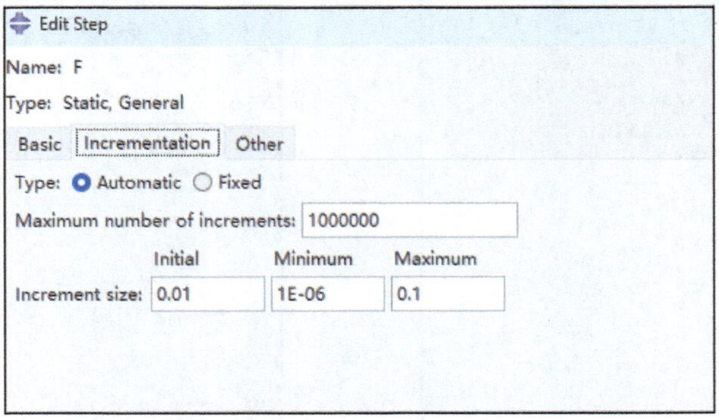

b)

图 6.38 分析步设置

第 6 章 高温作用下钢框架梁实例分析方法

c)

图 6.38 分析步设置（续）

单击主菜单 Load 命令，设置静力加载下的边界条件。此处设置为一端固定、一段自由端的悬臂梁，在自由端施加向下 100mm 的位移荷载，如图 6.39 所示。

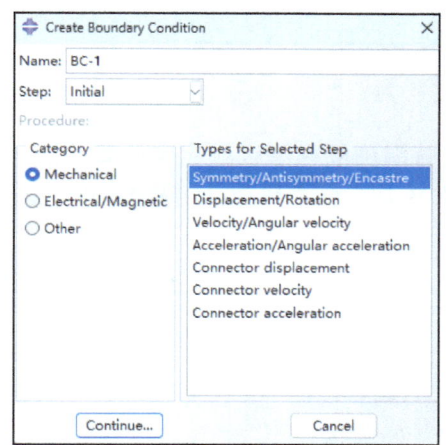
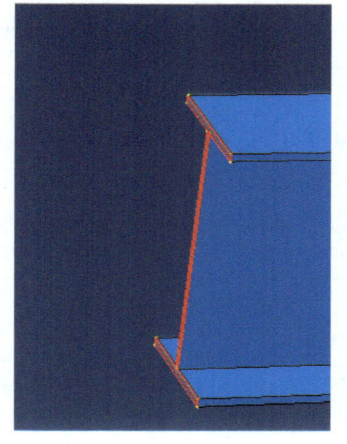

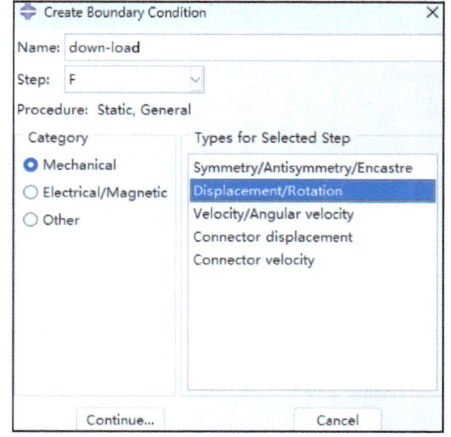
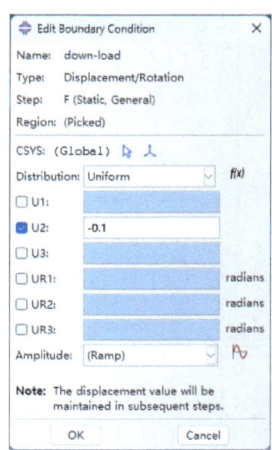

图 6.39 边界条件及荷载设置

单击主菜单 Job 中的 Manager 命令，弹出 Job Manager 对话框，单击 Monitor 按钮，监控得到图 6.40 所示对话框，查看上面温度场模型（TEMP），拉到最底部，看图中标红的两行的最后一行，最终的 Step 为 1，Increment 为 216。

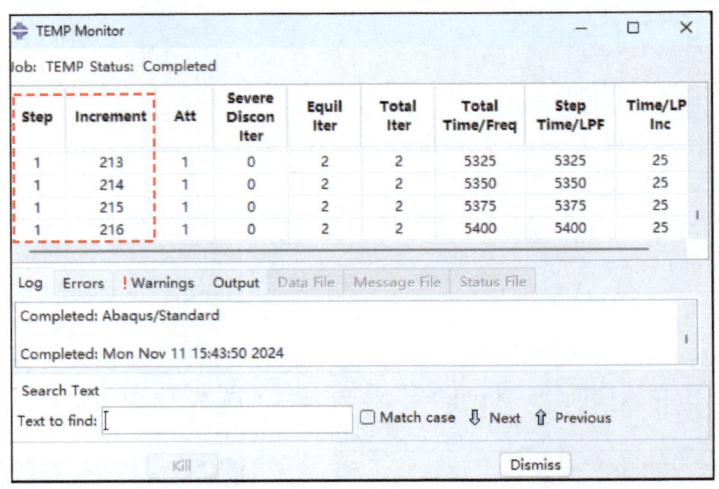

图 6.40 监视器

单击主菜单 Load 命令，单击 按钮，将温度场模型以预定义场的形式导入静力模型中，设置如图 6.41 所示。这样，在 F 分析步施加力模拟恒载，在 F-temp 分析步导入温度场模拟升温，以此来模拟恒载升温的耐火试验。

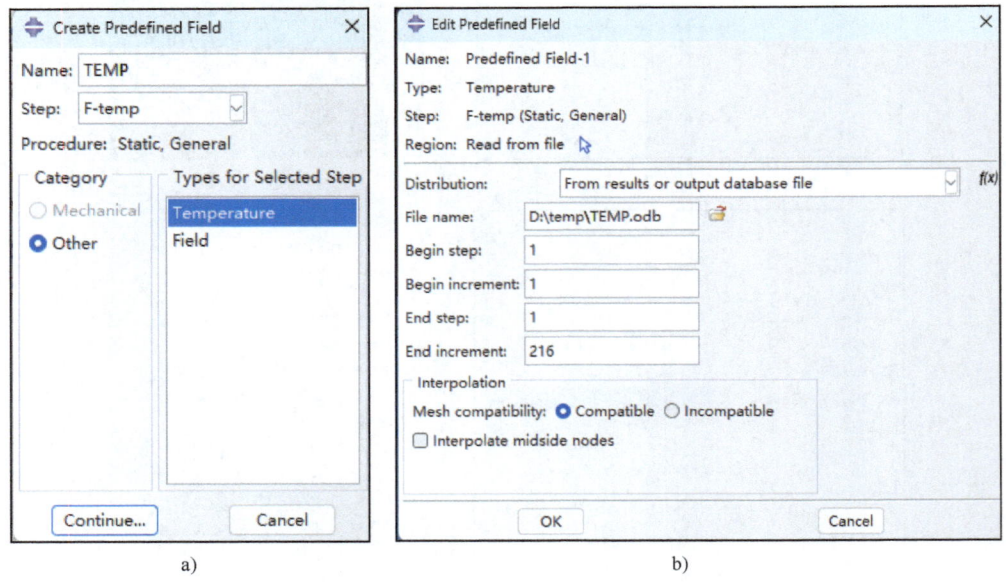

a)   b)

图 6.41 温度场定义

单击主菜单 Mesh 命令，单击 按钮进入图 6.42 所示窗口，更改 Family 为 3D Stress。

第 6 章　高温作用下钢框架梁实例分析方法

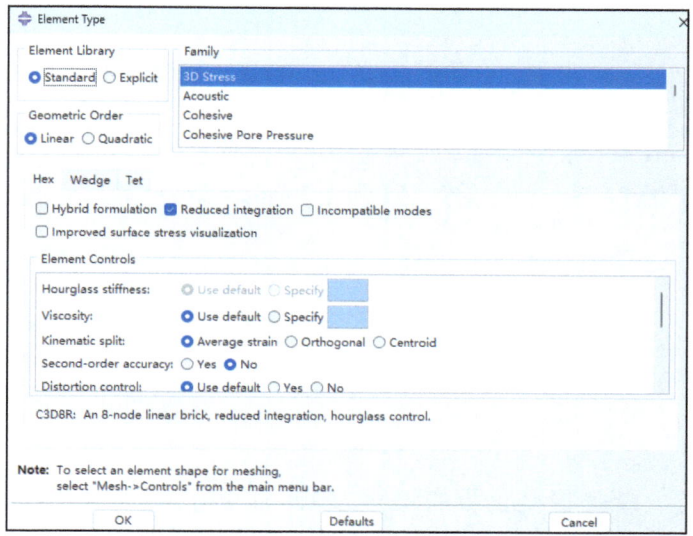

图 6.42　网格类型设置

单击主菜单 Job 中的 Manager 命令，弹出 Job Manager 对话框，单击 submit（提交分析）按钮，可以看到对话框中的 Status（状态）提示由 Submitted（提交）变为 Running（运行），最终显示为 Completed（完成）；单击对话框中的 Results（分析结果）按钮，自动进入 Visualization 模块。

第 7 章
楼板在冲击力作用下的实例分析方法

7.1 基本工况

7.1.1 试件简介

如图 7.1 所示，钢筋混凝土板的尺寸为 1200mm×1200mm×150mm，保护层厚度为 18mm，采用 10mm 的带肋钢筋，配筋率为 0.39%，板的净跨为 1000mm。一个质量为 300kg 的圆柱体落锤以 5m/s 的速度垂直撞击楼板中心，圆柱直径为 200mm，试分析这一动力过程。

材料参数：钢筋的平均屈服强度和极限强度分别为 576MPa 和 655MPa，混凝土的 28d 平均圆柱体抗压强度为 42.3MPa。

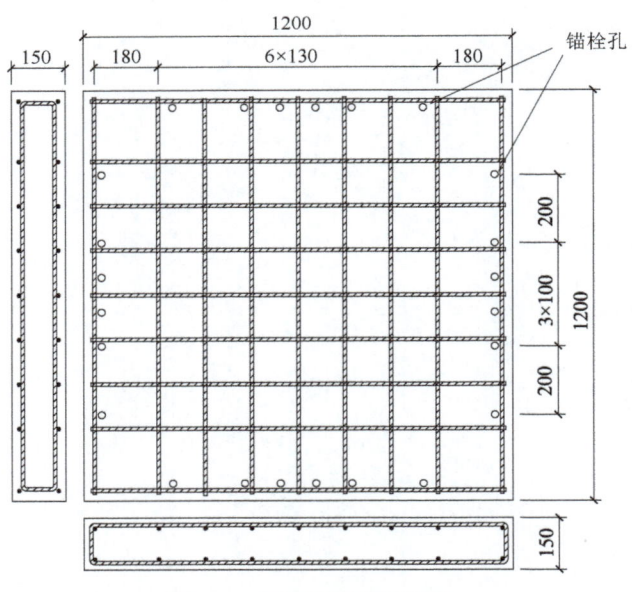

图 7.1 钢筋混凝土板试件

7.1.2 求解规划

本章采用 ABAQUS/Explict 显式动力学计算模块建立钢筋混凝土板抗冲击有限元模型，混凝土采用 C3D8（三维八节点全积分单元），钢筋采用 B31（二节点线性梁单元），落锤、支座和锚栓采用 C3D8R（三维八节点减缩积分单元）。由于重力远小于冲击力，并且冲击过程持续时间短暂，因此不考虑重力的影响。

通过建立支座将混凝土楼板设定为固支。

混凝土材料模型使用考虑应变率效应的混凝土塑性损伤模型（Concrete Damage Plastic Model），钢筋采用双折线弹塑性本构模型，落锤及支座、锚栓等材料刚度较大，变形很小，因此采用弹性体模型。本模型约束底部支座所有方向的自由度并且只允许落锤竖直方向的运动。模型中通过 General Conctact 定义各部位的接触，在法线方向上设置为 Hard Conctact，并允许接触后分离，切线方向上设置的摩擦系数为 0.1。

为了实现冲击分析过程中钢筋与混凝土之间的黏结滑移，在钢筋节点与混凝土节点上设置一组 Wire，将 Connector 根据黏结滑移本构设置好参数再赋给设置好的 Wire，普通钢筋混凝土板的阻尼比设定为 0.04。

整个冲击过程大致持续 10ms，因此将计算结束时间设置为 30ms，以便观察整个冲击过程。整个模型的建立采用单位制 m-g-s，读者需要注意单位的协调统一。

7.2 模型建立

V07—本章建模视频

下面为使用 ABAQUS 前处理对该问题的建模过程，读者可对照进行练习。

7.2.1 创建部件

（1）创建工作路径　启动 ABAQUS/CAE，在弹出界面中的 Create Model Database 选项中选择 With standard/Explicit Model。在主菜单中选择 File→Set Work Directory 命令，在弹出的对话框中选择创建好的工作路径，如 D:\Impact-Slab，如图 7.2 所示，最后单击 OK 按钮，完成工作路径的创建。

（2）创建模型文件　单击保存按钮，弹出 Save Model Database As 对话框，如图 7.3 所示。Directory 选择上面创建好的工作路径，如 D:\Impact-Slab，并在 File Name 文本框中输入文件名，如 Impact-slab，最后单击 OK 按钮，创建模型文件。

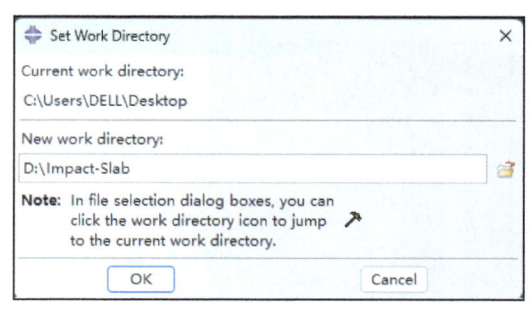

图 7.2　创建工作路径

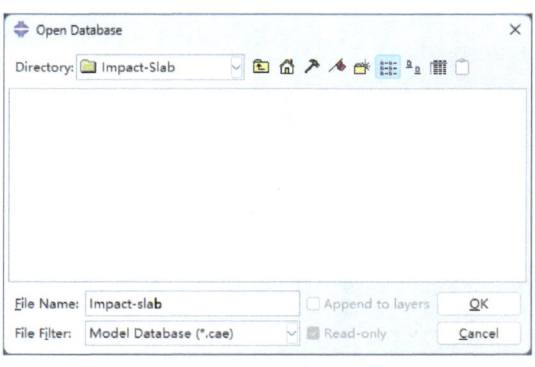

图 7.3　创建模型文件

（3）建立混凝土楼板模型

1）进入 Part 功能模块，单击左侧工具区中的 ![icon]（创建部件）按钮，弹出 Create Part 对话框，如图 7.4a 所示。在 Name 文本框中输入 slab，将 Modeling Space（模型所在空间）设为 3D（三维），Shape 设为 Solid（实体），Type 选择 Extrusion（拉伸），Approximate size 文本框中输入 2（该数值大小可根据组件大小确定）；单击 Continue 按钮自动进入二维绘图界面；单击左侧工具区中的 ⁓ 按钮，提示区显示 pick a starting point for line-or enter X,Y（单击直线的起始点-或输入 X、Y 坐标），输入坐标（-0.6,-0.6）；单击中键确认，绘图区出现起始点，提示区显示 pick an ending point for line-or enter X,Y（单击直线的终止点-或输入 X、Y 坐标），输入坐标（-0.6,0.6）；单击中键确认，依次输入以下坐标（0.6,0.6）、（0.6,-0.6）、（-0.6,-0.6），绘图区中显示出了混凝土楼板横截面的二维图形；单击中键，退出绘线工具，完成混凝土楼板二维截面的绘制，如图 7.4b 所示。单击中键，弹出图 7.4c 所示对话框，在 Depth 文本框中输入 0.15；单击 OK 按钮，即可生成混凝土楼板三维模型。建成的混凝土楼板实体模型如图 7.5 所示。

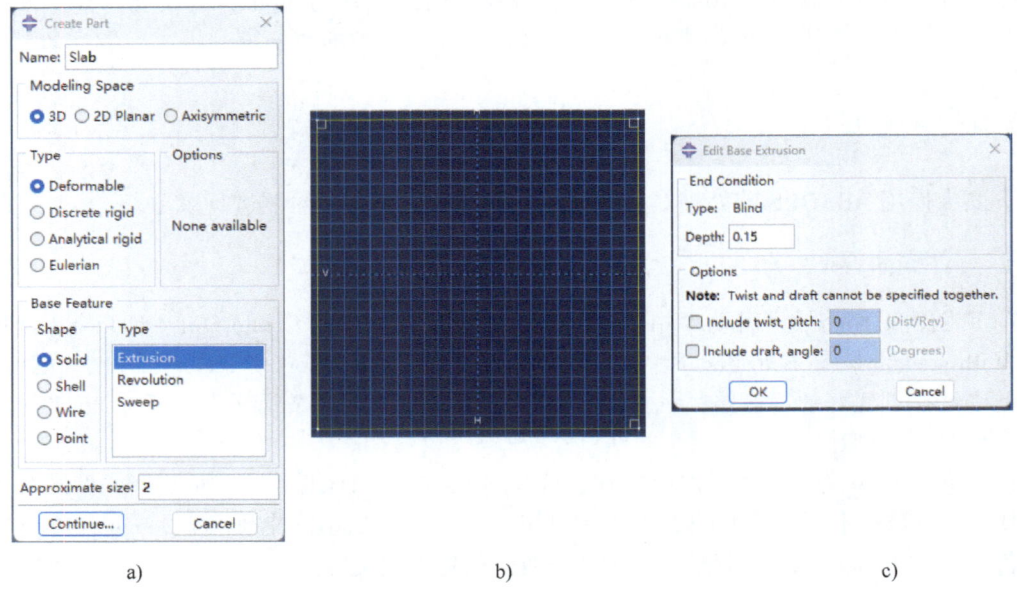

图 7.4 建立混凝土楼板

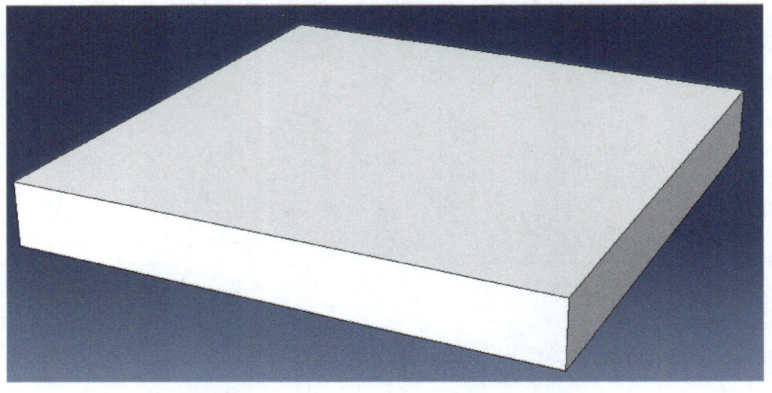

图 7.5 混凝土楼板实体模型建立

2）单击左侧工具区的 按钮，提示区显示 Select a plane for the solid extrusion sketch origin；单击混凝土楼板表面，然后随机单击一边，绘图区显示图 7.6a 所示的图形；单击左侧绘图区 按钮，提示区显示 Pick a center point for the ellipse--or enter X,Y，在提示区输入表 7.1 中的坐标，完成输入后得到图 7.6b 的图形。单击左侧工具区的 按钮，提示区显示 Select the type of translate operation，选择 Copy 选项，选择上一步创建的所有圆；单击中键，依次在提示区输入坐标（-0.55,-0.35）、（0.55,-0.35），完成一侧圆形复制。仿照上一步操作，在混凝土楼板四条边附近均创建圆形，如图 7.6c 所示。单击中键，完成混凝土楼板减操作，如图 7.6d 所示。

表 7.1 锚孔坐标

圆心坐标	圆周坐标	圆心坐标	圆周坐标
（-0.55,-0.35）	（-0.55,-0.36）	（-0.55,0.05）	（-0.55,0.06）
（-0.55,-0.15）	（-0.55,-0.16）	（-0.55,0.15）	（-0.55,0.16）
（-0.55,-0.05）	（-0.55,-0.06）	（-0.55,0.35）	（-0.55,0.36）

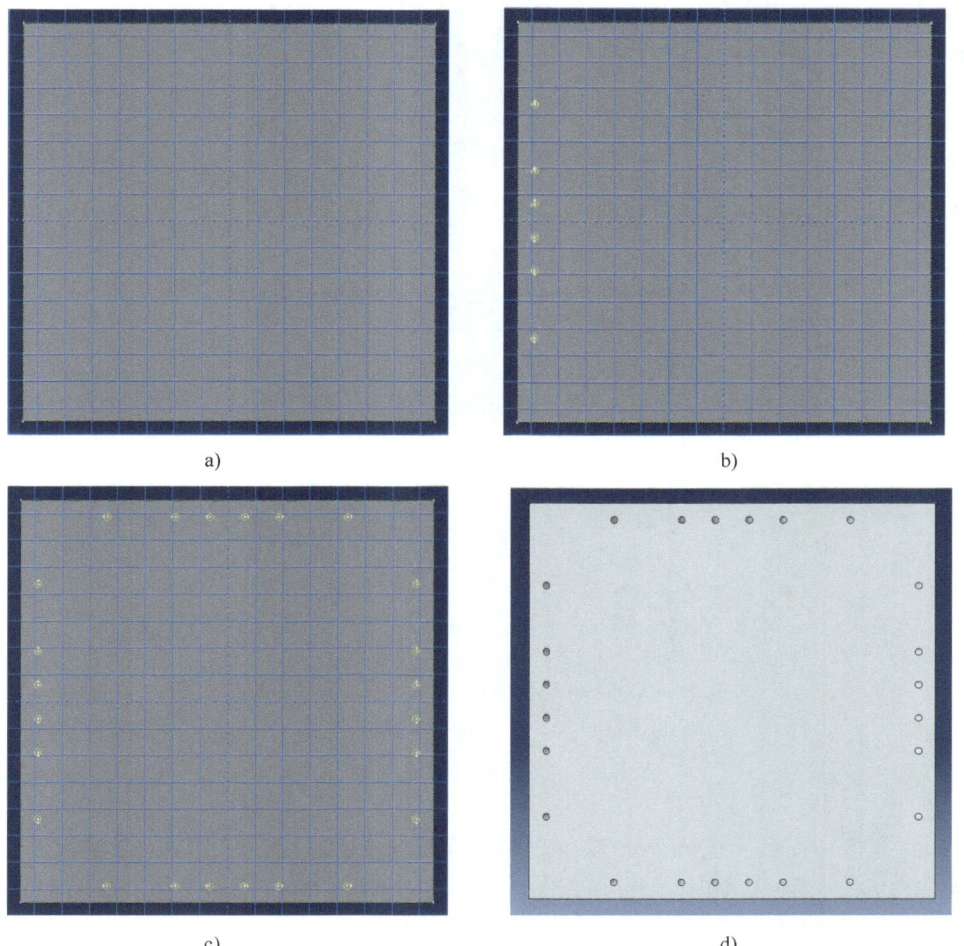

图 7.6 混凝土楼板布尔运算

3) 单击左侧工具区的 按钮，提示区显示 Coordinates for datum point (X,Y,Z)（基准坐标点 (X,Y,Z)），依次输入坐标（-0.5,0,0.15）、（-0.4,0,0.15）、（-0.3,0,0.15）、（-0.2,0,0.15）、（-0.1,0,0.15）、（0.1,0,0.15）、（0.2,0,0.15）、（0.3,0,0.15）（0.4,0,0.15）、（0.5,0,0.15）、（0,-0.5,0.15）、（0,-0.4,0.15）、（0,-0.3,0.15）、（0,-0.2,0.15）、（0,-0.1,0.15）、（0,0.1,0.15）、（0,0.2,0.15）、（0,0.3,0.15）、（0,0.4,0.15）、（0,0.5,0.15），以用于混凝土板模型的切割。单击左侧工具区的 按钮，提示区显示 How do you want to specify the plane?（你想如何确定平面），选择 Point&Normal；先选择要切割平面所经过的一点，再单击其法线，如图 7.7a 所示，完成楼板模型切割，如图 7.7b 所示。以此方式继续切割，直至完成混凝土楼板部件的建立，如图 7.7c 所示。

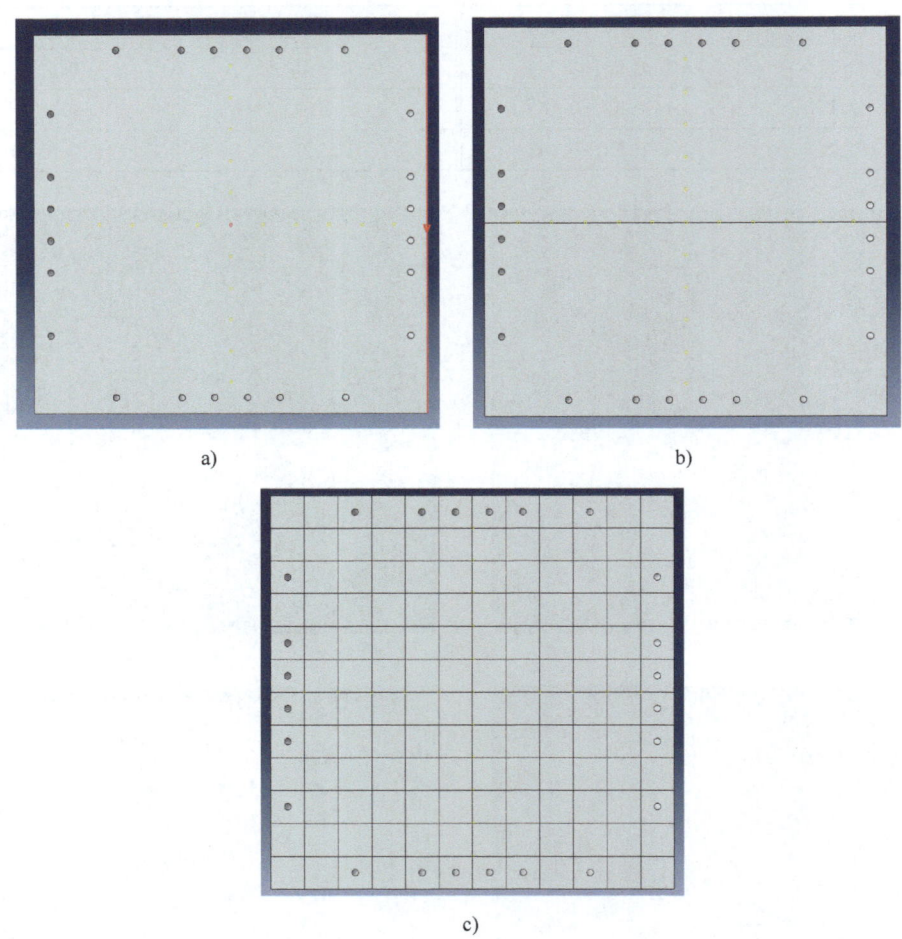

图 7.7 切割混凝土楼板

(4) 建立落锤模型 进入 Part 功能模块，单击左侧工具区中的 （创建部件）按钮，弹出 Create Part 对话框，如图 7.8a 所示。在 Name 文本框中输入 Hammer，将 Modeling Space（模型所在空间）设为 3D（三维），Shape 设为 Solid（实体），Type 选择 Extrusion（拉伸），Approximate size 文本框中输入 2（该数值大小可根据组件大小确定）；单击 Continue 按钮，自动进入二维绘图界面。单击左侧工具区中的 ⊙ 按钮，提示区显示 Pick a starting point for line-or enter X,Y（单击直线的起始点或输入 X、Y 坐标），输入坐标（0,0）；单击中键确认，绘图区出现起始点，提示区显示 Pick an ending point for line-or enter X,Y（单击直线的终止点或输入 X、Y 坐标），输入坐标（0.1,0），绘图区中显示出了落锤横截面的二维图形；单击中键，退出绘线工具，完成落锤二维截面的绘制，如图 7.8b 所示。单击中键，弹出图 7.8c 所示对话框，在 Depth 文本框中输入 0.4；单击 OK 按钮，即可生成落锤三维模型，建成的实体模型如图 7.9 所示。

创建锚杆模型的方法也是如此，这里不再赘述，锚杆直径为 0.01 m，高为 0.2 m。

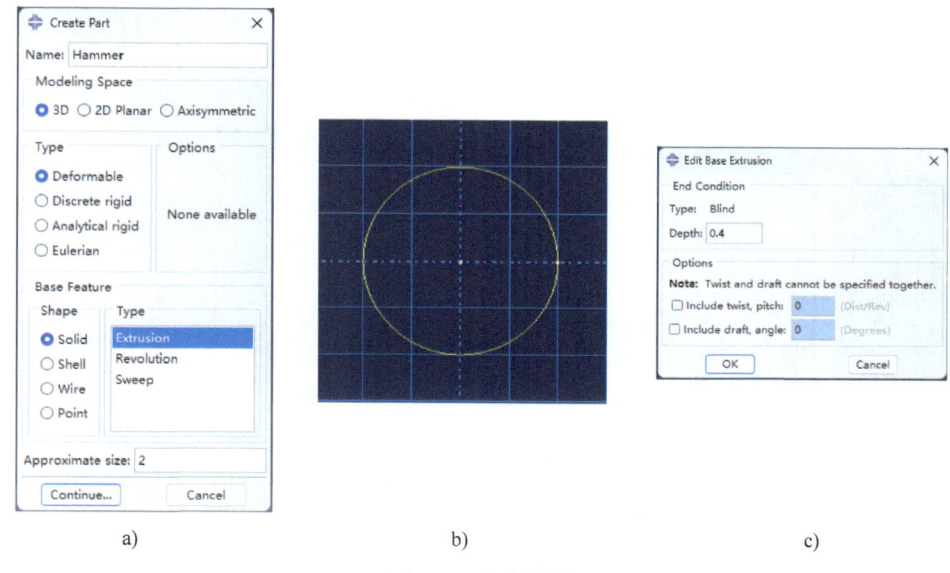

a)   b)   c)

图 7.8 建立落锤

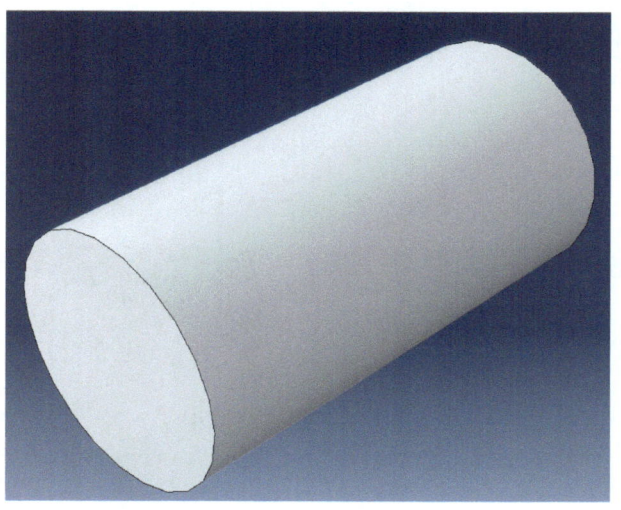

图 7.9 落锤实体模型

(5) 建立支座模型 进入 Part 功能模块,单击左侧工具区中的 按钮,弹出 Create Part 对话框,如图 7.10a 所示。在 Name 文本框中输入 Top-Support,将 Modeling Space(模型所在空间)设为 3D(三维),Shape 设为 Solid(实体),Type 选择 Extrusion(拉伸),在 Approximate size 文本框中输入 2(该数值大小可根据组件大小确定);单击 Continue 按钮,自动进入二维绘图界面;单击左侧工具区中的 ![] 按钮,提示区显示 Pick a starting point for line-or enter X, Y(单击直线的起始点或输入 X、Y 坐标),输入坐标 (-0.05,-0.05);单击中键确认,绘图区出现起始点,提示区显示 Pick an ending point for line-or enter X, Y(单击直线的终止点或输入 X、Y 坐标),输入坐标 (-0.05,0.05)、(0.05,0.05)、(0.05,-0.05)、(-0.05,-0.05),绘图区中显示出了支座横截面的二维图形;单击中键,退出绘线工具,完成支座二维截面的绘制,如图 7.10b 所示。单击中键,弹出图 7.10c 所示对话框,在 Depth 文本框中输入 0.02;单击 OK 按钮,即可生成混凝土楼板三维模型,建成的实体模型如图 7.11a 所示。参考前述布尔运算的方法,对上部支座进行打

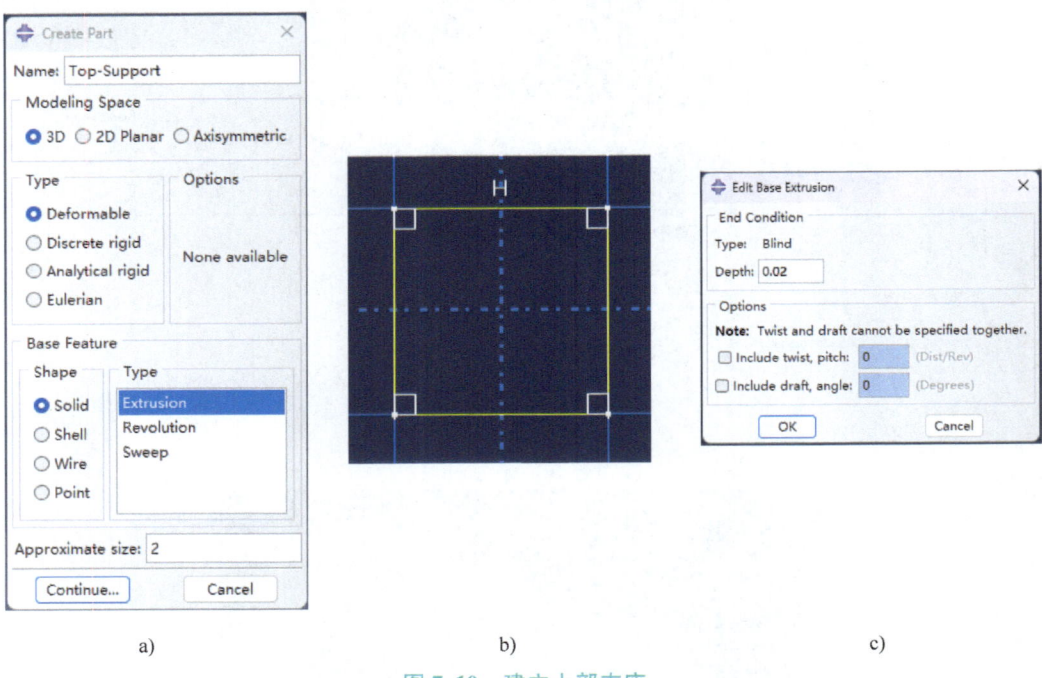

a) b) c)

图 7.10 建立上部支座

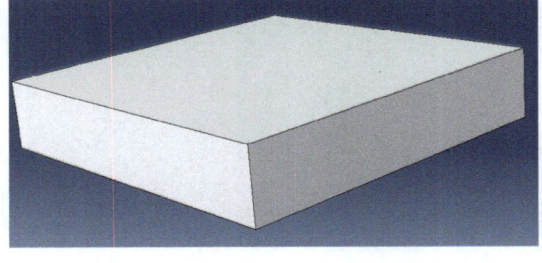
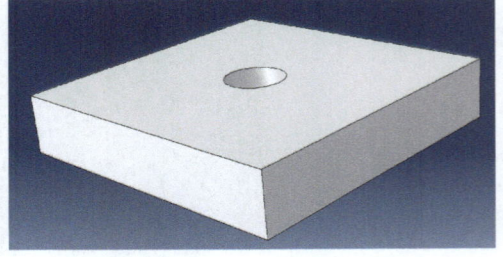

a) b)

图 7.11 上部支座实体模型

孔操作，如图 7.11b 所示。用同样的方法建立底部支座模型，如图 7.12 所示。

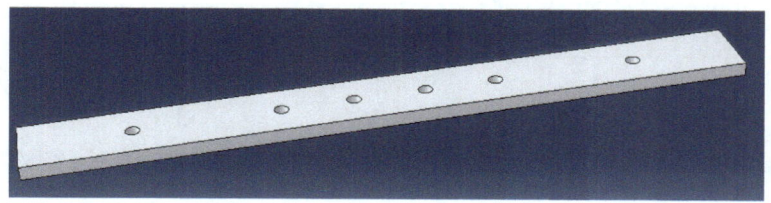

图 7.12　底部支座模型

（6）建立钢筋模型　与实体单元类似，进入 Part 功能模块，单击左侧工具区中的 ![icon]（创建部件）按钮，弹出 Create Part 对话框，如图 7.13a 所示。在 Name 文本框中输入 Reinforcement，将 Modeling Space（模型所在空间）设为 3D，Type 选择 Deformable（可变形体），Base Feature 设为 Wire（线），在 Approximate size 文本框输入 2；单击 Continue 按钮，自动进入二维绘图界面；单击左侧工具区中的 ![icon] 按钮，依次输入以下坐标（-0.62，-0.58）、（-0.57，-0.58）、（-0.57，0.58）、（-0.62，0.58），绘图区中显示出了混凝土楼板单根钢筋的二维图形，如图 7.13b 所示。单击中键，即可生成楼板单根钢筋模型，建成的楼板单根钢筋如图 7.13c 所示。钢筋网的创建见 7.2.3 节。

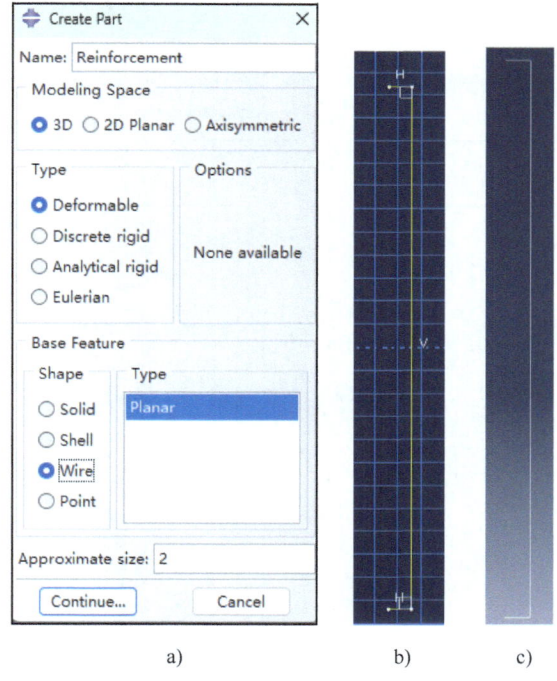

图 7.13　建立钢筋模型

7.2.2　创建材料和截面属性

在窗口栏的 Module（模块）列表中选择 Property（特性）功能模块。

ABAQUS 建筑结构防灾减灾分析实例教程

1. 创建材料

单击左侧工具区的 按钮，弹出 Edit Material 对话框，如图 7.14a 所示，在 Name 文本

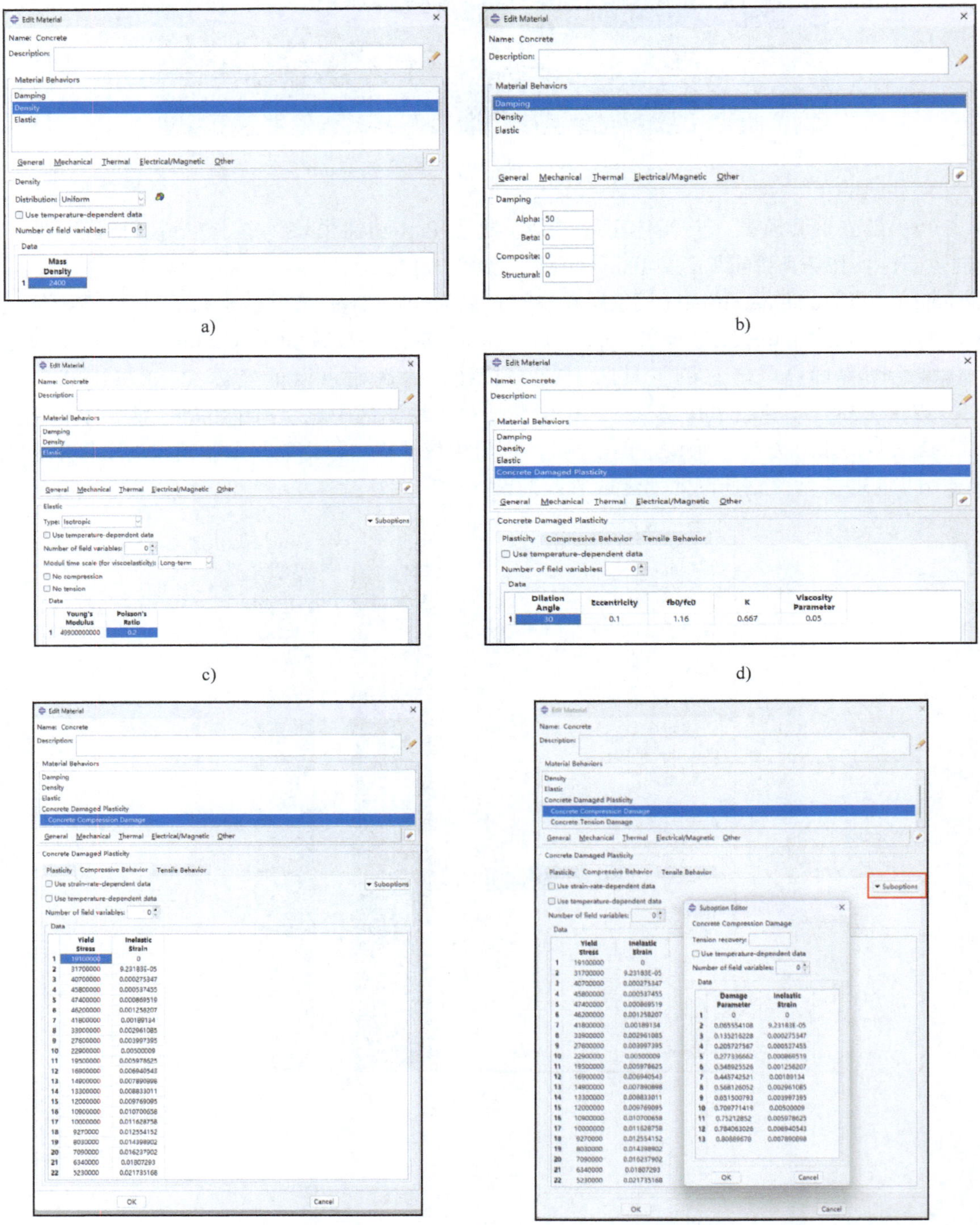

a)

b)

c)

d)

e)

f)

图 7.14 混凝土 Edit Material 对话框

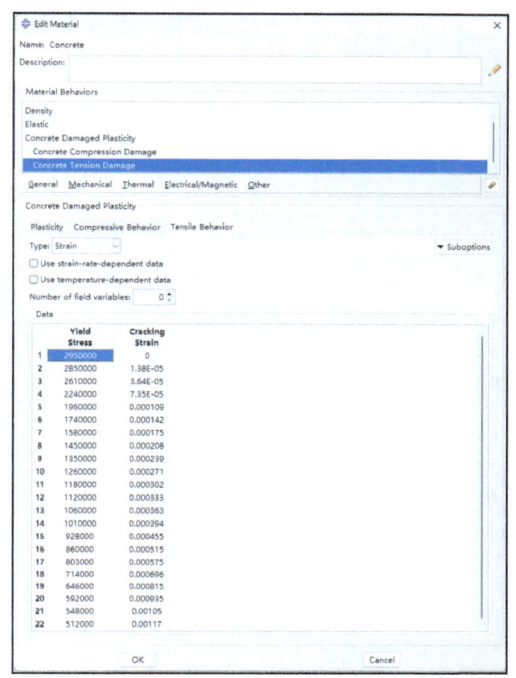
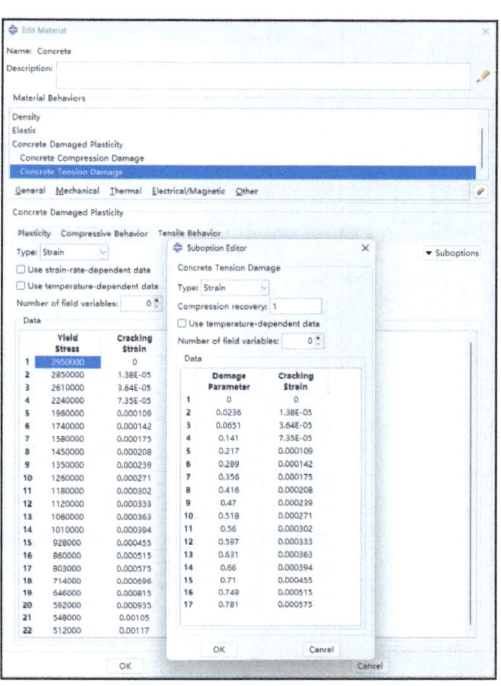

g)   h)

图 7.14 混凝土 Edit Material 对话框（续）

框中输入 Concrete。依次单击 General（基本特性）→Density（密度）选项，在 Data 数据表中输入混凝土的密度 2400。依次单击 Mechanical（力学特性）→Damping（阻尼）选项，在 Data 数据表中 Alpha 中输入阻尼系数 50。依次单击 Mechanical（力学特性）→Elasticity（弹性特性）→Elastic（弹性性能），在 Young's Modulus 和 Poisson's Ratio 中分别输入 49900000000 和 0.2。依次单击 Mechanical（力学特性）→Plasticity（塑性特性）→Concrete Damage Plasticity（混凝土塑性损伤），在 Plasticity 选项卡的 Data 数据表中输入图 7.14d 所示的数值，在 Compressive Behavior（压缩性能）选项卡的 Data 数据表中输入图 7.14e 所示的数值，单击右侧 Suboptions（子选项）→Compressive Damage（压缩损伤），在 Data 数据表中输入图 7.14f 所示的数值，以上输入的数值如图 7.15a、b 所示；在 Tensile Behavior（拉伸性能）选项卡的 Data 数据表中填入如图 7.14g 中所示的数值，单击右侧 Suboptions（子选项）→Tensile Damage（拉伸损伤），在 Data 数据表中输入图 7.14h 所示的值，以上输入的数值如图 7.15c、d 所示。

单击左侧工具区的 按钮，弹出 Edit Material 对话框，在 Name 文本框中输入 Reinforcement，重复上述操作，分别输入图 7.16 的数据，即可完成钢筋材料的建立，此处不再赘述。另外，依次单击 Mechanical（力学特性）→Plasticity（塑性特性）→Plastic（塑性性能）→Suboptions（子选项）→Rate Dependent（应变率），在相关表格中输入图 7.16d 所示的数值。

a) 抗压强度

	Yield Stress	Inelastic Strain
1	19100000	0
2	31700000	9.23183E-05
3	40700000	0.000275347
4	45800000	0.000537455
5	47400000	0.000869519
6	46200000	0.001258207
7	41800000	0.00189134
8	33900000	0.002961085
9	27600000	0.003997395
10	22900000	0.00500009
11	19500000	0.005978625
12	16900000	0.006940543
13	14900000	0.007890898
14	13300000	0.008833011
15	12000000	0.009769095
16	10900000	0.010700658
17	10000000	0.011628758
18	9270000	0.012554152
19	8030000	0.014398902
20	7090000	0.016237902
21	6340000	0.01807293
22	5230000	0.021735168

b) 压缩损伤

	Damage Parameter	Inelastic Strain
1	0	0
2	0.065554108	9.23183E-05
3	0.135216228	0.000275347
4	0.205727567	0.000537455
5	0.277336662	0.000869519
6	0.348925526	0.001258207
7	0.445742521	0.00189134
8	0.568126052	0.002961085
9	0.651500793	0.003997395
10	0.709771419	0.00500009
11	0.75212852	0.005978625
12	0.784063026	0.006940543
13	0.80889678	0.007890898

c) 抗拉强度

	Yield Stress	Cracking Strain
1	2950000	0
2	2850000	1.38E-05
3	2610000	3.64E-05
4	2240000	7.35E-05
5	1960000	0.000109
6	1740000	0.000142
7	1580000	0.000175
8	1450000	0.000208
9	1350000	0.000239
10	1260000	0.000271
11	1180000	0.000302
12	1120000	0.000333
13	1060000	0.000363
14	1010000	0.000394
15	928000	0.000455
16	860000	0.000515
17	803000	0.000575
18	714000	0.000696
19	646000	0.000815
20	592000	0.000935
21	548000	0.00105
22	512000	0.00117

d) 拉伸损伤

	Damage Parameter	Cracking Strain
1	0	0
2	0.0236	1.38E-05
3	0.0651	3.64E-05
4	0.141	7.35E-05
5	0.217	0.000109
6	0.289	0.000142
7	0.356	0.000175
8	0.416	0.000208
9	0.47	0.000239
10	0.518	0.000271
11	0.56	0.000302
12	0.597	0.000333
13	0.631	0.000363
14	0.66	0.000394
15	0.71	0.000455
16	0.749	0.000515
17	0.781	0.000575

图 7.15 混凝土参数

第 7 章　楼板在冲击力作用下的实例分析方法

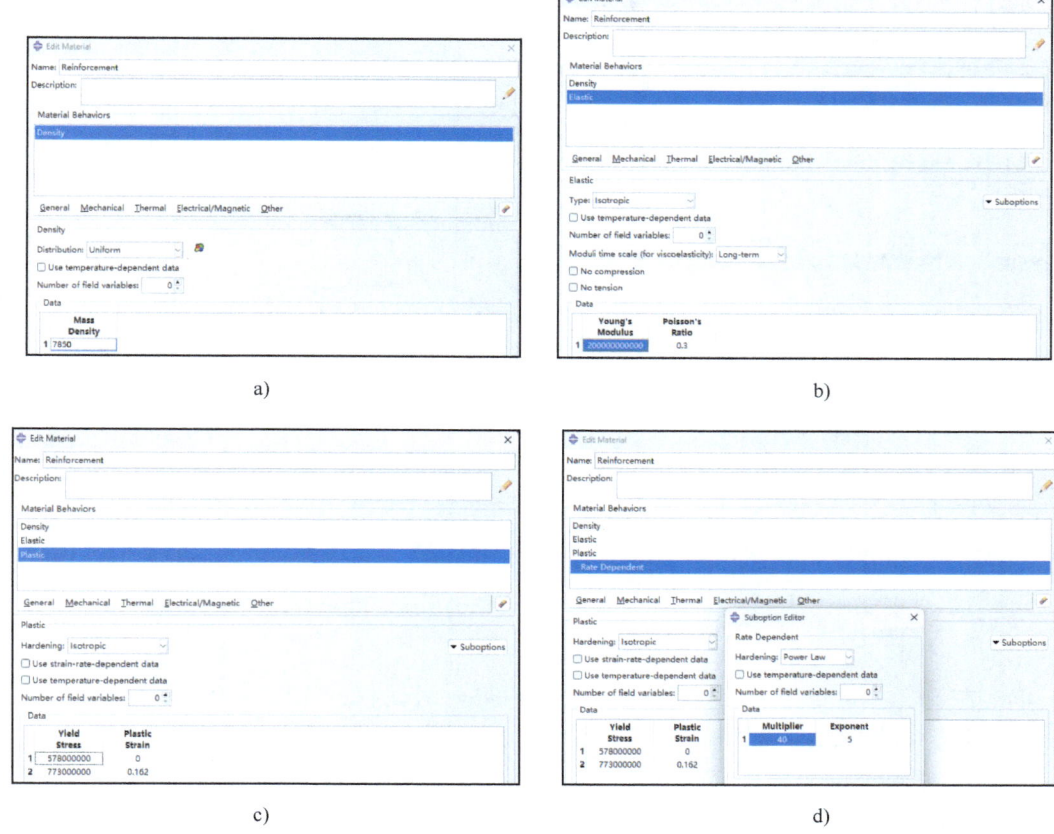

图 7.16　钢筋 Edit Material 对话框

单击左侧工具区的 ![icon] 按钮，弹出 Edit Material 对话框，在 Name 文本框中输入 Hammer，重复上述操作，分别输入图 7.17 的数据，即可完成落锤材料的建立，此处不再赘述。

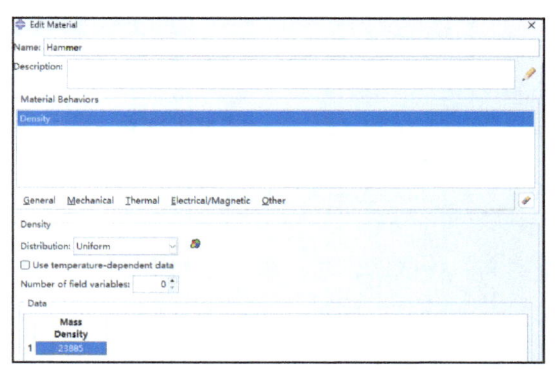
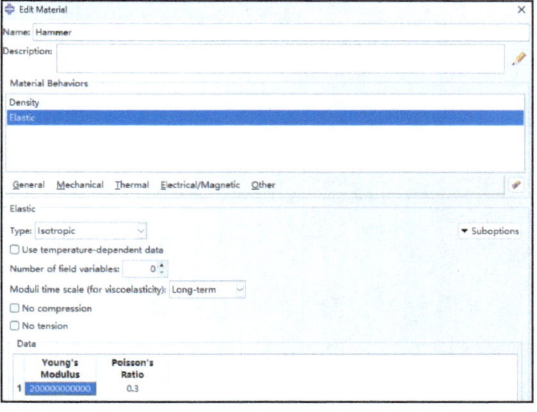

图 7.17　落锤 Edit Material 对话框

单击左侧工具区的 按钮，弹出 Edit Material 对话框，在 Name 文本框中输入 Support，重复上述操作，分别输入图 7.18 的数据，即可完成支座材料的建立，此处不再赘述。上部支座、下部支座及锚杆的材料模型一致。

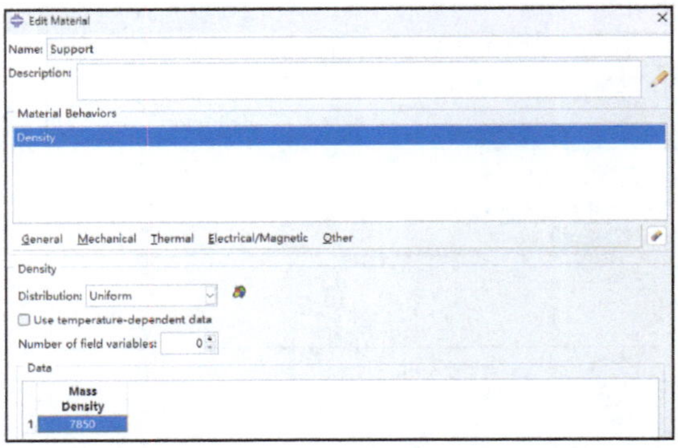

图 7.18 支座 Edit Material 对话框

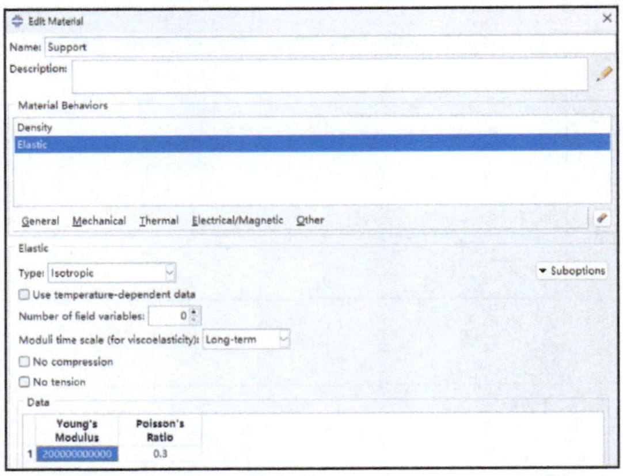

2. 创建截面属性

单击左侧工具区的 按钮，弹出 Create Section 对话框，如图 7.19 所示，将 Category（种类）设为 Solid，Type 设为 Homogeneous（均质），剩余参数保持默认值不变；单击 Continue 按钮，弹出 Edit Section 对话框，在 Material 栏目中选择上一步创建的 Concrete，如图 7.20 所示；单击 OK 按钮，退出 Edit Section 对话框，完成混凝土截面属性的创建。落锤和支座截面属性创建同混凝土一致，这里不再赘述。

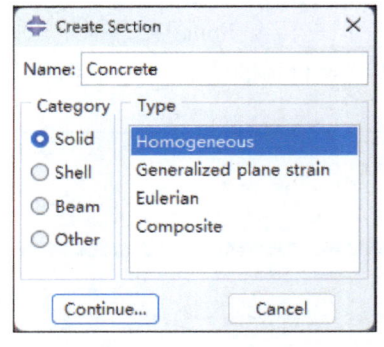

图 7.19 混凝土 Create Section 对话框

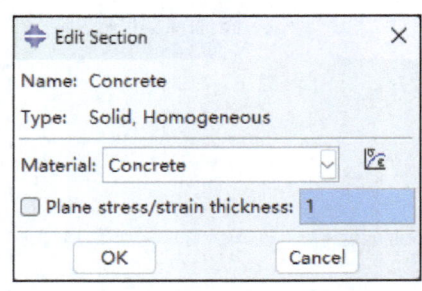

图 7.20 混凝土 Edit Section 对话框

本算例中只有一种直径的钢筋，所以只需要定义一种截面属性。单击左侧工具区的 按钮，弹出 Create Profile 对话框，如图 7.21a 所示。在 Name 文本框中输入 Reinforcement，将 Shape 设为 Circular；单击 Continue 按钮，弹出 Edit Profile 对话框，如图 7.21b 所示，在 r 文本框中输入钢筋半径 0.005；单击 OK 按钮，完成钢筋直径的创建。单击左侧工具区的 按钮，弹出 Create Section 对话框，如图 7.21c 所示，将 Category（种类）设为 Beam，Type 设为 Beam，剩余参数保持默认值不变；单击 Continue 按钮，弹出 Edit Beam Section 对话框，Profile name 选择 Reinforcement，在 Name 文本框中输入 Reinforcement；单击 OK 按钮，退出 Edit Section 对话框，完成直径为 10 mm 的钢筋截面属性的创建。

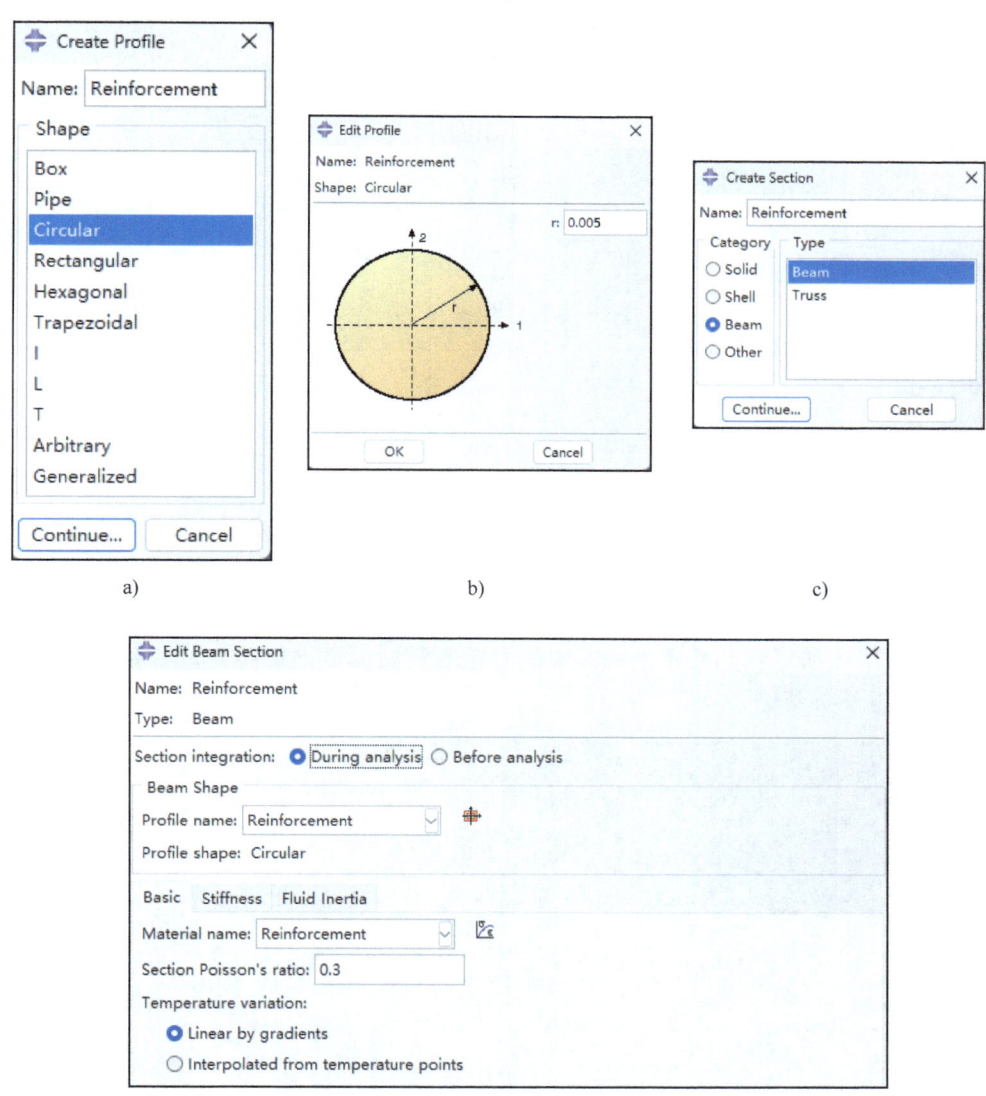

图 7.21 创建钢筋截面属性

3. 赋予截面属性

在窗口栏的 Part（部件）列表中选择 Concrete。单击左侧工具区的按钮，提示区显示 Seclect the regions to be assigned a section（选择赋予截面属性的区域），用左键框选模型；单击中键确认，弹出 Edit Section Assignment 对话框，Section 选择上一步创建的混凝土截面 Concrete，如图 7.22 所示；单击 OK 按钮，退出 Edit Section Assignment 对话框，模型由白色变成青色，如图 7.23 所示，混凝土截面属性赋予完成。重复上述步骤，赋予钢筋、落锤和支座截面属性。

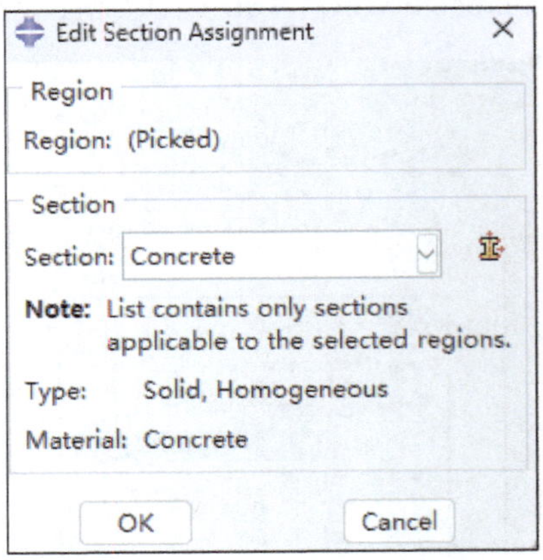

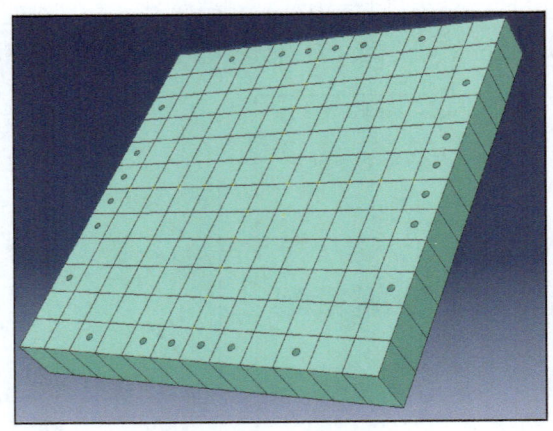

图 7.22 Edit Section Assignment 对话框

图 7.23 赋予截面属性

4. 定义梁截面方向

由于钢筋是梁单元，因此需要定义梁截面方向，单击左侧工具区的 按钮，提示区显示 Select the regions to be assigned a beam section orientation（选择要分配梁截面方向的区域），用左键框选钢筋部件；单击中键，提示区显示 Enter an approximate n1 direction（tangent vectors are shown）（输入近似的 n1 方向（切线向量显示）），在右边框内输入（0,1,1），单击中键，如图 7.24 所示；然后单击 OK 按钮，完成梁截面方向的指定。其他钢筋部件操作与之类似，这里不再赘述。

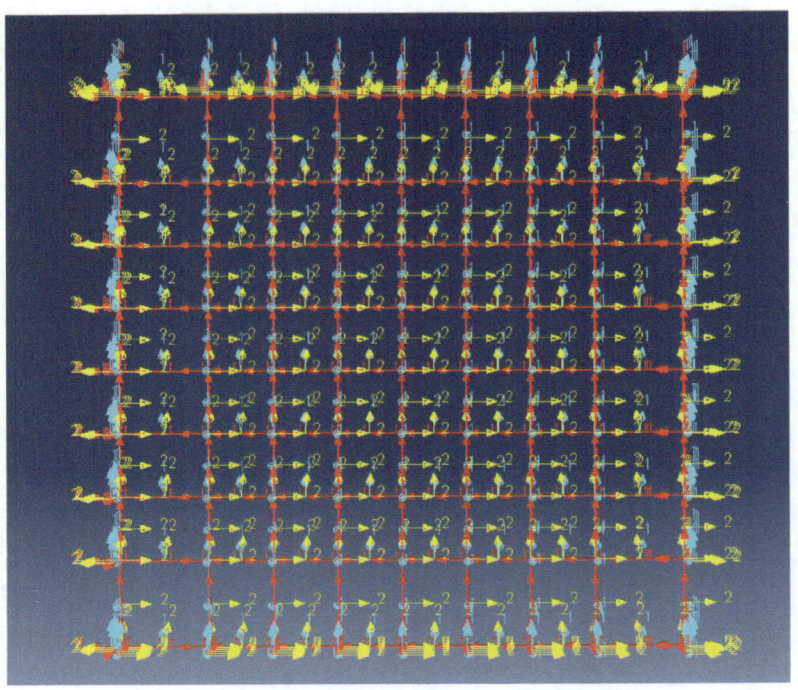

图 7.24 定义梁单元截面方向

7.2.3 定义装配件

在窗口栏的 Module（模块）列表中选择 Assembly（装配）功能模块。

1. 创建钢筋网

单击左侧工具区的 按钮，弹出 Create Instance 对话框，如图 7.25a 所示，选择 Reinforcement，然后单击 OK 按钮，此时绘图区显示单根钢筋模型。单击左侧工具区的 按钮，旋转该单根钢筋，提示区显示 Select the instances to rotate（选择要旋转的实例），用左键框选模型；单击中键确认，提示区显示 Select an axis or a start point for the rotation vector——or enter X, Y, Z（为旋转矢量选择一个轴或起点——或者输入 X, Y, Z），在提示区输入坐标（0, -1, 0）；提示区显示 Select an end point for the rotation vector or enter X, Y, Z（为旋转向量选择一个终点或输入 X, Y, Z），在提示区输入坐标（0, 1, 0）；单击中键，提示区显示 Angle of rotation，在提示区输入 -90，完成该单根钢筋的旋转。

单击左侧工具区的 按钮，用左键框选绘图区钢筋；按回车键，弹出 Linear Pattern 对话框，在 Direction 1 选项组中，Number 选择 2，Offset 文本框中填入 0.18，选择合适的方向进行阵列，本算例中往 X 轴的负方向进行阵列；在 Direction 2 选项组中，Number 选择 1，如图 7.25b 所示；单击 OK 按钮完成阵列。然后再阵列一次。单击左侧工具区的 按钮，用左键框选绘图区靠近 X 轴负方向的一根钢筋；按回车键，弹出 Linear Pattern 对话框，在 Direction 1 选项组中，Number 选择 7，Offset 文本框中填入 0.13，同样往 X 轴的负方向进行阵列；在 Direction 2 选项组中，Number 选择 1，如图 7.25c 所示；单击 OK 按钮完成阵列。最后再阵列一次，操作同第一次阵列，注意选择的钢筋为 X 轴负方向最边上的一根。以上操作完成了单排钢筋的创建，如图 7.26 所示。

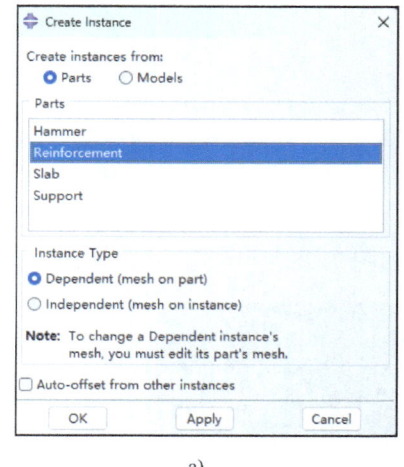
a)
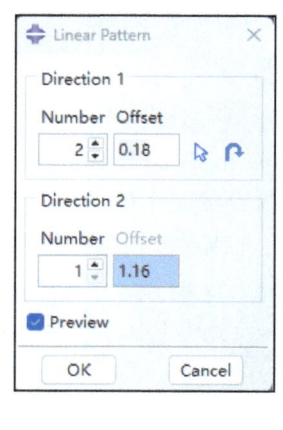
b)
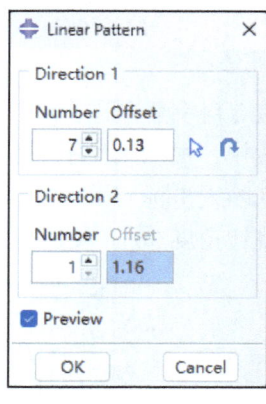
c)

图 7.25 钢筋网创建

随后再单击左侧工具区的 按钮，用左键框选全部钢筋；按回车键，为了能和第一排钢筋区分开来，这里设定阵列间距稍大一点，在弹出的 Linear Pattern 对话框中，Direction 1 选项组的 Number 选择 1，Direction 2 选项组的 Number 选择 2，Offset 文本框中填入 2，完成第二排钢筋的创建，如图 7.27 所示。

图 7.26　创建单排钢筋

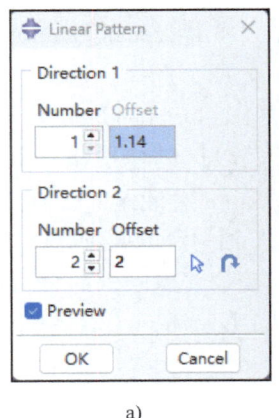

a)

b)

图 7.27　阵列钢筋网

接着对钢筋网进行组装。先将第一排和第二排钢筋移动到同一个位置。单击左侧工具区的 按钮，提示区显示 Select the instances to rotate，用左键框选第二排钢筋；单击中键，在提示区输入坐标（0,0,-1）；然后按回车键，再在提示区输入坐标（0,0,-1）；按回车键，输入旋转角度 90°；按回车键，完成第二排钢筋旋转，如图 7.28 所示。

图 7.28　旋转钢筋网

第 7 章　楼板在冲击力作用下的实例分析方法

单击左侧工具区的 按钮，提示区显示 Select the instances to translate，用左键框选第二排钢筋；单击中键，然后选取第二排钢筋某一节点；单击中键，然后再用左键选取第一排钢筋与之垂直对应的节点；单击中键，完成钢筋网初步移动。重复上述操作，继续单击左侧工具区的 按钮，按住〈Shift〉键可以进行多选，选取第二排钢筋；单击中键两次，再在提示区输入坐标（0.01，-0.01，0），单击中键，完成钢筋网的创建，如图 7.29 所示。

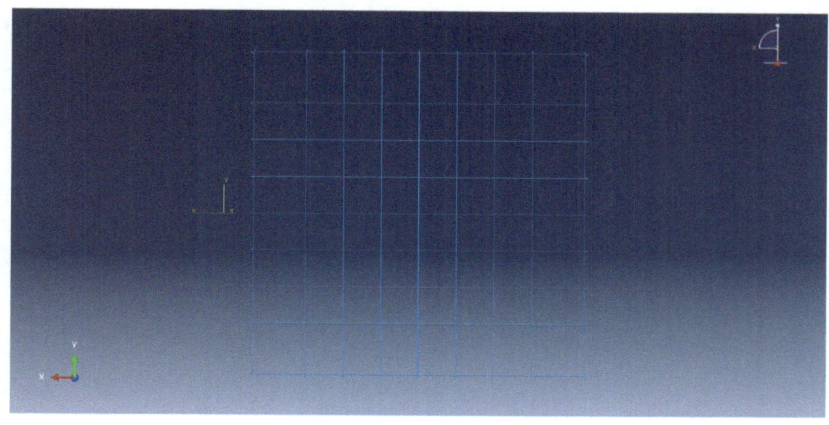

图 7.29　装配钢筋网

为方便操作，将钢筋骨架 Merge 成为一个部件。单击左侧工具区的 按钮，弹出 Merge/Cut Instances 对话框，如图 7.30 所示。在 Part name 文本框中输入 Top-bar，单击 Continue 按钮；提示区显示 Select the Instance to merge，框选所有钢筋实体；单击中键确认，完成操作。

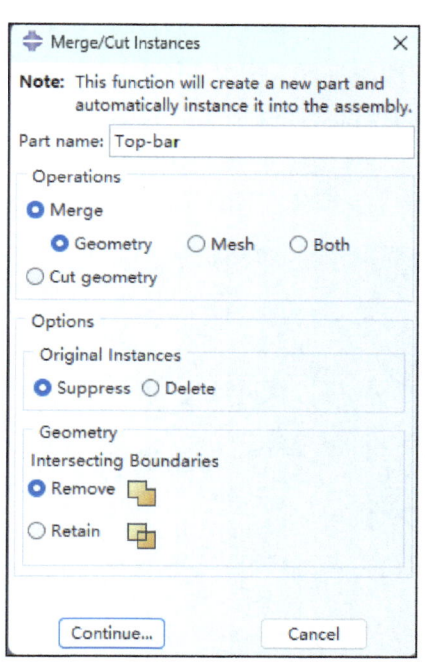

图 7.30　Merge/Cut Instances 对话框

打开左侧模型树的 Parts 项目，右击部件 Top-bar，选择 Copy 选项，弹出 Part Copy 对话框，在 Copy Top-bar to 文本框中输入 Bottom-bar，单击 OK 按钮，完成底部钢筋网部件的创建，如图 7.31 所示。

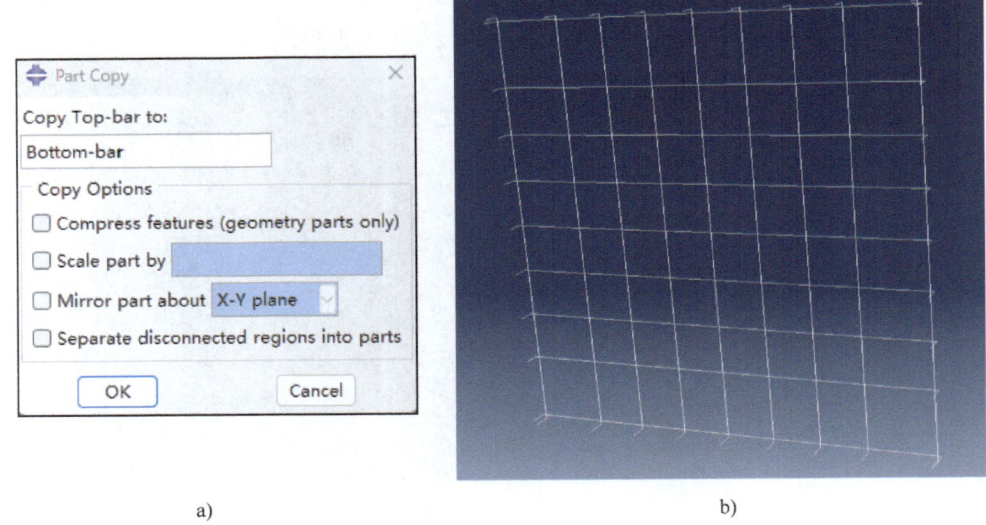

图 7.31　复制部件

2. 装配部件

单击左侧工具区的 按钮，提示区显示 Select the instances to translate；单击提示区右侧 Instances 按钮，弹出 Instance Selection 对话框，选择 Bottom-bar；单击 OK 按钮。单击中键，选择默认初始坐标，然后在提示区框内输入坐标（0,0,0.1）；单击中键，完成底部钢筋网的移动。单击左侧工具区的 按钮，提示区显示 Select the instances to rotate；单击提示区右侧 Instances 按钮，弹出 Instance Selection 对话框，选择 Bottom-bar；单击 OK 按钮，在提示区输入坐标（0,0,-1）；然后按回车键，再在提示区输入坐标（0,0,-1）；按回车键，输入旋转角度 180°；按回车键，完成底部钢筋网的旋转，如图 7.32 所示。

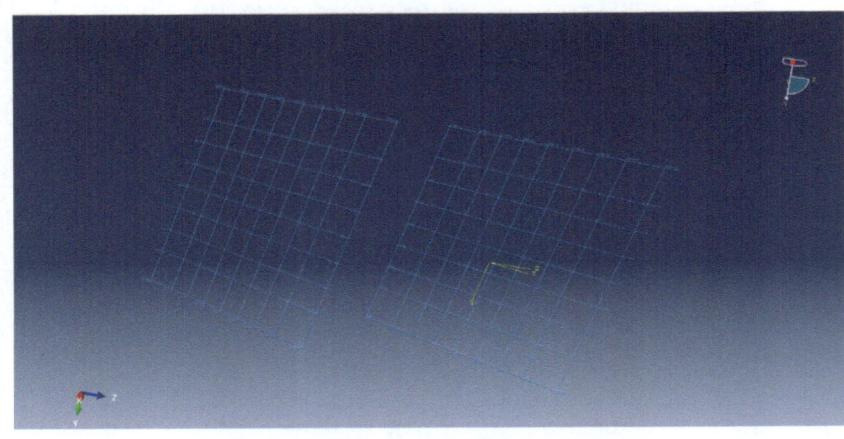

图 7.32　装配两排钢筋网

单击左侧工具区的 按钮，弹出 Create Instance 对话框，选择 Slab；然后单击 OK 按钮，此时绘图区显示楼板模型。单击左侧工具区的 按钮，单击提示区右侧 Instances 按钮，弹出 Instance Selection 对话框，选择 Top-bar；单击 OK 按钮，然后选取第一个点，该点选取 Top-bar 部件的中心点；单击中键，再选取楼板顶部中心点为第二个点；再单击中键，完成楼板和顶部钢筋的装配。单击左侧工具区的 按钮，单击提示区右侧 Instances 按钮，弹出 Instance Selection 对话框，选择 Top-bar；单击 OK 按钮，单击中键，选择默认初始坐标，然后在提示区框内输入坐标（0,0,0.018）；单击中键，完成顶部混凝土保护层厚度的创建。底部钢筋网和楼板的装配与之类似，注意底部钢筋网的位置和移动的方向，这里不再赘述。装配好的混凝土楼板和钢筋网如图 7.33 所示。

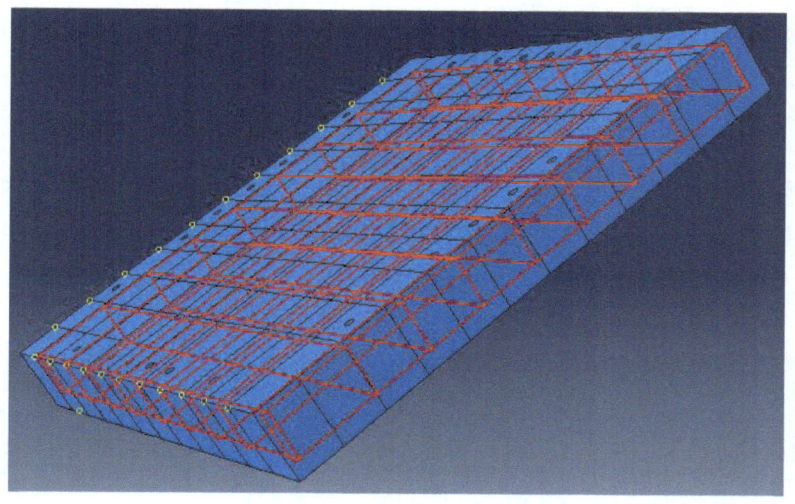

图 7.33 钢筋网和混凝土楼板装配件

单击左侧工具区的 按钮，弹出 Create Instance 对话框，选择 Hammer；然后单击 OK 按钮，此时绘图区显示落锤模型。单击左侧工具区的 按钮，单击提示区右侧 Instances 按钮，弹出 Instance Selection 对话框，选择 Top-bar；单击 OK 按钮，单击中键，选择默认初始坐标，然后在提示区框内输入坐标（0,0,-0.4）；单击中键，完成落锤的装配，如图 7.34 所示。

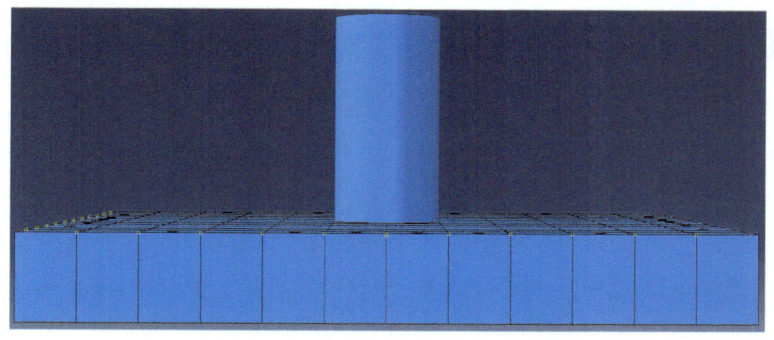

图 7.34 落锤和混凝土楼板装配件

单击左侧工具区的 按钮，弹出 Create Instance 对话框，选择 Support；然后单击 OK 按钮，此时绘图区显示支座模型。参考创建钢筋网的方法，将支座、锚杆移动、阵列、旋转，形成图 7.35 所示的支座三维图形。单击 按钮，显示所有实例，如图 7.36 所示。

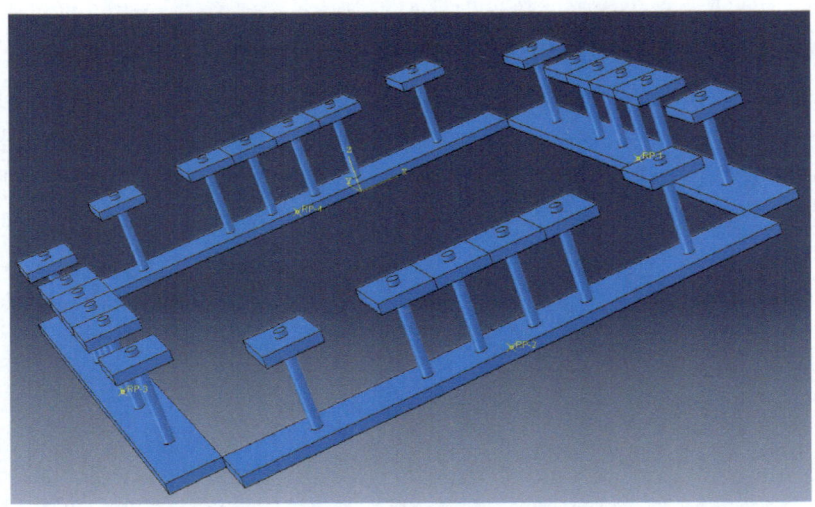

图 7.35　支座装配件

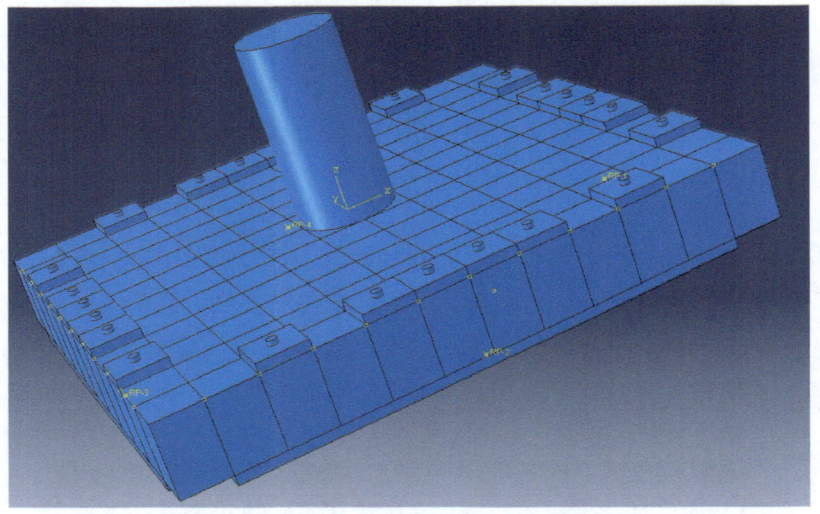

图 7.36　整个模型装配件

7.2.4　设置分析步

1. 创建分析步

在窗口栏的 Module（模块）列表中选择 Step（分析步）功能模块。单击左侧工具区的 按钮，弹出 Create Step 对话框，在 Name 文本框中输入 Step-1，如图 7.37 所示，Procedure type 选择 General，在其下的下拉列表中选择 Dynamic,Explicit。单击 Continue 按

第7章 楼板在冲击力作用下的实例分析方法

钮，弹出 Edit Step 对话框，将 Time period 改为 0.03，如图 7.38 所示，剩余参数保持默认值不变；单击 OK 按钮，退出 Edit Step 对话框，完成分析步的创建。

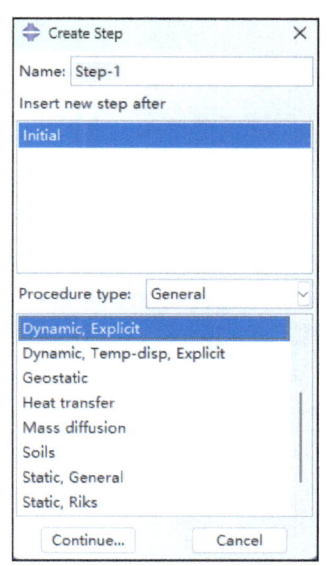

图 7.37 Create Step 对话框

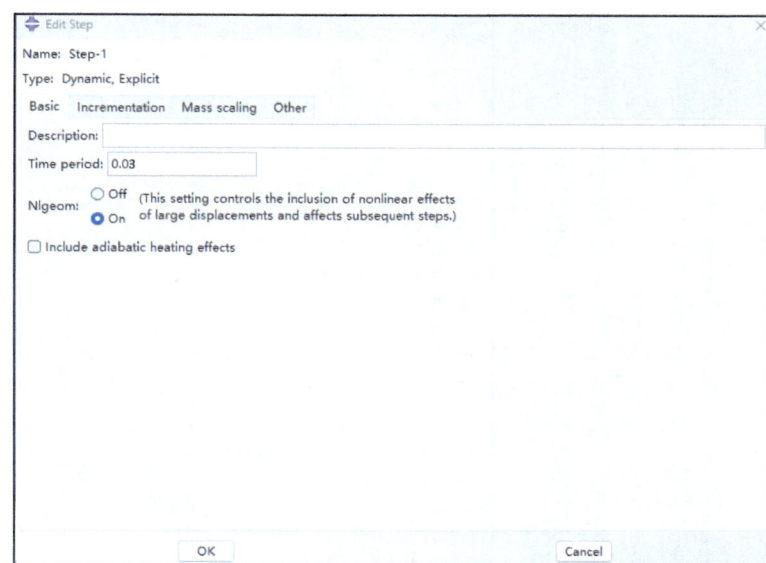

图 7.38 Edit Step 对话框

2. 输出变量

读者可以根据需要在 Step 中调整场变量和历史变量的输出数量。

选择主菜单 Output→Field Output Requests→Manager 选项，弹出 Field Output Requests Manager 对话框，如图 7.39 所示。单击 Edit 按钮，弹出 Edit Field Output Request 对话框，如图 7.40 所示。系统已经默认选择了 Stresses、Strains、Displacement/Velocity/Acceleration、Forces/Reactions 和 Contact 选项，这里打开 Failure/Fracture 栏，勾选 DAMAGEC、Compressive damage 选项和 DAMAGET、Tensile damage 选项；Frequency 选择 Every x units of time 选项，并在 x 文本框中输入 5E-05。读者可以根据自己的需要，增加或减少输出变量的数量。单击 OK 按钮，完成场变量的输出。

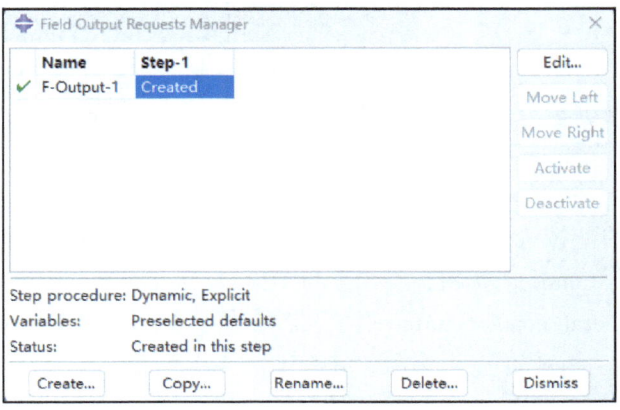

图 7.39 Field Output Requests Manager 对话框

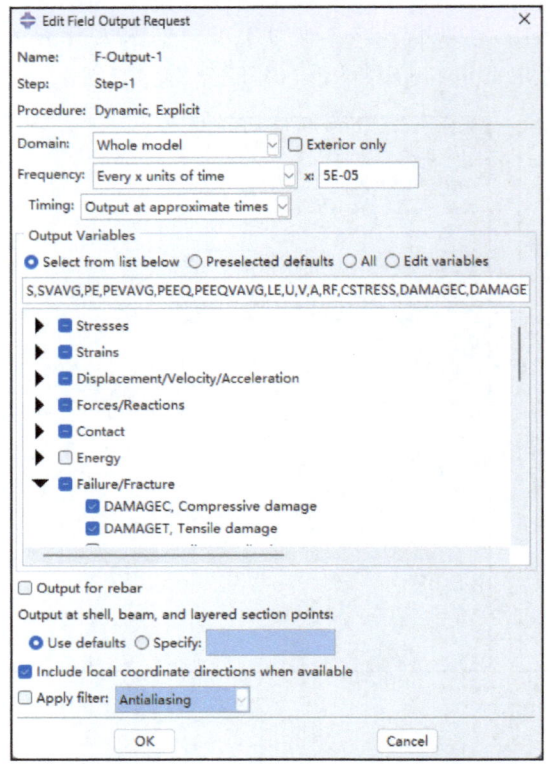

图 7.40 Edit Field Output Request 对话框

首先定义接触面。双击左侧工具区的 Surfaces 按钮，弹出 Create Surface 对话框，在 Name 文本框中输入 Hammer-Slab，如图 7.41 所示；单击 Continue 按钮，提示区显示 Select the regions for the surface（为表面选择区域），左键选中落锤底部；单击中键，完成接触面的选取，如图 7.42 所示。

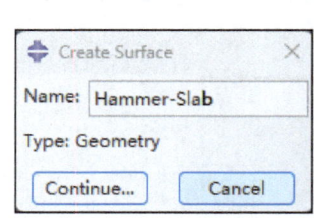

图 7.41 Create Surface 对话框

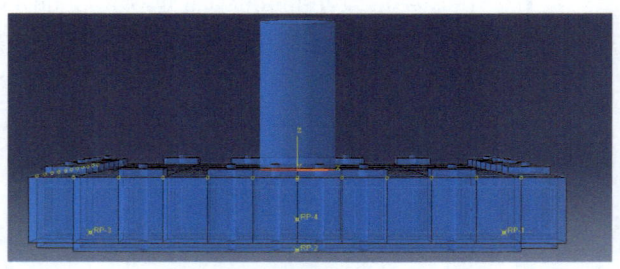

图 7.42 完成接触面定义

单击左侧工具区的按钮，弹出 Create History 对话框，在 Name 文本框中输入 H-Output-1，如图 7.43 所示；单击 Continue 按钮，弹出 Edit History Output Request 对话框，如图 7.44 所示。Domain 选择 General contact surface，并在右边下拉列表选中预先创建的接触面；Frequency 选择 Every x units of time 选项，并在 x 文本框中输入 0.0001。在 Output Variables 选项组中，选择 Contact→CFN, Total forces due to contact pressure→CFN3；单击 OK 按钮，完成历史变量的输出。

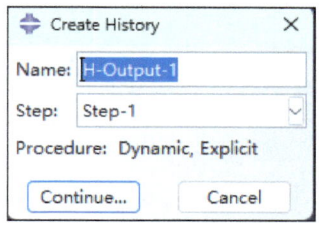

图 7.43　Create History 对话框

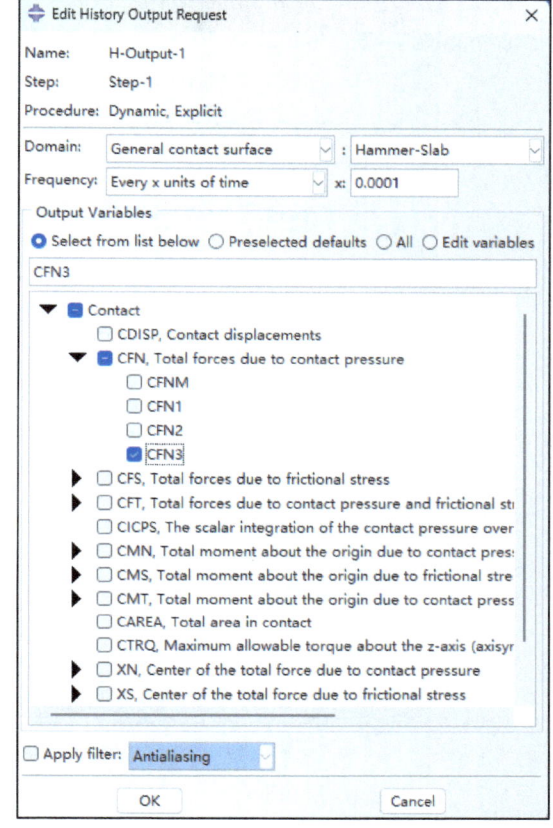

图 7.44　Edit History Output Request 对话框

7.2.5　定义相互作用

在窗口栏的 Module（模块）列表中选择 Interaction（相互作用）功能模块。

1. 定义接触属性

单击左侧工具区的 ![按钮] 按钮，弹出 Create Interaction Property 对话框，如图 7.45 所示，

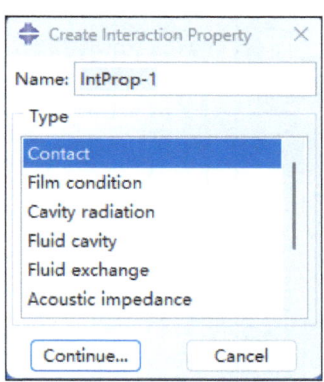

图 7.45　Create Interaction Property 对话框

Type 选择 Contact 选项；单击 Continue 按钮，弹出 Edit Contact Property 对话框，如图 7.46 所示。单击 Mechanical→Tangential Behavior，将 Friction formulation 设置为 Penalty，Friction Coeff 设置为 0.1；单击 OK 按钮，完成接触属性的定义。

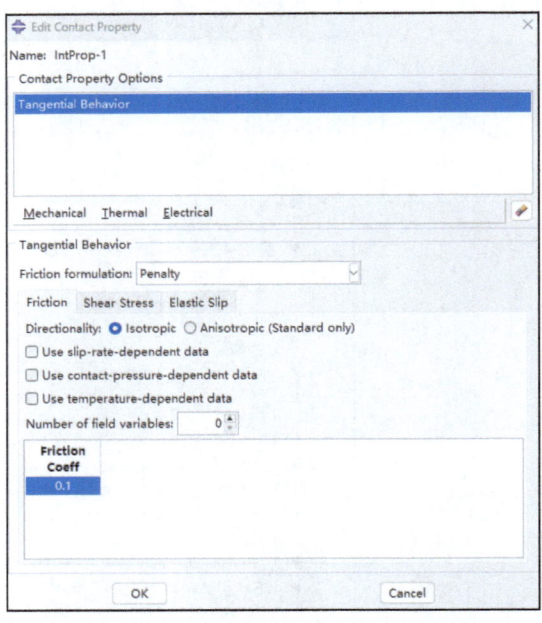

图 7.46　Edit Contact Property 对话框

2. 定义接触

单击左侧工具区的 按钮，弹出 Create Interaction 对话框，如图 7.47 所示，Types for Selected Step 选择 General contact（Explicit），其他默认即可；单击 Continue 按钮，弹出 Edit Interaction 对话框，如图 7.48 所示，在 Global property assignment 中选择上一步创建的 IntProp-1；单击 OK 按钮，完成通用接触的定义。

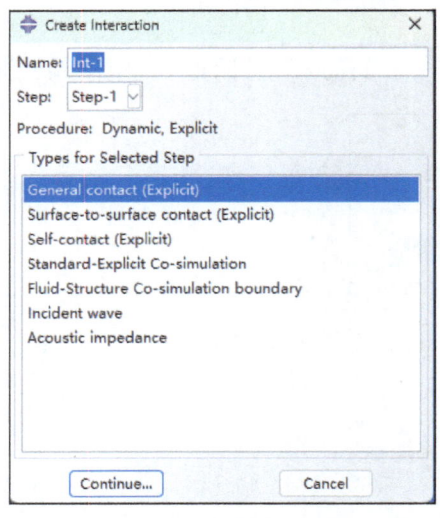

图 7.47　Create Interaction 对话框

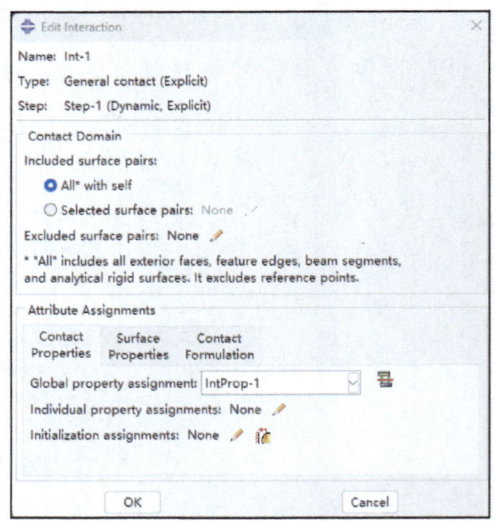

图 7.48　Edit Interaction 对话框

3. 钢筋嵌入定义

单击左侧工具区的 按钮，弹出 Create Constraint（创建约束）对话框，如图7.49所示；在 Name 文本框中输入 Constraint-1，Type 选择 Embedded region，提示区显示 Select the embedded region（选择嵌入的部分），选择 all reinforcement 部件；单击中键确认，提示区显示 Selection the method for host region（选择主区域的方法）；单击 Select Region 按钮，然后用左键框选混凝土板部件；单击中键，完成主区域的选取，弹出 Edit Constraint 对话框，如图7.50所示，保持所有参数默认值不变；单击 OK 按钮，退出 Edit Constraint 对话框，完成钢筋骨架与混凝土约束关系的定义，如图7.51所示。

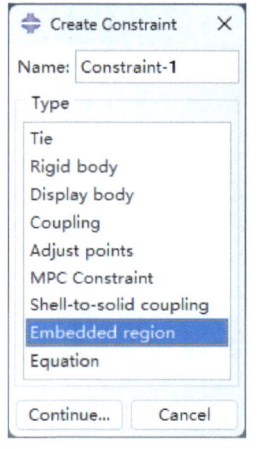

图 7.49　Create Constraint 对话框　　　图 7.50　Edit Constraint 对话框

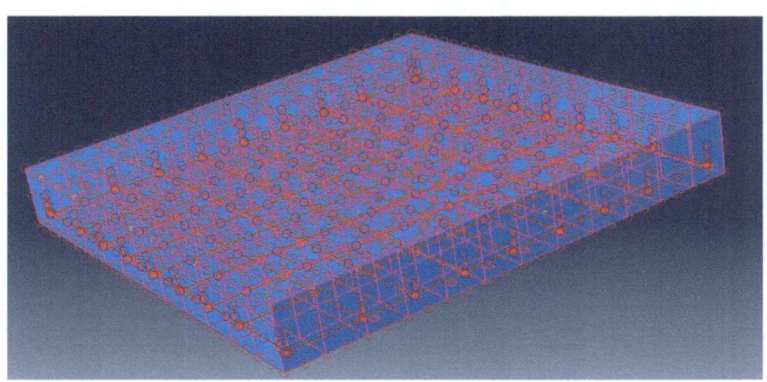

图 7.51　定义嵌入后的模型

4. 支座耦合定义

首先需要创建耦合控制点，第一步是查询支座底部中点坐标。单击顶部工具栏的 Tools→Query，弹出 Query 对话框，选择 Point/Node 选项，确定最左侧支座耦合控制点位置；单击支座中心两边节点，查询到坐标分别为（0.6,0,0.17）和（0.5,0,0.17），因此可以确定该支座板底部中心坐标为（0.55,0,0.17）；用同样的方法，得到各个支座板底部中心位置坐标分别为（-0.55,0,0.17）、（0,0.55,0.17）和（0,-0.55,0.17）。

第二步是创建控制节点。单击左侧工具区的 按钮，提示区显示 Select point to act as reference point -- or enter X,Y,Z（选择一个点作为参考点——或者输入 X，Y，Z），在框内输入第一步查询到的控制节点坐标；单击中键，完成四个控制节点的创建，如图 7.52 所示。

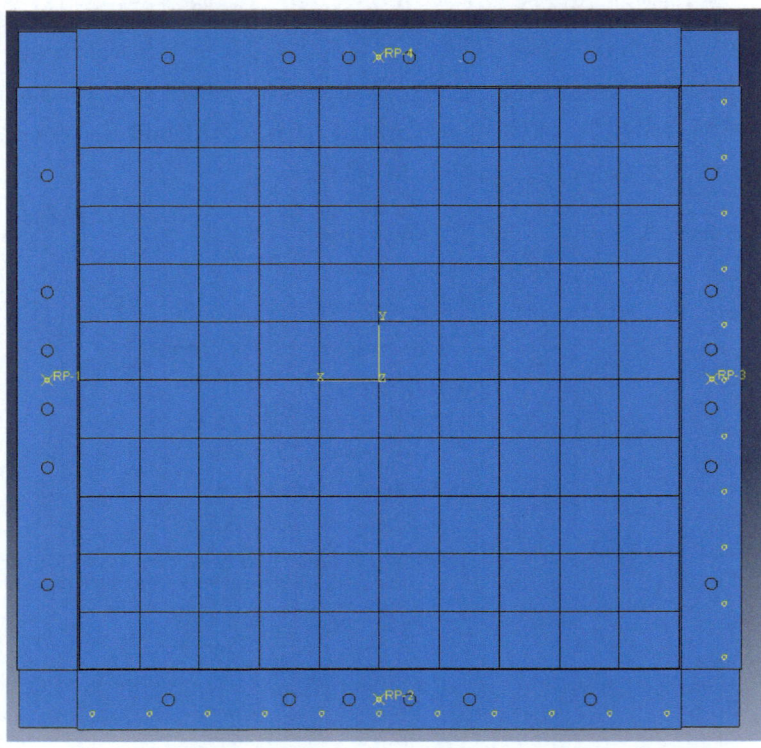

图 7.52　创建耦合控制点

单击左侧工具区的 按钮，弹出 Create Constraint（创建约束）对话框，如图 7.53a 所

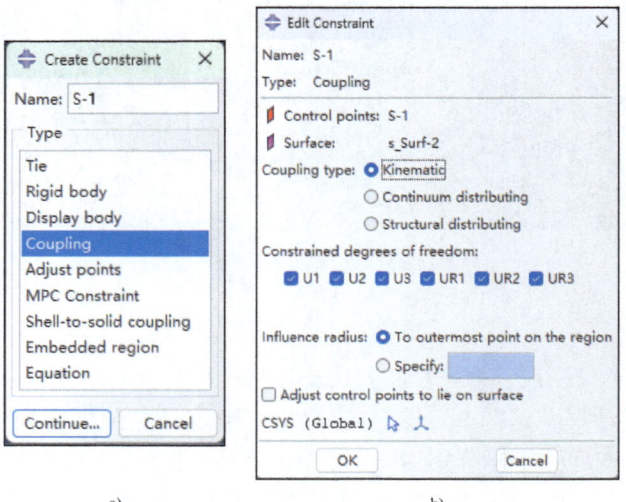

a)　　　　　　　　　　　b)

图 7.53　定义支座耦合

示；在 Name 文本框中输入 S-1，Type 选择 Coupling；单击 Continue 按钮，提示区显示 Select the constraint control points（选择耦合控制点），勾选 Create set，并在框内输入 S-1，然后依次选择上一步创建的耦合控制点 PR-1；单击中键，提示区显示 Select the constraint region type（选择耦合区域类型），这里选择 Surface，然后用左键选择需要耦合的面；单击中键，弹出 Edit Constraint 对话框，如图 7.53b 所示；单击 OK 按钮，完成支座耦合。其他支座类似操作，这里不再赘述。

5. 锚杆绑定定义

单击左侧工具区的 按钮，弹出 Create Constraint（创建约束）对话框，在 Name 文本框中输入 Tie，Type 选择 Tie；点击 Continue 按钮，提示区显示 Choose the master type（选择主类型），选择 Surface，在绘图区依次选择上部支座和下部支座内表面，如图 7.54a 所示；单击中键，再依次选择锚杆外表面，如图 7.54b 所示；单击中键，完成主从面的选取，弹出 Edit Constrain 对话框，如图 7.55 所示，所有参数保持默认值不变；单击 OK 按钮，完成锚杆的绑定定义。

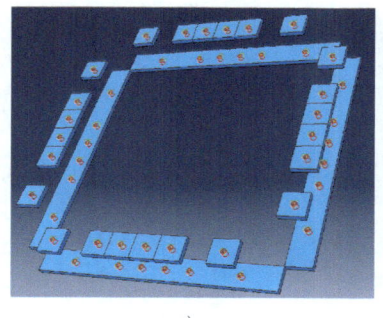
a)

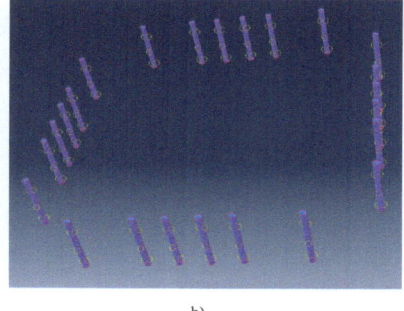
b)

图 7.54 锚杆绑定定义

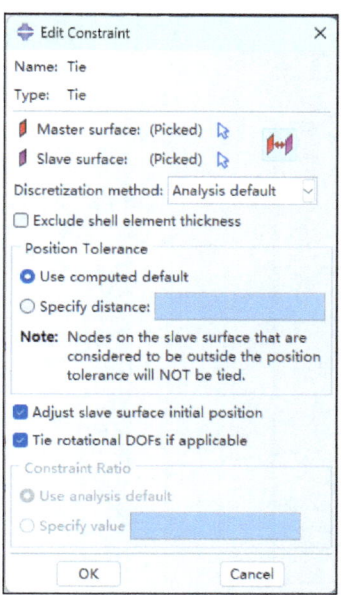

图 7.55 Edit Constrain 对话框

7.2.6 定义荷载和边界条件

在窗口栏的 Module 列表中选择 Load（载荷）功能模块，在此模块中定义支座约束并通过预定义场的功能对模型进行落锤初速度的定义。

1. 支座边界条件定义

单击左侧工具区的 ![] 按钮，弹出 Create Boundary Condition 对话框，如图 7.56 所示；Types for Selected Step 选择 Displacement/Rotation；单击 Continue 按钮，提示区显示 Select regions for the boundary condition（为边界条件选择区域）；单击 RP-1 节点，如图 7.57 所示；单击中键，弹出 Edit Boundary Condition 对话框，勾选全部 CSYS:(Global) 选项，使支座处于固定边界；单击 OK 按钮，完成上部支座约束定义，如图 7.58 所示。按照上述方法，完成其他底部支座约束定义，这里可以直接选取底部耦合控制节点进行约束，不再赘述。完成支座约束定义的模型如图 7.59 所示。

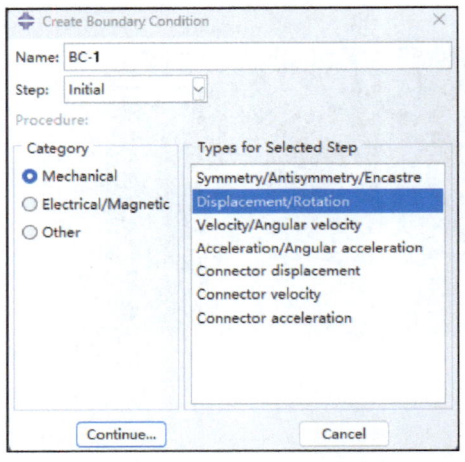

图 7.56 Create Boundary Condition 对话框

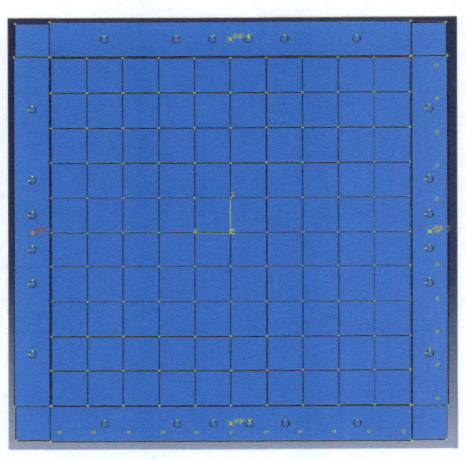

图 7.57 选择需要约束的区域

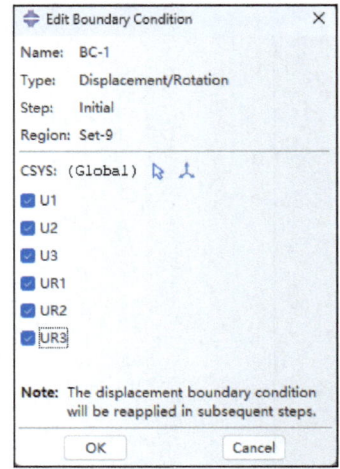

图 7.58 Edit Boundary Condition 对话框

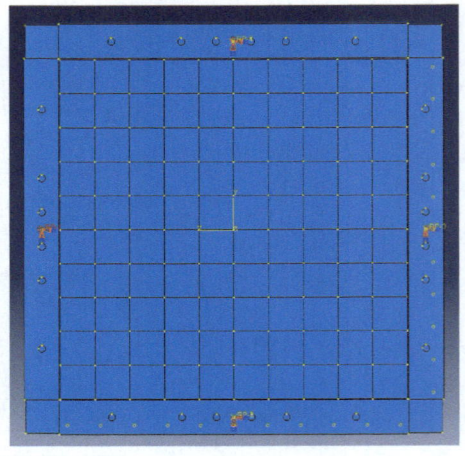

图 7.59 完成支座约束定义的模型

2. 定义落锤初速度

首先给落锤定义一个边界条件，使其在冲击前后均只向垂直于板方向移动。参考上一步定义落锤的约束，只释放 U3 方向自由度，约束其他方向自由度，如图 7.60 所示；单击 OK 按钮，完成落锤约束定义。

单击左侧工具区的 按钮，弹出 Create Predefined Field 对话框，如图 7.61 所示，Types for Selected Step 选择 Velocity；单击 Continue 按钮，提示区显示 Select regions for the field（为场选择区域），用左键框选落锤；单击中键，弹出 Edit Predefined Field 对话框，如图 7.62 所示；在 V3 文本框中输入 5，表述落锤冲击速度为 5 m/s，冲击方向为 Z 轴正方向；单击 OK 按钮，完成落锤初速度的定义。完成落锤约束和初速度定义的模型如图 7.63 所示。

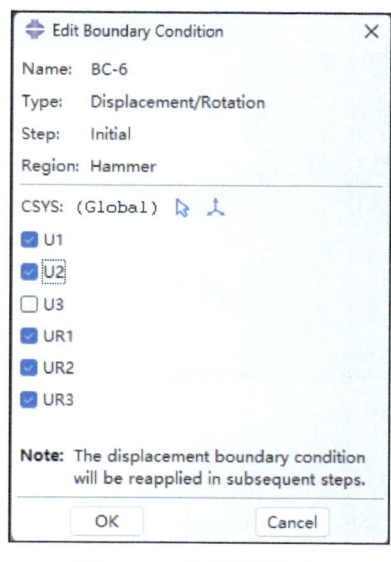

图 7.60　定义落锤约束

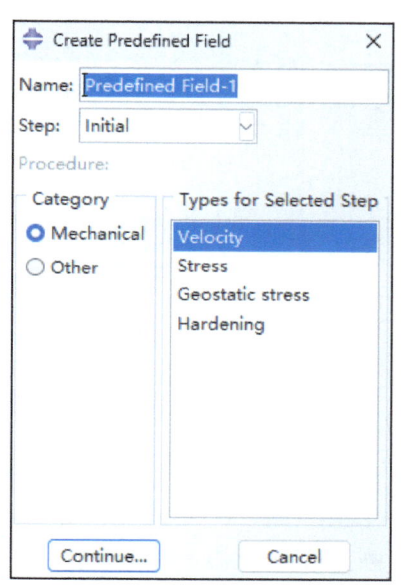

图 7.61　Create Predefined Field 对话框

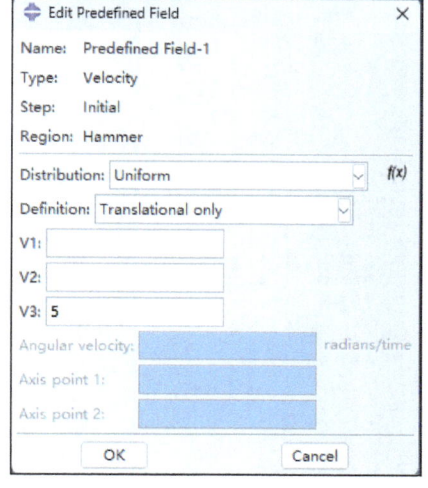

图 7.62　Edit Predefined Field 对话框

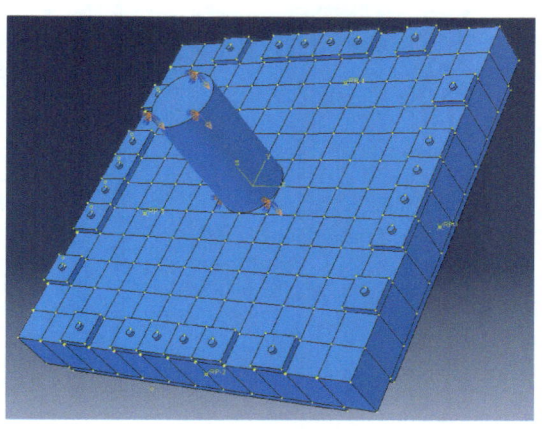

图 7.63　完成落锤约束和初速度定义的模型

7.2.7 划分网格

在环境栏的 Module 列表中选择 Mesh（网格）功能模块进行网格划分。将环境栏中的 Object 项设为 Part：Slab，即为部件 Slab 划分网格。

1. 布置边上种子

单击左侧工具区中的 按钮，弹出 Global Seeds 对话框，如图 7.64 所示，在 Approximate global size（全局单元尺寸）文本框中输入 0.015，剩余参数保持默认值不变；单击 Apply 按钮，模型按要求布满种子，如图 7.65 所示；单击 OK 按钮，退出 Global Seeds 对话框。

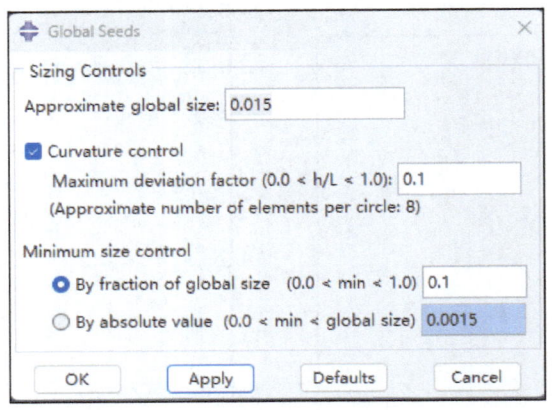

图 7.64　Global Seeds 对话框

2. 划分网格

单击左侧工具区中的 按钮，提示区出现是否给部件划分网格；单击 Yes 按钮，模型自动划分网格，如图 7.66 所示。

图 7.65　确定网格大小

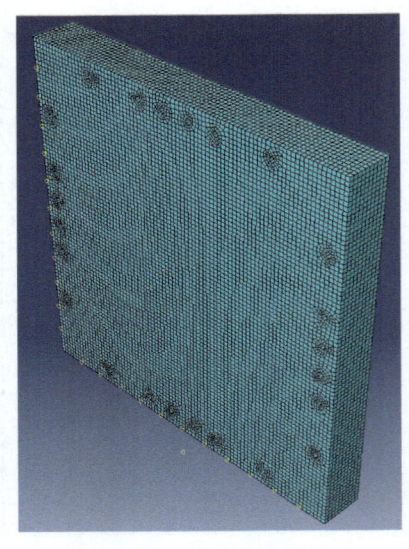

图 7.66　完成网格划分

3. 选择单元类型

单击左侧工具区的 ![按钮]按钮，用左键框选整个模型，弹出 Element Type 对话框，如图 7.67 所示，Family 选择 3D Stress 类型，取消勾选 Reduced integration，剩余参数保持默认值不变；单击 OK 按钮，退出 Element Type 对话框，完成单元类型的选择。

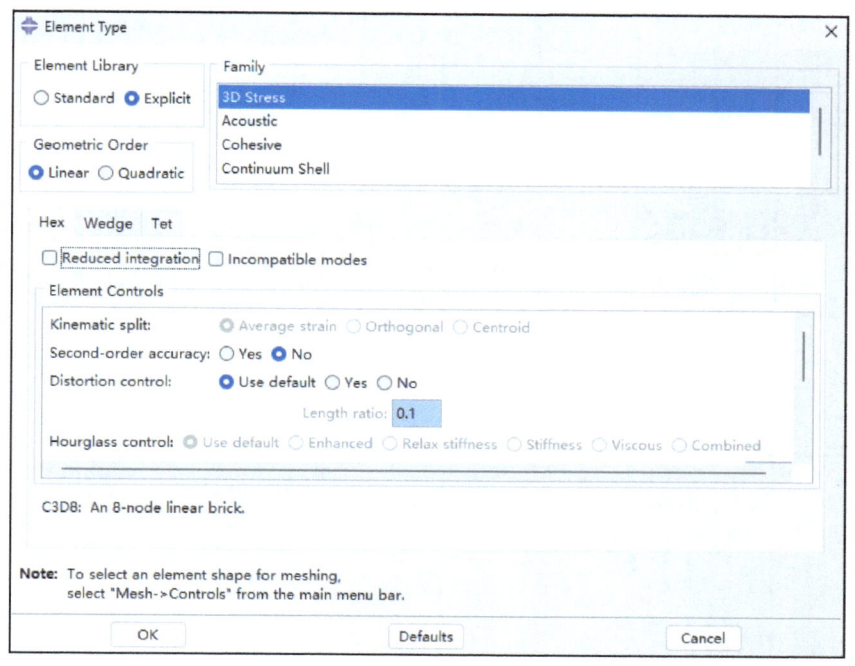

图 7.67　Element Type 对话框

重复上述操作，按照相同的方法对落锤、支座、锚杆和钢筋的几何模型进行网格划分及单元类型的选择，注意落锤、支座、锚杆勾选 Reduced integration 选项，此处不再赘述。

7.3　提交作业和后处理

7.3.1　提交计算作业

在环境栏的 Module 列表中选择 Job（作业）功能模块进行作业提交。

1. 创建计算作业

单击左侧工具区中的 ![按钮]按钮，弹出 Create Job 对话框，按图 7.68 所示设置相应参数；单击 Continue 按钮，弹出 Edit Job 对话框，所有选项保持默认值不变，如图 7.69 所示；单击 OK 按钮，退出 Edit Job 对话框。

2. 提交分析

选择主菜单 Job→Manager，弹出 Job Manager 对话框；单击 Submit（提交分析）选项，可以看到对话框中的 Status（状态）提示由 None（无）变为 Submitted（已提交）后变为 Running（运算中），最终显示为 Completed（完成）；单击对话框中的 Results（分析结果）按钮，自动进入 Visualization 模块。

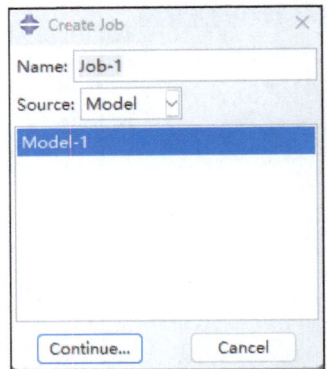

图 7.68　Create Job 对话框

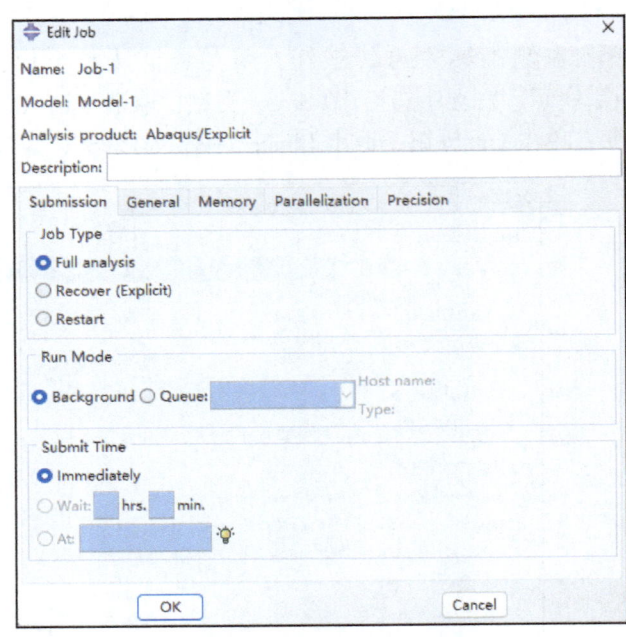

图 7.69　Edit Job 对话框

7.3.2　后处理

1. 显示应力云图

单击左侧工具区的按钮,绘图区显示模型云图;单击上方工具栏的按钮,在弹出的 Create Display Group 对话框中,单击 Part instances,多选 TOP-BAR 和 BOTTOM-BAR,再单击按钮,单击 Dismiss 按钮,此时绘图区显示钢筋骨架的应力云图,如图 7.70 所示。

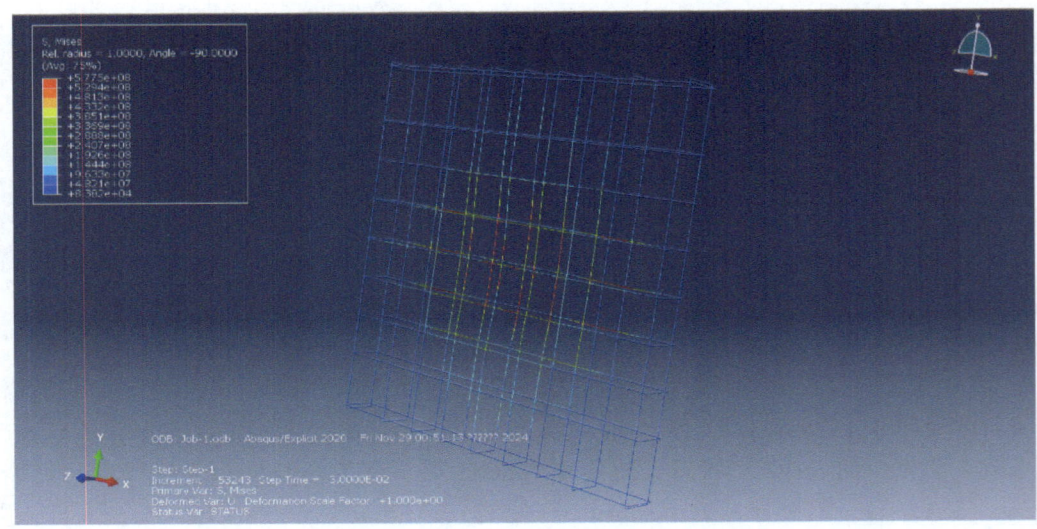

图 7.70　钢筋应力云图

第 7 章　楼板在冲击力作用下的实例分析方法

单击上方工具区的 ![icon]，在弹出的 Create Display Group 对话框中，单击 Part instances，多选 SLAB，再单击 ⊙ 按钮，单击 Dismiss 按钮，此时绘图区显示混凝土板的应力云图，如图 7.71 所示。

图 7.71　混凝土楼板应力云图

2. 显示混凝土损伤云图

单击主菜单 Field Output，弹出 Field Output 对话框，如图 7.72 所示。在 Primary Variable 选项卡选择 DAMAGEC（压缩损伤）；单击 OK 按钮，退出 Field Output 对话框。单击左侧工

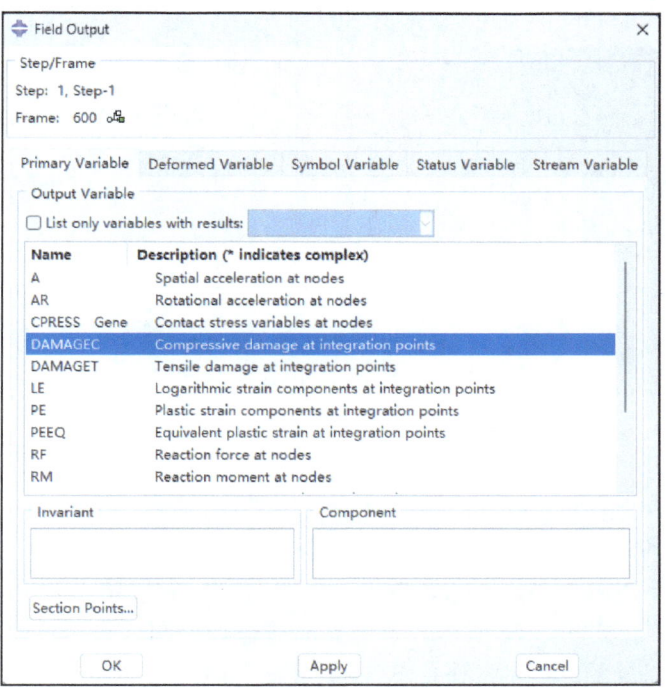

图 7.72　Field Output 对话框

具区的 按钮，此时绘图区将显示模型最后一个分析步结束时的压缩损伤图，如图 7.73 所示。同理，在 Primary Variable 选项卡选择 DAMAGET（拉伸损伤），即可查看混凝土板的拉伸损伤，如图 7.74 所示。

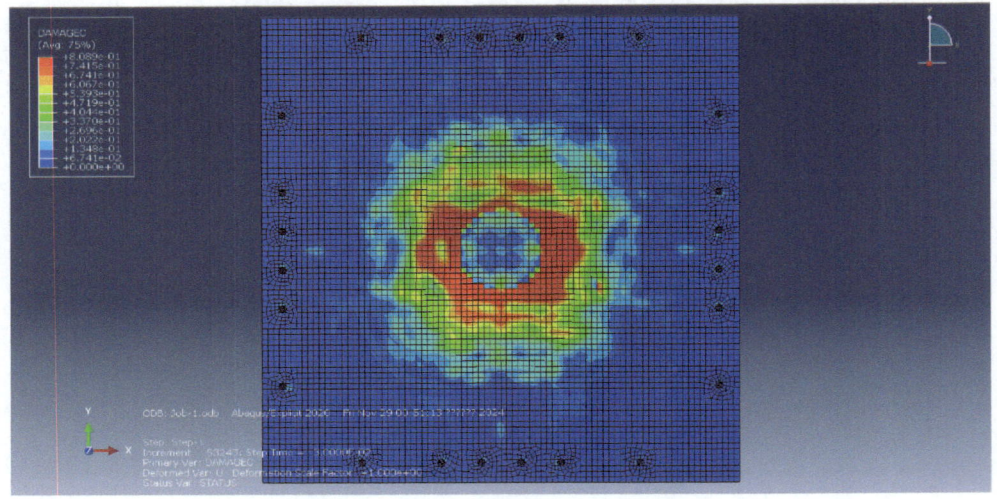

图 7.73　混凝土压缩损伤云图

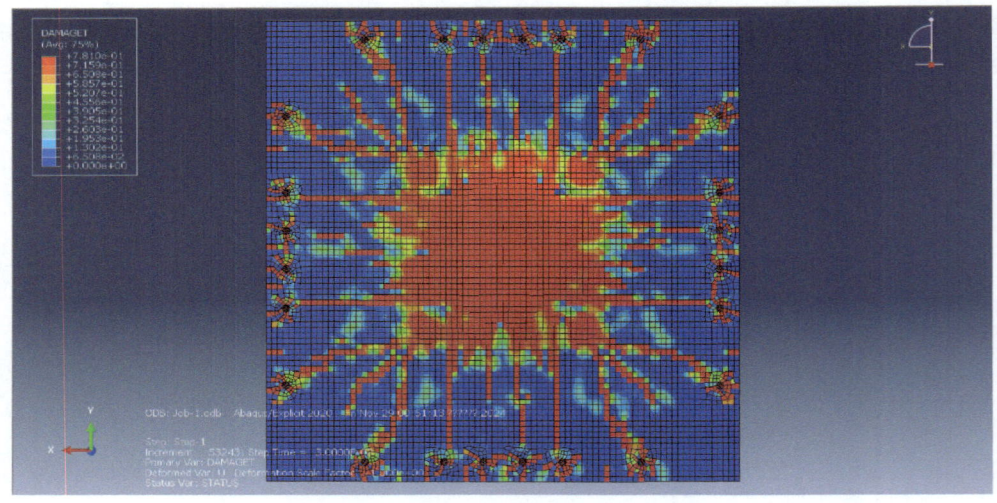

图 7.74　混凝土拉伸损伤云图

3. 显示 X-Y 图

（1）冲击力时程关系曲线　单击左侧工具区 按钮，弹出 Create XY Data 对话框，如图 7.75 所示，选择 ODB history output 选项；单击 Continue 按钮，弹出 History Output 对话框，选择 CFN3 选项，如图 7.76 所示；单击 Plot 按钮，绘图区显示冲击力时程曲线。由于建模时候冲击方向是反的，这里操作一下 X-Y 数据，使其转换为正值。单击左侧工具区 按钮，弹出 Create XY Data 对话框，选择 Operate on XY data 选项；单击 Continue 按钮，弹出

Operate on XY Data 对话框,如图 7.77 所示;单击右侧 Operator 选项组的"-",再双击 temp_1,单击 Plot Expression 按钮,此时图形变为正值,如图 7.78 所示。

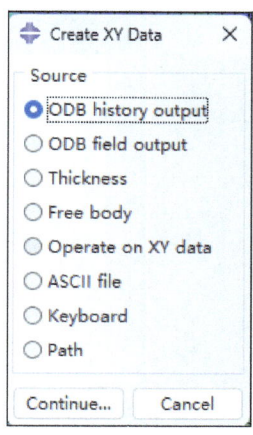

图 7.75　Create XY Data 对话框

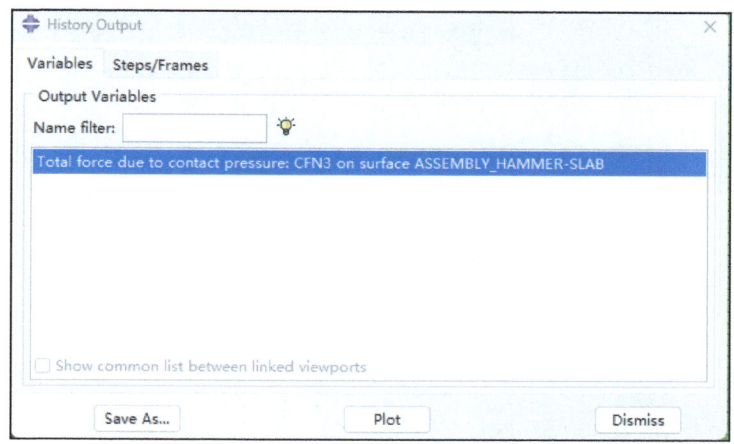

图 7.76　History Output 对话框

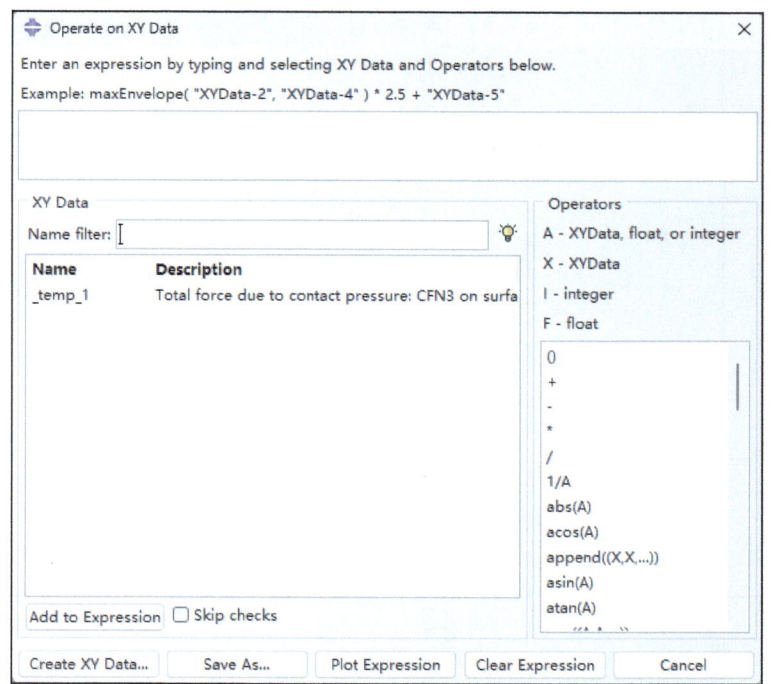

图 7.77　Operate on XY Data 对话框

(2) 跨中位移时程关系曲线　单击左侧工具区按钮,弹出 Create XY Data 对话框,选择 ODB field output 选项;单击 Continue 按钮,弹出 XY Data from ODB Field Output 对话框,Position 选择 Unique Nodal,并选择 U3 选项,如图 7.79 所示;单击 Elements/Nodes 选项卡,如图 7.80 所示,Method 选择 Pick from viewport,单击 Edit Selection 按钮,提示区显示 Select

nodes for the display group（为显示组选择元素），在绘图区选中楼板板底跨中节点；单击 Plot 按钮，绘图区显示板底跨中节点的位移时程关系曲线。如图 7.81 所示。

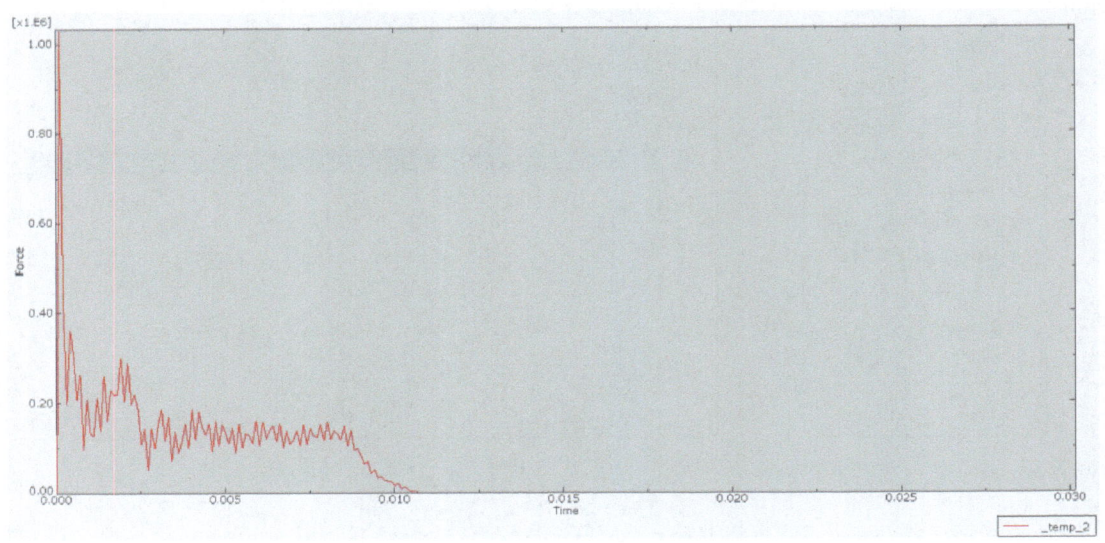

图 7.78 冲击力时程关系曲线

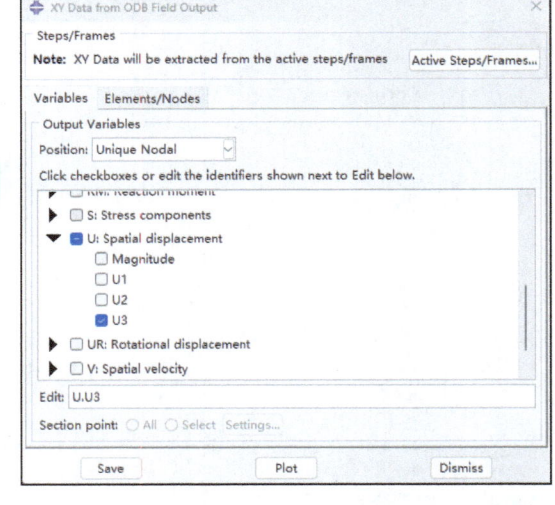

图 7.79 XY Data from ODB Field Output 对话框

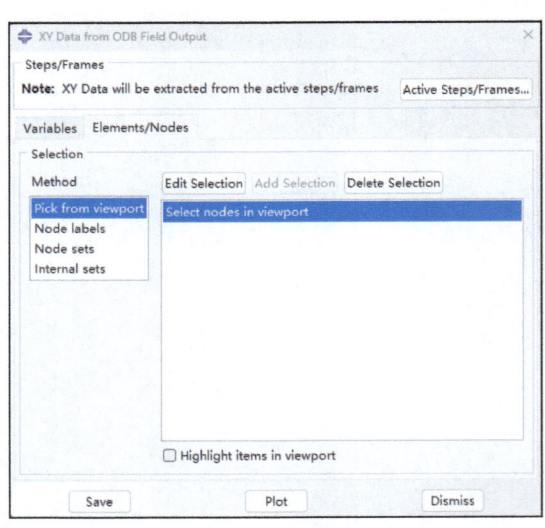

图 7.80 选择节点

（3）支座反力时程关系曲线   单击左侧工具区 按钮，弹出 Create XY Data 对话框，选择 ODB field output 选项；单击 Continue，弹出 XY Data from ODB Field Output 对话框，Position 选择 Unique Nodal，并选择 RF3 选项，如图 7.82 所示；单击 Elements/Nodes 选项卡，如图 7.83 所示，Method 选择 Node sets，在右边栏选中 ASSEMBLY_S-1_REFERENCE_POINT、ASSEMBLY_S-2_REFERENCE_POINT、ASSEMBLY_S-3_REFERENCE_POINT、ASSEMBLY_S-4_REFERENCE_POINT；单击 Plot 按钮，绘图区显示四条支座反力时程关系曲

线，如图 7.84 所示。单击左侧工具区 ■ 按钮，弹出 Create XY Data 对话框，选择 Operate on XY data 选项；单击 Continue 按钮，弹出 Operate on XY Data 对话框，如图 7.85 所示，单击右侧 Operators 选项组的 sum((A,A,⋯)) 函数，再逐个双击每条曲线；然后单击 Plot Expression 按钮，此时绘图区现实支座反力时程关系曲线，如图 7.86 所示。

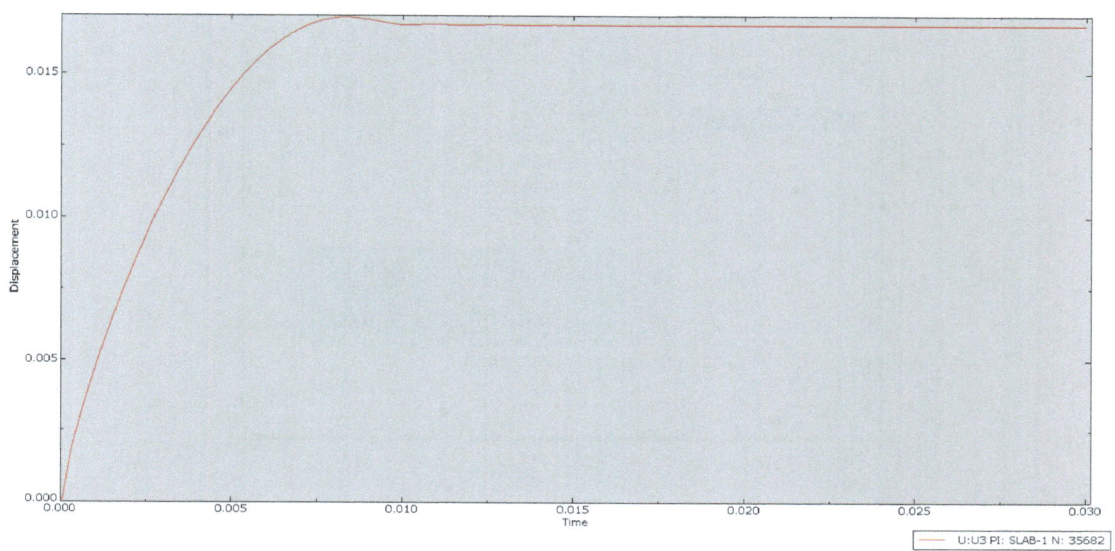

图 7.81　跨中位移时程关系曲线

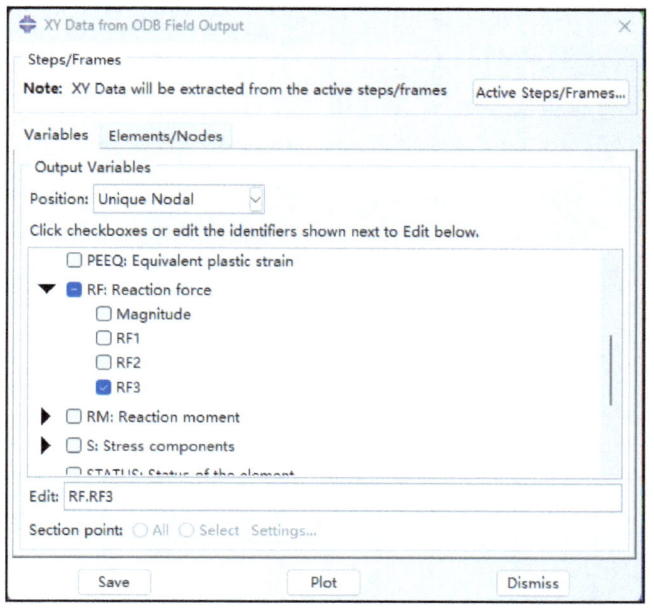

图 7.82　XY Data from ODB Field Output 对话框

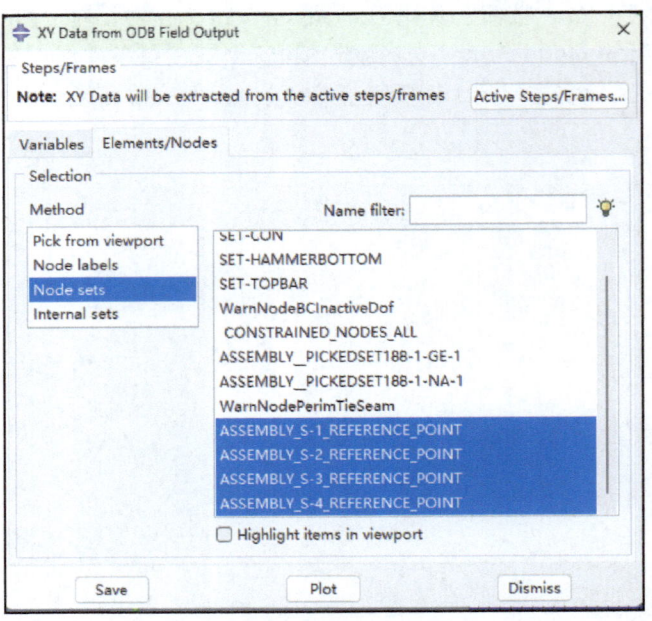

图 7.83 选择节点

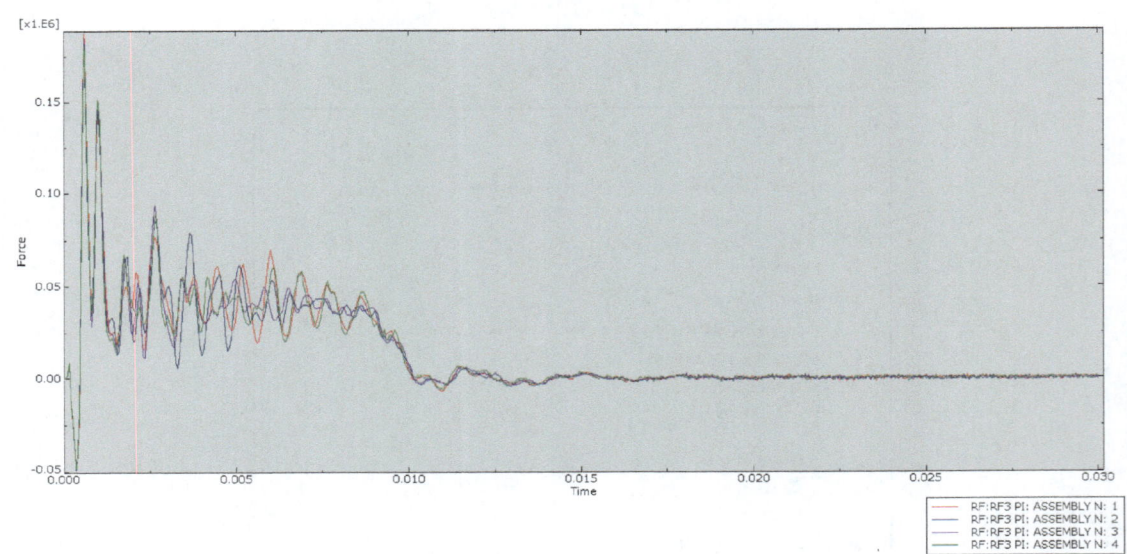

图 7.84 各支座反力时程关系曲线

第 7 章 楼板在冲击力作用下的实例分析方法

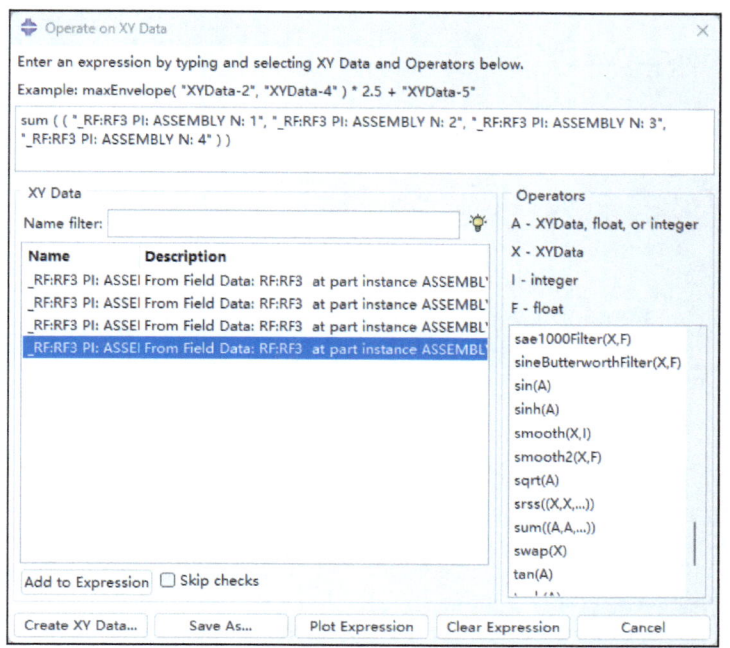

图 7.85 Operate on XY Data 对话框

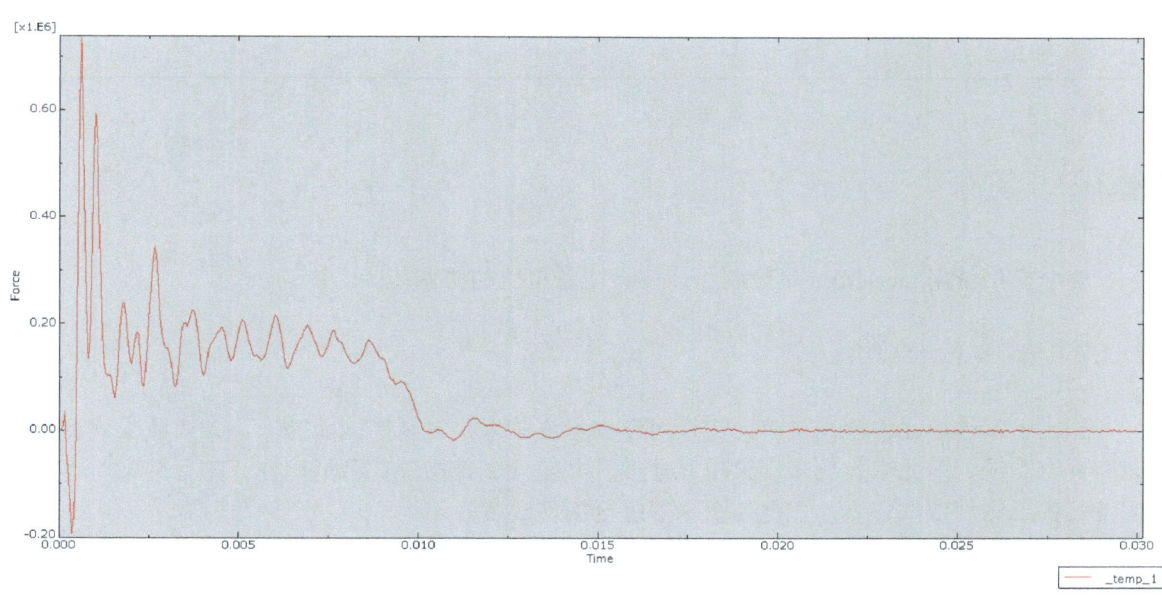

图 7.86 支座反力时程关系曲线

第 8 章
钢框架结构抗震分析

8.1 基本工况

选取一个 2×2 跨的 9 层钢框架作为分析对象,开间和进深均为 4500mm,层高均为 3000mm。框架柱均选用 400mm×400mm×10mm 箱型钢,框架梁采用 HN 300×150×6.5×9 型钢,梁柱连接处全部为焊接,钢梁和柱均采用 Q355 级钢材,具体材料属性参考表 8.1。

表 8.1 钢材属性

组件 ID	弹性模量/GPa	屈服强度/MPa	极限强度/MPa	伸长率(%)
钢梁	200	355	530	20
钢柱	200	355	530	20

8.2 几何模型与网格划分

整个模型使用 mm-MPa 单位制,请读者注意单位的协调统一。

V08-本章建模视频

8.2.1 构件 Part 实例

相比于实体单元,使用梁单元建模可以在保证结果相对精准的前提下,大幅减少计算时间和算力需求。因此本算例采用梁单元建模,共包含 2 种构件:箱型钢柱,H 型钢梁。本算例将其各个构件依次建立,并在 8.2.3 节进行构件组装。

(1) 建立箱型钢柱构件 单击左侧工具区中的 ![] 按钮,弹出 Create Part 对话框,如图 8.1a 所示。在 Name 文本框中输入 Column,将 Modeling Space(模型所在空间)设为 3D(三维),Shape 设为 Wire(线单元),Approximate size 文本框中输入 4000,剩余参数保持默认值不变。单击 Continue 按钮,进入二维绘图界面。单击左侧工具区的 ![] (Creat Lines Connected) 按钮。

(2) 建立 H 型钢梁构件 重复前序操作,进行 H 型钢梁的建模,如图 8.2 所示。

第 8 章 钢框架结构抗震分析

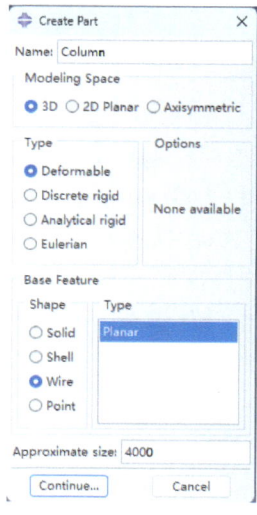
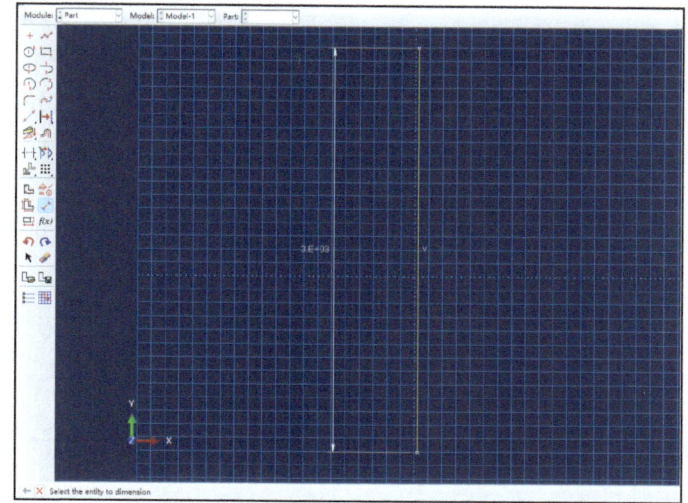

a)

b)

图 8.1 箱型钢柱

图 8.2 H 型钢梁

8.2.2 材料属性创建

1. 材料参数定义

本算例中钢梁和钢柱所使用的材料属性相同，为此按照表 8.1 建立钢材本构模型，命名为 Steel。单击左侧工具区的弹出 Edit Material（属性定义）对话框，在 Name 文本框中输入 Steel，单击 General（通用）→Density（密度），在数据表中设置 Mass Density 为 7.85×10^{-9}；随后单击 Mechanical（力学特性）→Elasticity（弹性）→Elastic（弹性模型），在数据表中设置 Young's Modulus（弹性模量）为 200000，Poisson's Ratio（泊松比）为 0.3。单击 Mechanical（力学特性）→Plasticity（塑性），在数据表中填入钢材的屈服强度和极限强度，如图 8.3 所示。

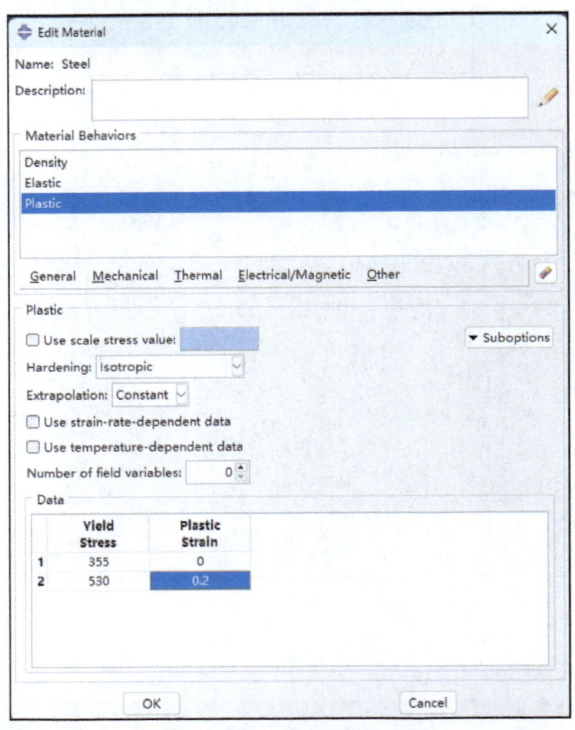

图 8.3　钢材塑性参数定义

2. 材料参数截面定义

（1）创建箱型钢柱截面（图 8.4a）　单击左侧工具区的 按钮，弹出 Create Section（创建截面）对话框，将 Category（种类）设为 Beam（梁），Type 设为 Beam（梁），保持剩余参数默认值不变。单击 Continue 按钮，弹出 Edit Beam Section（梁截面编辑）对话框，在 Material name（材料名）下拉列表框选择 Steel，Section Poisson's radio（截面泊松比）文本框中填入 0.3。单击 按钮，弹出 Create Profile 对话框，将 Profile 的 Name 改为 Column，在 Shape 列表框中选择 Box，单击 Continue 按钮，进入到 Edit Profile 对话框，在 Width、Height 和 Thickness 文本框中分别填入 400、400、10。单击 OK 按钮，退出 Edit Beam Section 对话框，完成 Column 截面属性的创建。

（2）创建 H 型钢梁截面（图 8.4b）　重复前序操作，但在创建 Profile 时需要将 Shape 参数由 Box 替换成 I，随后完成所有材料截面创建。

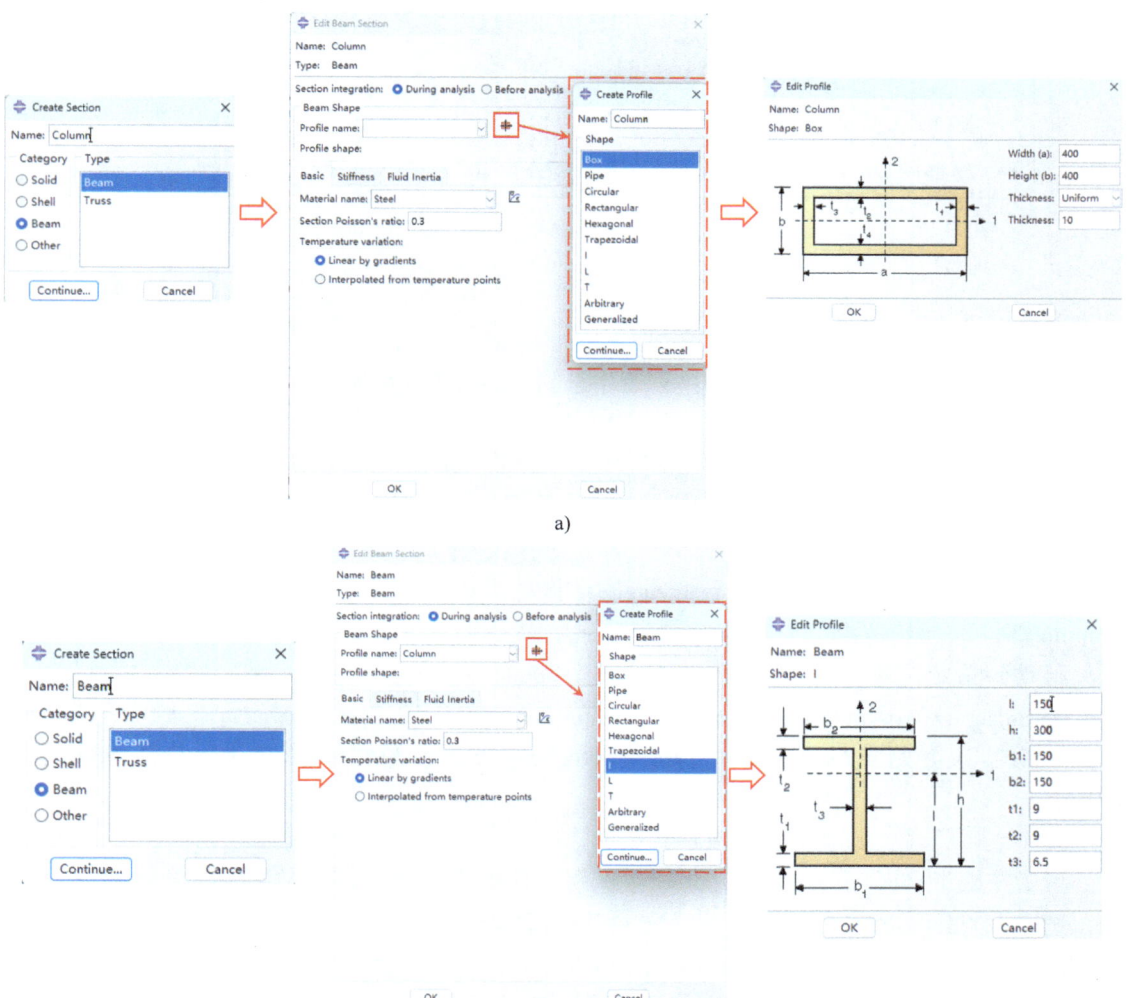

图 8.4　材料参数截面创建

3. 材料参数截面赋予

在环境栏 Part（部件）列表中选择 Column 部件。单击左侧工具区的 按钮，提示区提示用户选择赋予截面属性的区域，框选模型，单击中键确认，弹出 Edit Section Assignment 对话框，Section 选项选择 Column，保持剩余参数默认值不变，单击 OK 按钮，退出 Edit Section Assignment 对话框。

对于使用梁单元建模的模型，在指派截面时还需要指派截面方向：单击左侧工具区的 按钮，提示区提示用户选择要分配梁截面方向的区域，框选模型，单击中键确认。此时提示区提示用户输入一个梁切向量的近似方向，此处输入（0,0,1），如图 8.5 所示。重复前序操作，完成 H 型钢梁的截面赋予。

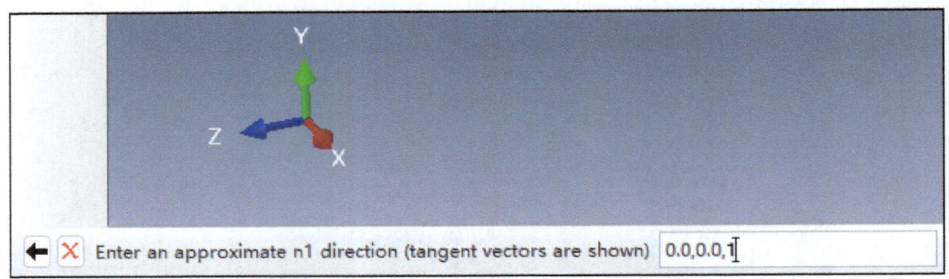

图 8.5 指派梁截面方向

8.2.3 子结构组装

在窗口环境栏的 Module（模块）列表中选择 Assembly（装配）功能模块。

1. 构件导入

单击左侧工具区 按钮，弹出 Create Instance（创建实例）对话框，选择所有部件，选择 Instance type 为 Independent（独立），单击 OK 按钮，右侧出现所有部件的三维视图。

2. 构件移动

单击左侧工具区 （Translate Instance，移动实例）按钮，利用移动工具，单击选择 Column 部件的起始节点，将其移至指定位置，然后单击中键确认。用同样的方法将其他构件移动到指定位置。单击左侧工具区 （Rotate Instance，旋转实例）按钮，提示区信息变为 Select an axis or a start point for the rotation vector-or enter X,Y,Z（选择旋转轴的起始点，或输入起始点的坐标），选取两点线为旋转轴，单击中键确认，完成钢梁旋转操作。

3. 钢框架阵列

单击左侧工具区 （Linear Pattern，阵列工具）按钮，选中 LDZJ1（梁底纵筋 1）构件，当很难在图形中选择部件时，可以单击右下角的 Instance Selection（实例选项）按钮，在其中找到梁柱，然后单击中键确认；在弹出的 Linear Pattern 对话框，根据钢框架尺寸输入纵横向的阵列距离，完成整个钢框架的阵列。单击 按钮，将分散的梁和柱合并成整个钢框架，如图 8.6 所示，将 Part name 改为 Steel-frame，Operations 选项组选择 Merge 下面的 Geometry，Options 选项组下的 Original Instances 参数选中 Suppress，Geometry 参数下的 Intersecting Boundaries 选择 Retain，单击 Continue 按钮。最终得到一个 2×2 跨的 9 层钢框架，如图 8.7a 所示。单击窗口上部 View 栏中的 Assembly Display Option，单击 Render beam profiles，即可渲染梁截面，得到更真实的框架模型图，如图 8.7b 所示。

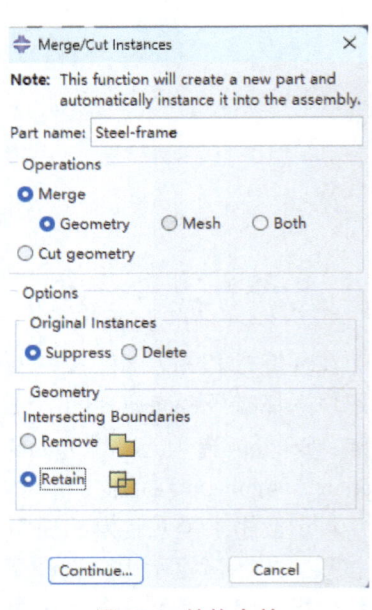

图 8.6 结构合并

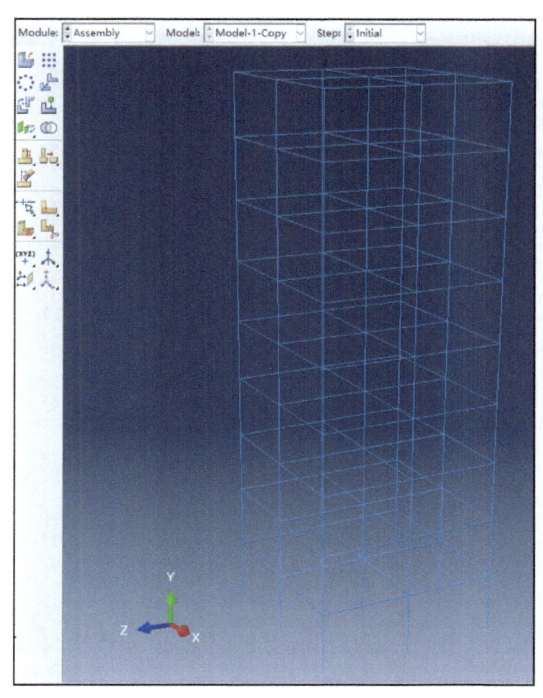 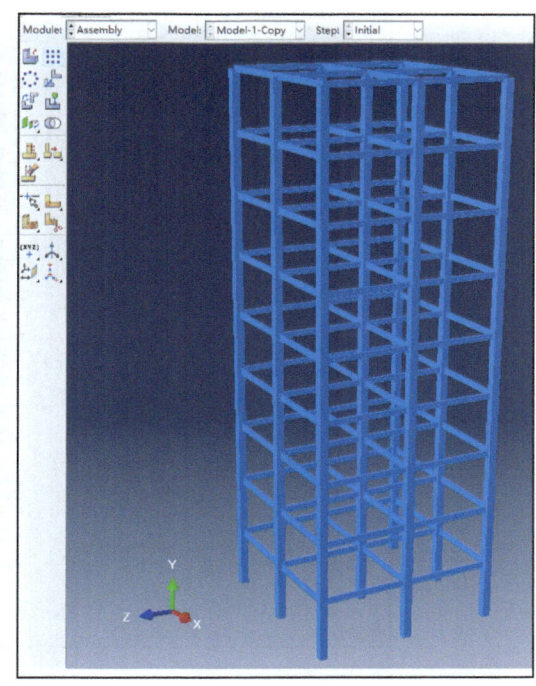

a）渲染梁截面前　　　　　　　　　　　b）渲染梁截面后

图 8.7　一个 2×2 跨的 9 层钢框架

8.2.4　构件网格划分

在环境栏的 Module 列表中选择 Mesh（网格）功能模块进行网格划分。

1. 构件布种

单击左侧工具区中 ![] （Seed Part，构件布种）按钮，弹出 Global Seeds 对话框。在 Approximate global size（全局单元尺寸）文本框中输入 450，其余参数保持默认值不变，单击 Apply 按钮，绘图区的模型已经按要求布满种子，如图 8.8a 所示。单击 OK 按钮，退出 Global Seeds 对话框，完成网格种子布置。

2. 划分网格

单击左侧工具区中 ![] （Mesh Part Instance，实体网格划分）按钮，提示区提示用户是否给部件划分网格，单击 Yes 按钮，模型按照网格种子自动划分网格，如图 8.8b 所示。

3. 网格单元类型选择

单击左侧工具区中 ![] （Assign Element Type，单元类型选择）按钮，选中钢框架，单击中键确认，在 Element Type 对话框中将钢框架的单元属性改为 B31（A 2-node linear beam in space）梁单元，如图 8.8c 所示。

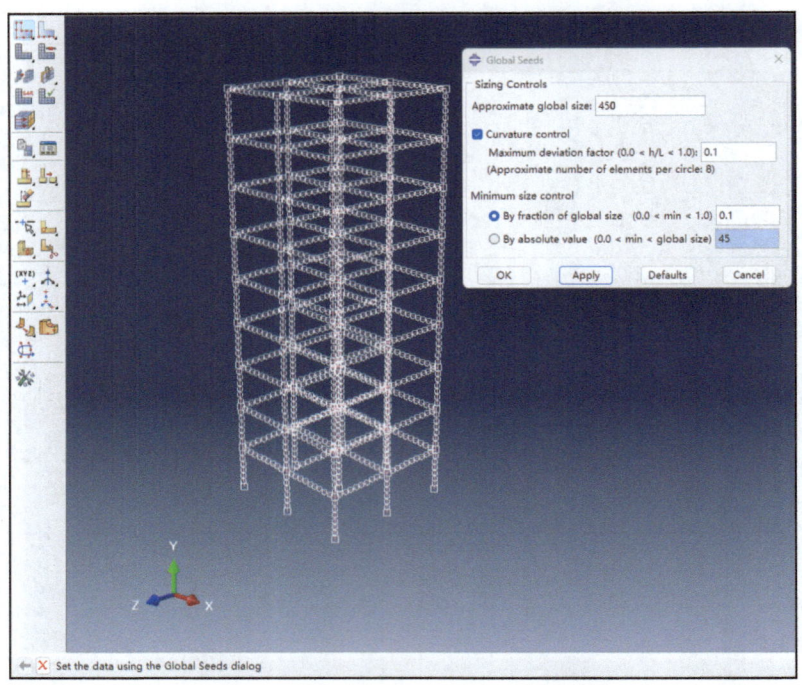

a）模型网格种子分布

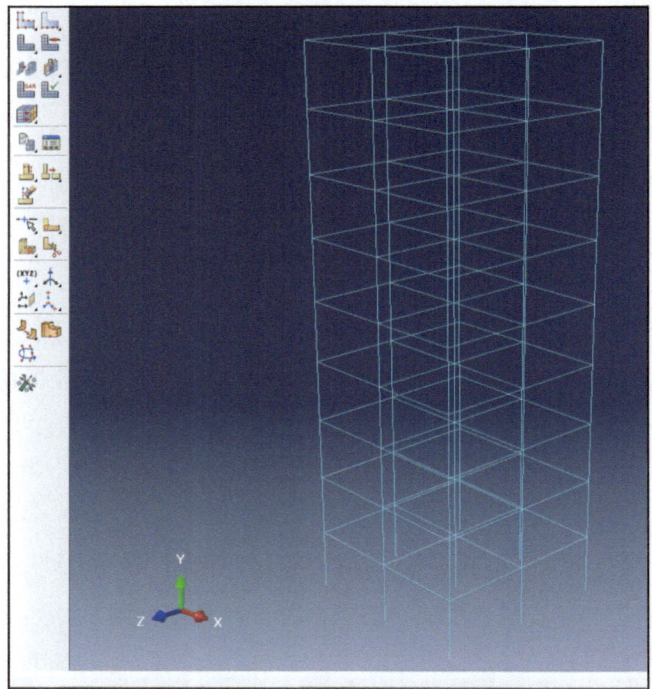

b）划分网格后的模型

图 8.8　钢框架构件网格划分

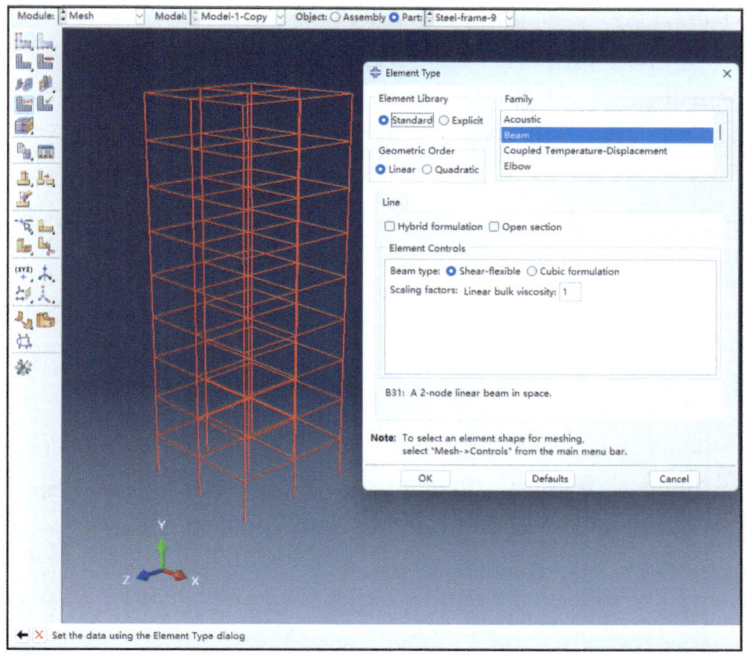

c) Element Type对话框

图 8.8 钢框架构件网格划分（续）

8.3 分析步设置

（1）钢框架施加重力分析步定义（图 8.9） 单击左侧工具区的 按钮，弹出 Create Step（创建分析步）对话框，在 Procedure type 下拉列表框选择 General，其下的列表框中选择 Static,General。单击 Continue 按钮，弹出 Edit Step 对话框，将 Time period 参数改为 1，其他参数保持不变。单击 OK 按钮，退出 Edit Step 对话框，完成重力分析步定义。

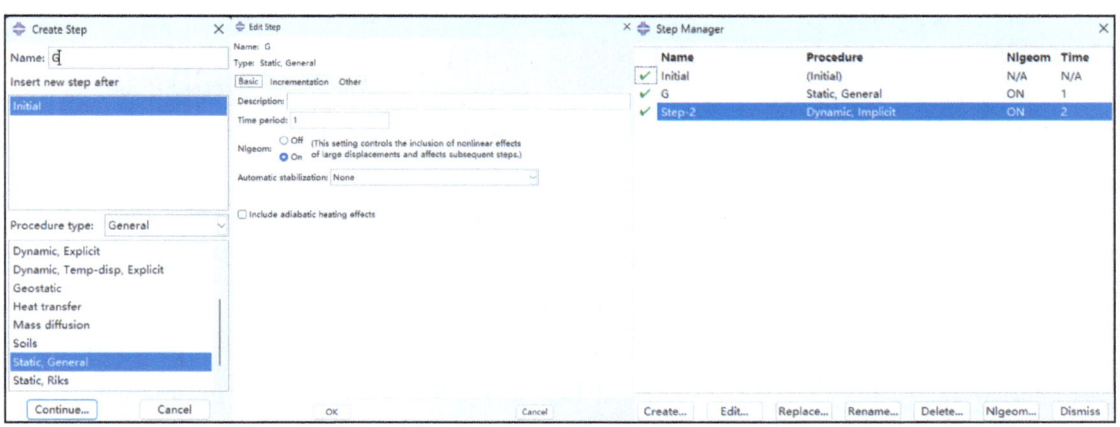

图 8.9 算例分析步创建及定义

（2）钢框架抗震分析步定义　再次单击左侧工具区的 按钮，弹出 Create Step（创建分析步）对话框，在 Procedure type 下拉列表框选择 General，其下的列表框中选择 Dynamic，Implicit。单击 Continue 按钮，弹出 Edit Step 对话框，将 Time period 参数改为 2，其他参数保持不变。单击 OK 按钮，退出 Edit Step 对话框，完成地震荷载的分析步定义。

8.4　荷载与边界条件

在环境栏的 Module 列表中选择 Load（载荷）功能模块进行荷载及边界条件的定义。

8.4.1　加载幅值创建

在环境栏的 Module Database（模型树）中选择 Amplitude（幅值）功能模块进行加载幅值创建。右击 Amplitude 功能模块，单击 Create 选项，弹出 Create Amplitude 对话框。在 Name 文本框中输入 di-zhen（地震荷载），Type 选择 Tabular（表格）；单击 Continue 按钮，弹出 Edit Amplitude 对话框，在 Amplitude Data 选项卡列表中输入对应幅值；单击 OK 按钮，完成地震波的幅值创建，如图 8.10a 所示。本算例所用的地震波幅值如图 8.10b 所示。

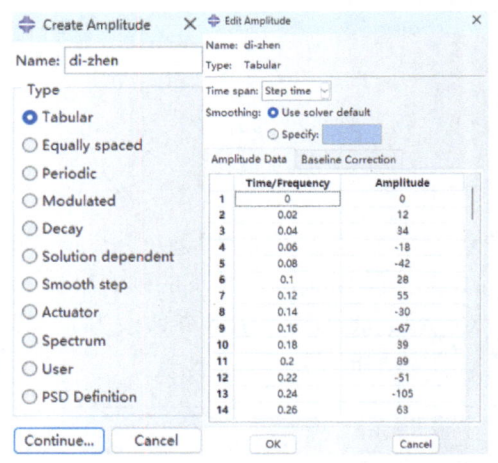 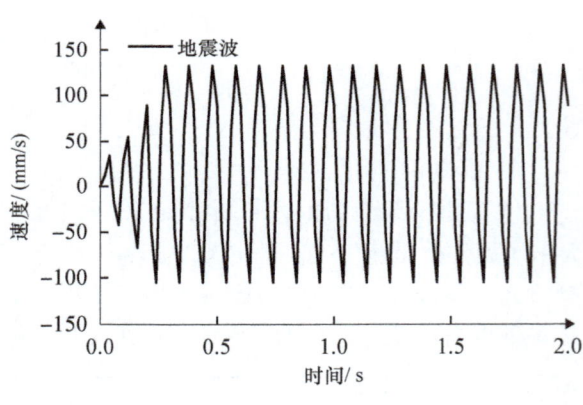

a）加载幅值创建操作界面　　　　　　　　　b）地震波幅值

图 8.10　加载幅值创建

8.4.2　重力创建

单击左侧工具区的 （Create load，创建荷载）按钮，弹出 Create Load 对话框（图 8.11a），在 Name 文本框中输入 G-zhongli，将 Step 参数设为 G，Category（类别）参数选中 Mechanical（力学），Types for Selected Step（分析步所选类型）参数选择 Gravity（集中力），剩余参数保持默认值不变；单击 Continue 按钮，弹出 Edit Load 对话框（图 8.11b），设置相关重力参数；单击 OK 按钮，完成重力创建。

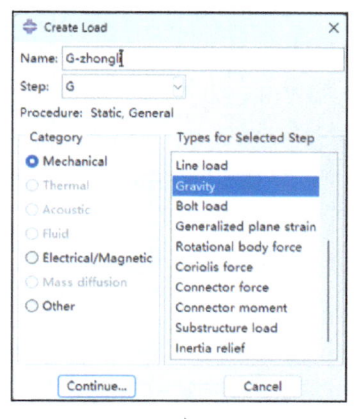
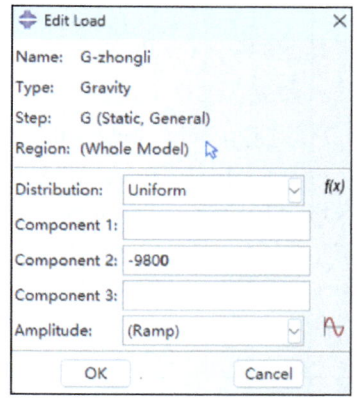

图 8.11 重力创建

8.4.3 地震荷载创建

单击左侧工具区的 （Create Boundary Condition，创建边界条件）按钮，弹出 Create Boundary Condition 对话框（图 8.12a），在 Name 文本框中输入 di-zhen（地震），将 Step 参数设为 Step-2，Category（类别）参数选中 Mechanical（力学），Types for Selected Step（分析步所选类型）参数选择 Velocity/Angular velocity（速度/角速度），剩余参数保持默认值不变；单击 Continue 按钮，提示区提示用户选择添加荷载的区域，选中钢框架底部的所有点；单击中键确认，弹出 Edit Load 对话框，在 V1 文本框中输入 1，Amplitude（幅值）参数选择 di-zhen，剩余参数保持默认值不变，完成地震荷载创建，如图 8.12b 所示。

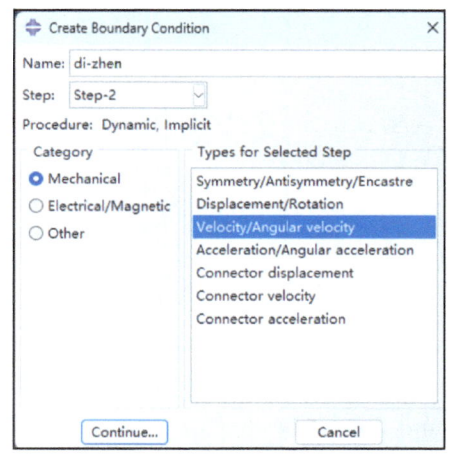
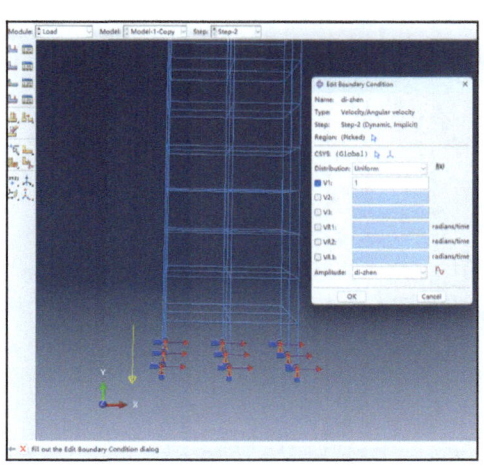

图 8.12 地震荷载创建

8.4.4 钢框架边界条件设置

单击左侧工具区的 ![icon] Create Boundary Condition（创建边界条件），弹出 Create Boundary Condition 对话框，命名为 GD（固定），将 Step 参数设为 Initial，Category（类别）参数选中 Mechanical（力学），Types for Selected Step（分析步所选类型）参数选择 Displacement/Rotation（位移/转角），保持剩余参数默认值不变，单击 Continue 按钮，提示区提示用户选择添加荷载的区域，选中钢框架下部的所有点，单击中键确认。弹出 Edit Boundary Condition 对话框，在除了 U1 外的其他方向上勾选，保持剩余参数默认值不变，完成钢框架固定边界条件创建，如图 8.13 所示。

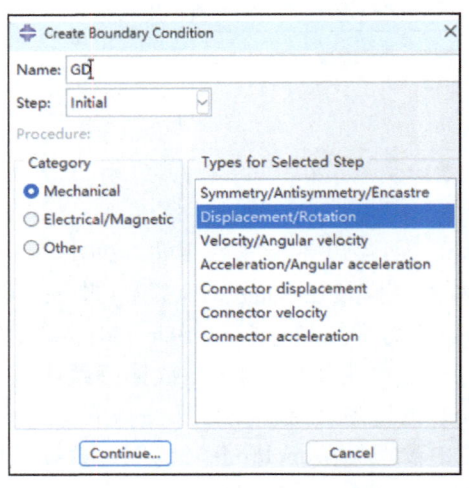
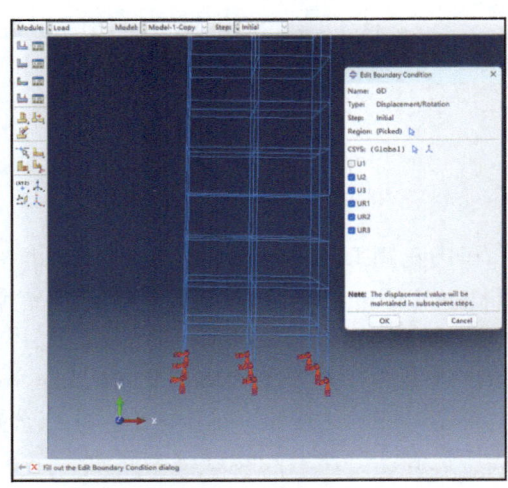

a)   b)

图 8.13 固支边界条件创建

8.5 提交作业与分析

8.5.1 创建作业

单击左侧工具区中的 ![icon] 按钮，弹出 Create Job（创建作业）对话框，所有参数默认值不变；单击 Continue 按钮，弹出 Edit Job 对话框，所有参数默认值不变；单击 OK 按钮。

8.5.2 提交分析

选择主菜单 Job-manager（作业管理器），弹出 Job Manager 对话框；单击 Submit（提交分析）按钮，可以看到对话框中的 Status（状态）提示依次变为 Submitted（已提交）、Running（正在运算）和 Completed（已完成）；单击对话框中的 Results（分析结果），自动进入 Visualization 模块。

注：本例使用的材料模型参数的取值仅供参考之用。

8.6 后处理

1. 显示云图

单击左侧工具区中的 ![btn] 按钮,在菜单栏中的 ![list] 列表中选择 Primary-U-U1,查看钢框架在地震荷载作用后的位移云图,如图 8.14 所示。

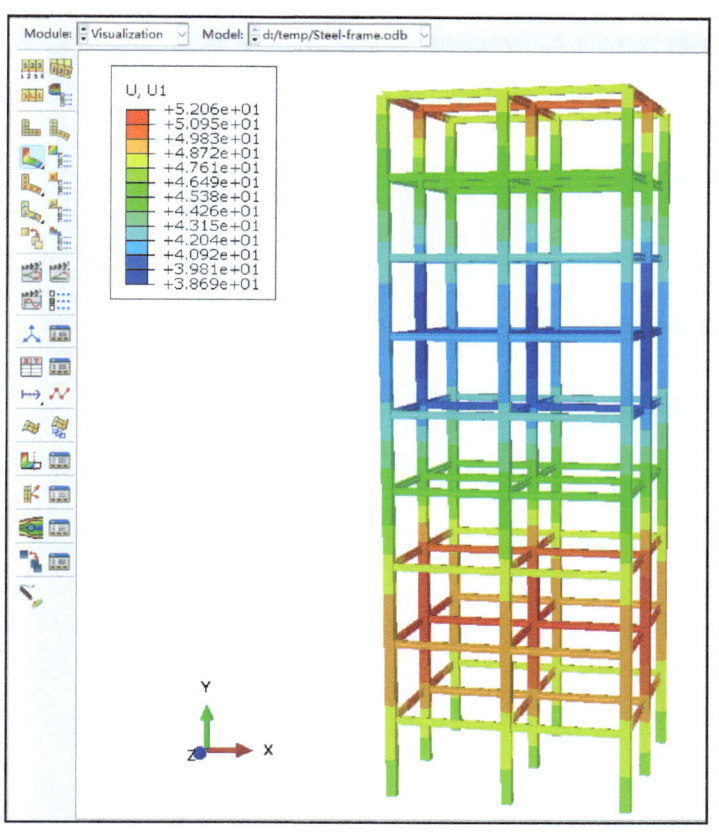

图 8.14 钢框架位移云图

2. 绘制位移-时程曲线

在位移云图状态下,单击左侧工具区中的 ![btn] 按钮,弹出 Create XY Date 对话框,选择 ODB Field output;单击 Continue 按钮,弹出 XY Data from ODB Field Output 对话框;在 Position 项中选择 Unique Nodal,选中 U1,如图 8.15 所示,选择 Elements/Nodes 选项卡;单击 Edit Selection 按钮,选择如图 8.15 所示节点,单击中键确认;依次单击对话框底部的 Save As 按钮和 Plot 按钮,得到图 8.16 所示的钢框架柱顶和柱底的位移-时程曲线。

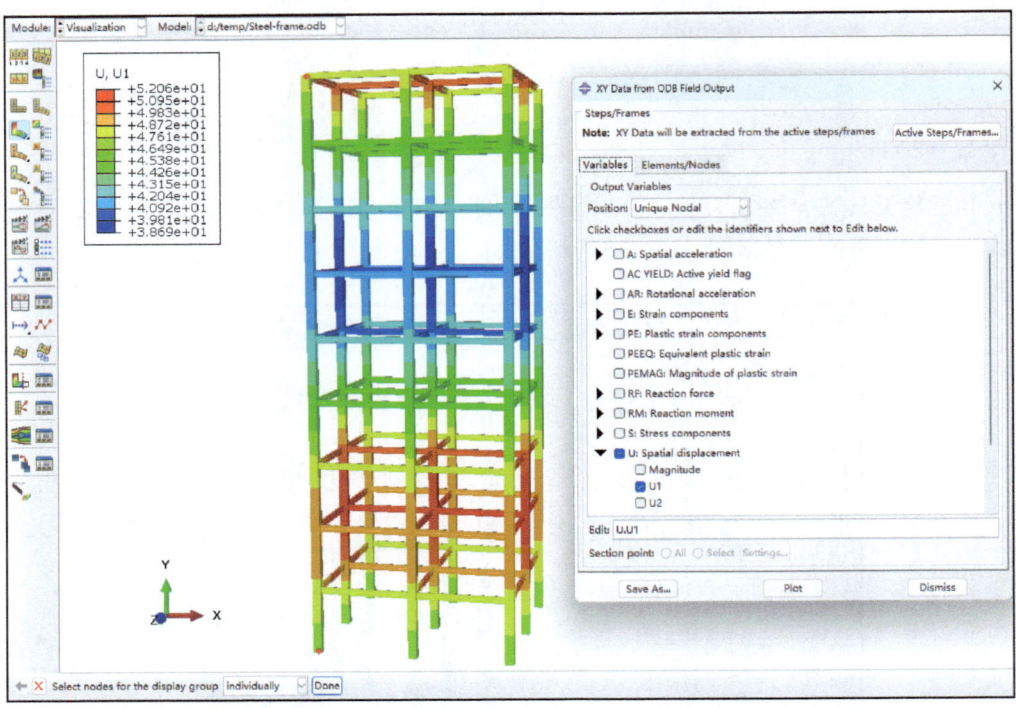

图 8.15　XY Data from ODB Field Output 对话框和节点选择

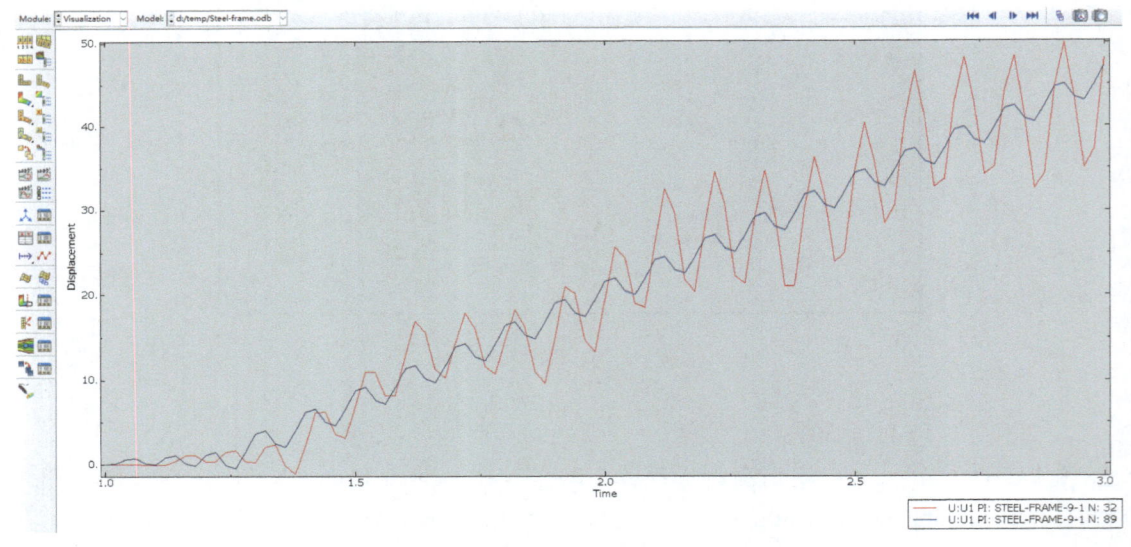

图 8.16　钢框架柱顶和柱底的位移-时程曲线

8.7　钢框架的振型分析

建模、网格和属性等与本章前文中的模型保持一致，仅在 Step 和 Load 模块处做更改。

8.7.1 分析步更改

单击左侧工具区的 按钮，弹出 Create Step（创建分析步）对话框（图 8.17a）；在 Procedure type 项，选择 Linear perturbation，下拉列表框中选择 Frequency；单击 Continue 按钮，弹出 Edit Step 对话框（图 8.17b）；在 Number of eigenvalues requested 的 Value 文本框中填入 5，保持其他参数不变；单击 OK 按钮，退出 Edit Step 对话框，完成振型分析步定义。

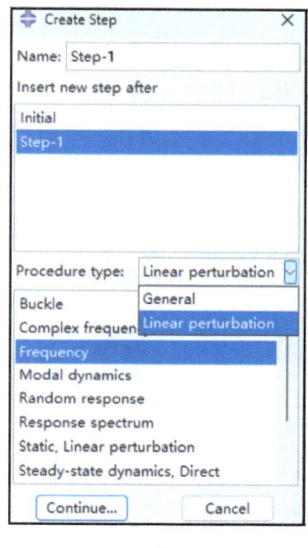
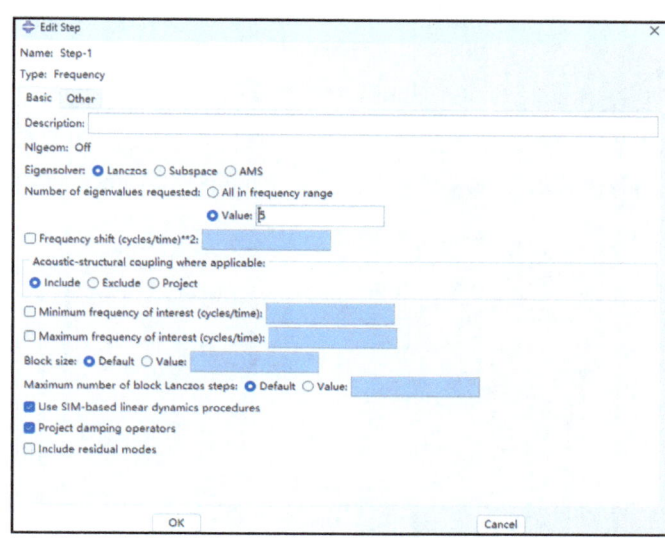

图 8.17　算例分析步创建

8.7.2 load 更改

参考本章节 8.4.4 中的边界设置情况，单击左侧工具区的 （Create Boundary Condition，创建边界条件）按钮，弹出 Create Boundary Condition 对话框（图 8.18a）；在 Name 文本框中

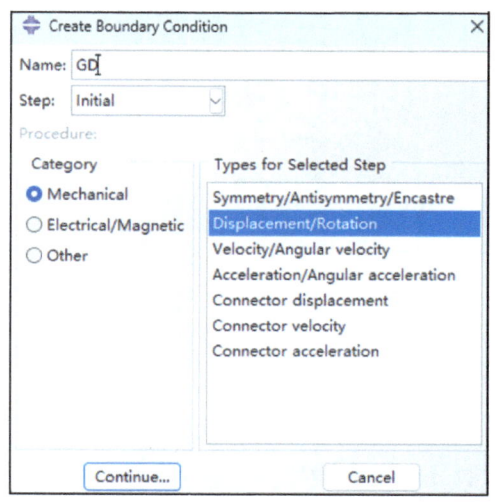
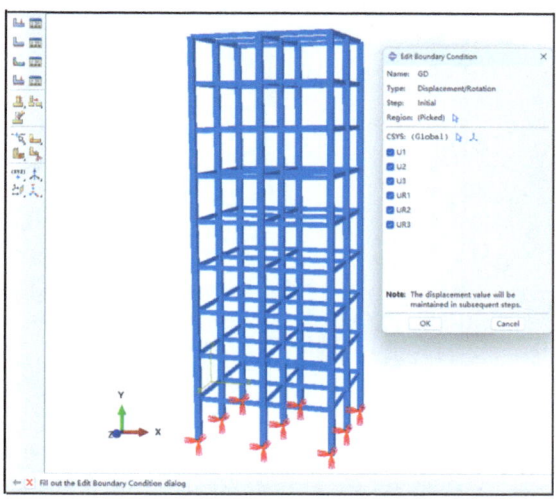

图 8.18　钢框架固支边界条件创建

输入 GD（固定），将 Step 参数设为 Initial，Category（类别）参数选中 Mechanical（力学），Types for Selected Step（分析步所选类型）参数选择 Displacement/Rotation（位移/转角），剩余参数保持默认值不变；单击 Continue 按钮，提示区提示用户选择添加荷载的区域，选中钢框架下部的所有点；单击中键确认，弹出 Edit Boundary Condition 对话框（图 8.18b）；选择所有方向的约束进行固定，剩余参数保持默认值不变，完成钢框架固定边界条件创建。

8.8 输出振型

提交作业与分析参考 8.5 节。完成分析后，单击对话框中的 Results（分析结果），进入 Visualization 模块；单击左侧工具区中的 按钮，在菜单栏中的 列表中选择 Primary-U-Manitude，查看钢框架的振型云图，如图 8.19 所示。

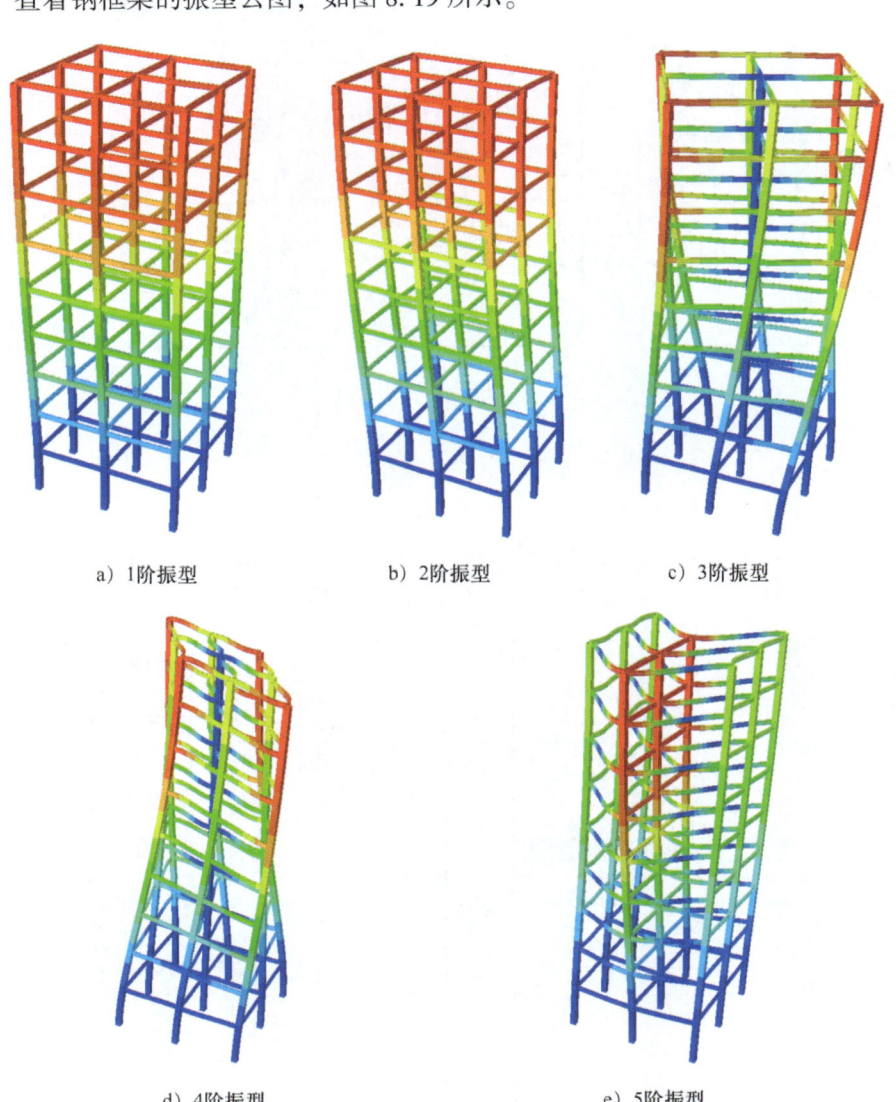

a) 1阶振型　　　　b) 2阶振型　　　　c) 3阶振型

d) 4阶振型　　　　e) 5阶振型

图 8.19　钢框架振型

第 9 章
基于 Python 的参数化分析与插件开发

随着用户对问题分析的不断深入，ABAQUS 软件的内置功能已很难充分满足用户需求。ABAQUS 为用户提供了用户子程序（User Subroutine）、基于 Python 语言编写的 ABAQUS 脚本接口（ABAQUS Scripting Interface）等二次开发接口。得益于这些接口，越来越多的用户开始进行算法开发、用户单元及材料本构模型研究方面的二次开发，从而避免了研究工作的重复性。

9.1 配置 Python 开发环境

在不同的操作系统中，Python 存在细微的差别。本章所有代码均在 Windows 11 操作系统及 Python 3.13 版本下编写。此外，你还要安装一款文本编辑器来完成编程的标准操作，推荐使用 PyCharm 对脚本进行编辑。PyCharm 作为专业集成开发环境（IDE），在 ABAQUS 二次开发中展现出显著优势，针对复杂工程场景，PyCharm 提供多文件项目管理与 Git 版本控制集成，实现用户自定义单元库、Python 脚本及 Fortran 子程序的协同开发与变更追溯。通过模板化代码片段和重构工具，开发者能快速复用边界条件创建、批量任务提交等标准化流程代码，显著提升开发效率。

首次打开 PyCharm，需要创建一个新项目，单击 File→New Project（图 9.1a），随后在

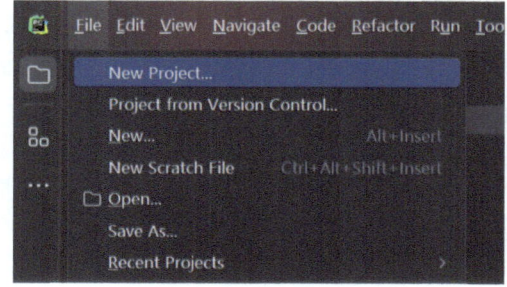

a）创建新项目

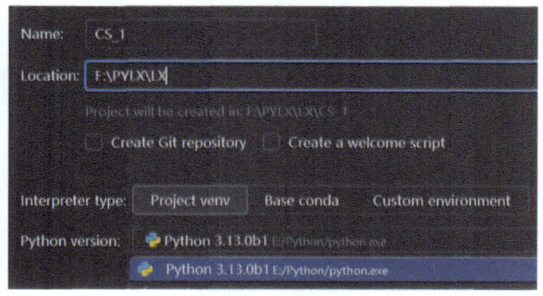

b）命名和选择路径

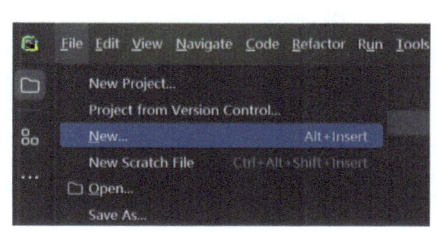

c）创建新脚本

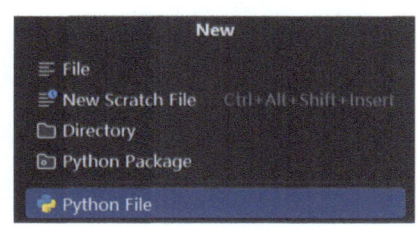

d）选择Python文件

图 9.1　使用 PyCharm 创建项目

弹出的新对话框中修改项目名和项目保存路径，并选择安装的 Python 版本（图 9.1b）；然后就可以选择在 PyCharm 中新建二次开发脚本文件（图 9.1c），也可以选择打开已有的脚本文件。

在创建好的 Python 文件中，可以开始编写我们的第一行代码了。本书将以如下方式列出代码片段：

```
1.  #示例1:代码展示
2.  print("Hello Python interpreter!")   #输出:Hello Python interpreter!
```

9.2 Python 基础

为了让读者能够读懂并编写 Python 脚本，本节将介绍一些 Python 语言的基础知识，包括数据类型、运算符、流程控制和函数等。

9.2.1 基本数据类型

Python 中包含两类共六种基本数据类型，第一类是不可变（immutable）序列类型（不支持增删改操作），包括数字（number）、字符串（string）、元组（tuple）；第二类是可变（mutable）序列类型（支持增删改操作），包括列表（list）、字典（dictionary）、集合（set）。

1. 数字（number）

数字类型可分为整型（int）、浮点型（float）、布尔型（bool）。其中，int 是最常用的数字类型，32 位编译器中 int 可以表示的整数的范围是 $-2^{32} \sim 2^{32}-1$（对于 64 位编译器，其范围是 $-2^{64} \sim 2^{64}-1$），支持二进制（0b）、八进制（0o）和十六进制（0x）表示法；浮点型（float）代表带小数点的实数，如 3.14 或科学计数法 2.5e3，但可能存在精度问题（如 $0.1+0.2 \neq 0.3$）；布尔型（bool）是 int 的子类，仅有 True（1）和 False（0）两个值，常用于逻辑判断。这三种基本数字类型支持混合运算，遵循隐式类型转换规则，即 bool→int→float，如 True+3.5=4.5。整型在 Python 3 中取消长度限制，浮点型遵循 IEEE 754 双精度标准，而布尔型在条件语句和循环控制中起关键作用。

2. 字符串（string）

字符串是 Python 中表示文本数据的基本数据类型，使用单引号（' '）、双引号（" "）、三单引号（''' '''）、三双引号（""" """）包裹的 Unicode 字符序列。字符串具有不可变性（immutable），支持索引（在 Python 中，索引从 0 开始，而不是 1）访问（如 s[0]）、切片操作（如 s[1:5]），具有丰富的内置方法，如 split()分割、join()合并、strip()去除空白和 format()格式化等。Python 3 默认采用 UTF-8 编码，可存储任意语言的字符（包括中文、emoji 等），其特殊转义字符（如\n 换行、\t 制表符）和原始字符串（r 前缀）机制增强了文本处理能力。字符串还支持拼接（+）、重复（*）等运算。

```
1.  #示例2:字符串定义演示
2.  str1 = '单引号字符串'
3.  str2 = "双引号字符串"
4.  str3 = '''三引号字符串
5.  可以跨越多行'''
6.  print(str1, str2, str3)
```

```
7.
8.  #示例3:索引和切片演示
9.  s = "Python字符串"
10. print(s[0])    #输出:P(索引访问)
11. print(s[1:5])  #输出:ytho(切片操作)
12. print(s[-3:])  #输出:字符串(负索引)
13.
14. #示例4:字符串使用方法演示
15. text = " hello, world! "
16. print(text.split(","))   #输出:['hello', 'world!'](分割)
17. print("-".join(["a", "b"]))  #输出:a-b(合并)
18. print(text.strip())   #输出:"hello, world!"(去空白)
19. print("结果:{}".format(42))  #输出:结果:42(格式化)
20.
21. #示例5:特殊字符演示
22. print("换行\n制表\t符")
23. 换行
24. 制表    符
25. print(r"原始字符串 \n 不转义")   #输出:原始字符串 \n 不转义(r前缀)
26.
27. #示例6:运算演示
28. print("Py" + "thon")  #输出:Python(拼接)
29. print("A" * 3)   #输出:AAA(重复)
```

值得一提的是,Python 根据缩进来判断当前代码行与前一代码行的关系,因此在编写代码时请时刻注意当前代码缩进是否正确。

3. 元组(tuple)

元组也是一组可重复且有序的对象集合,任何类型的数据都可以存储到元组中,但是元组中的元素是不可变的,元组同样也支持索引截取(又叫切片)。元组使用圆括号()定义,元素间用逗号分隔,如(1, 2, 3)。与列表不同,元组一旦创建便无法修改(增删改操作均不支持),这种特性使其适合存储不应被改变的常量数据集合(如坐标点、数据库记录)。元组支持索引访问(如t[0])、切片操作(如t[1:3])等序列通用操作,并可通过拼接或重复运算生成新元组。其不可变性带来两大优势:①线程安全,适合多线程环境共享数据;②哈希化能力,哈希Hashing是计算机科学中的核心概念,是指通过哈希函数(Hash Function)将任意大小的数据(如字符串、文件)转换为固定长度的数字(哈希值),从而实现快速数据存取和校验,可作为字典的键(如{(x,y):"坐标点"})。特殊情况下,单元素元组需加尾随逗号(如(1,))以区分表达式括号。元组常用于函数返回多值(如return(x, y))或格式化字符串(如"%s %s" % (a, b)),其存储效率高于列表,是轻量级的数据容器。

```
1.  #示例7:元组定义演示
2.  t1 = (1, 2, 3)  #标准定义方式
3.  t2 = 4, 5, 6   #括号可省略(但不推荐)
4.  t3 = (7,)   #单元素元组(必须有逗号)
5.  t4 = tuple([8, 9])   #从列表转换
6.  print(t1, t2, t3, t4)  #输出:(1, 2, 3) (4, 5, 6) (7,) (8, 9)
7.
8.  #示例8:索引和切片演示
9.  print(t1[0])   #输出:1(索引访问)
```

```
10. print(t1[-1])    # 输出:3(负索引)
11. print(t1[1:3])   # 输出:(2, 3)(切片)
12.
13. # 示例 9:验证元组的不可变性(会报错)
14. try:
15.     t1[0] = 10
16. print(t1)
17.
18. # 示例 10:运算演示
19. print(t1 + t2)   # 输出:(1, 2, 3, 4, 5, 6)(拼接)
20. print(t3 * 3)    # 输出:(7, 7, 7)(重复)
21.
22. # 示例 11:解包操作
23. x, y, z = t1     # 元组解包
24. print(x, y, z)   # 输出:1 2 3
25.
26. # 示例 12:作为字典键
27. coord_dict = {(1, 2):"坐标点 A", (3, 4):"坐标点 B"}
28. print(coord_dict[(1, 2)])   # 输出:坐标点 A
29.
30. # 示例 13:函数返回多值
31. def get_coord():
32.     return (10, 20)   # 实际可省略括号
33. a, b = get_coord()
34. print(a, b)   # 输出:10 20
35.
36. # 示例 14:元组格式化
37. values = (3.14159, "圆周率", 10)
38. print("值:%.3f | 描述:%s | 精度:%d 位" % values)   # 输出:值: 3.142 | 描述: 圆周率 | 精度: 10 位
```

第 38 行,%是格式说明符起始标记;%.3f 表示格式化浮点数(float),并保留 3 位小数;%s 表示格式化字符串或任何对象(会自动调用 str()函数进行转换);%d 表示只接受整数(对于浮点数,会截断小数;对于非数字,会报错),支持进制转换。

4. 列表(list)

列表是一组可重复且有序的数据集合,任何类型的数据都可以存储到列表中,会根据需要动态分配和回收内存,是 Python 中使用最频繁的数据类型,使用方括号[ ]定义,元素间用逗号分隔。与元组不同,列表支持动态修改(增删改操作),其核心特性包括:①有序存储任意类型对象(如[1, 'a', True]);②自动扩容的内存结构,支持 append( )/pop( )等时间复杂度为 O(1)的操作;③切片操作(如 lst[1:3]),会创建新列表;④可作为栈(append+pop)或队列(需用 collections.deque 优化)使用。列表推导式(如[x * 2 for x in range(5)])提供了简洁的创建方式,而 sort( )和 sorted( )函数分别支持原地排序和生成新列表。虽然列表灵活高效,但存储大量数值数据时,建议改用 array 或 numpy 数组,以节省内存。

```
1. # 示例 15:定义列表
2. lst = [1, 2,'Python']    # 创建列表
3. lst[1] = 3   # 修改元素→[1, 3,'Python']
4. lst.append(True)   # 追加元素→[1, 3,'Python', True]
5. lst.insert(1,'a')  # 插入元素→[1,'a', 3,'Python', True]
6. popped = lst.pop(2)   # 删除并返回元素→3,[1,'a','Python', True]
7.
```

```
8.  #示例16:列表运算
9.  print([1, 2] + [3])   #拼接→[1, 2, 3]
10. print(['hi'] * 3)   #重复→['hi','hi','hi']
11.
12. #示例17:列表推导式
13. squares = [x**2 for x in range(5)]   #→[0, 1, 4, 9, 16]。
14.
15. #示例18:排序演示
16. words =['banana', 'apple', 'cherry']
17. words.sort(key=len)   #按长度排序→['apple', 'banana', 'cherry']
```

第 13 行，range(5)表示生成一个整数序列：0，1，2，3，4；for x in range(5)表示遍历序列中的每个数字，将整数序列临时赋值给变量 x；x**2 即 x^2；[ ]表示将所有计算结果收集到一个新列表中。

5. 字典（dictionary）

字典是 Python 中基于哈希表实现的键值对（key-value）集合，用花括号 {} 定义，每个元素以 key：value 形式存储。字典的核心特性包括：①键具有唯一性（重复键会覆盖旧值）；②O(1)时间复杂度的快速查找（执行时间不随数据规模增长而变化，始终保持固定速度）；③动态可变（支持增删改）；④键必须可哈希（如字符串、数字、元组等不可变类型）。字典的常见操作包括 dict[key]访问值、dict.get(key)安全获取、dict.keys()/values()/items()遍历，以及字典推导式{k:v for k,v in iterable}。其典型应用场景包括 JSON 数据处理、快速检索和分组统计。字典会浪费较大内存，是一种使用空间换时间的数据类型。

```
1.  #示例19:字典定义与操作演示
2.  student = {"name": "张三", "age": 20, "courses":["数学", "英语"]}   #创建字典
3.  student["gender"] = "男"   #添加键值对 → {'name': '张三', 'age': 20, 'courses': ['数学', '英语'], 'gender': '男'}
4.  student["age"] = 21   #修改值
5.  score = student.get("score", 90)   #安全获取(若键不存在,返回默认值 90)
6.  del student["courses"]   #删除键值对
7.
8.  #示例20:字典遍历
9.  for key, value in student.items():
10.    print(f"{key}: {value}")   #输出所有键值对
11.
12. #示例21:字典推导式
13. squares = {x: x**2 for x in range(5)}   #生成{0:0, 1:1, 4:16, 9:81, 16:256}
14.
15. #示例22:合并字典
16. grades = {"数学": 90, "英语": 85}
17. student |= grades   #→{'name': '张三', 'age': 21, 'gender': '男', '数学': 90, '英语':85}
```

6. 集合（set）

集合是 Python 中一种基于哈希表实现的高效无序容器，专门用于存储唯一、不可重复的元素。与列表和元组不同，集合具有三大核心特性：①元素唯一性（自动过滤重复值）；②无序性（无索引概念，打印顺序不固定）；③可变性（支持增删，但元素本身必须可哈希）。集合通过哈希表实现 O(1)时间复杂度的成员检测（如 if x in set），性能远超列表的 O(n)查询。集合天生支持丰富的数学集合运算，包括并集（|）、交集（&）、差集（-）和对称差集（^），使得集合成为处理关系型数据（如用户标签、关键词统计）的理想工具。

Python 提供两种集合类型：可变集合 set（用 {} 或 set()创建）和不可变集合 frozenset（可哈希，可作为字典键）。需要注意的是，集合无法通过下标访问，且会丢弃元素插入顺序，若需有序唯一性存储，可改用 collections.OrderedDict 模拟。

```
1.  # 示例23:集合的创建
2.  unique_nums = {3, 1, 4, 1, 5}    # 自动去重→{1, 3, 4, 5}
3.  unique_nums.add(9)               # 添加元素→{1, 3, 4, 5, 9}
4.  unique_nums.remove(1)            # 删除元素(若元素不存在,则报错)→{3, 4, 5, 9}
5.
6.  # 示例24:集合运算
7.  A = {1, 2, 3}
8.  B = {2, 3, 4}
9.  print(A | B)    # 并集→{1, 2, 3, 4}
10. print(A & B)    # 交集→{2, 3}
11. print(A - B)    # 差集(在A不在B)→{1}
12. print(A ^ B)    # 对称差集(仅A或仅B)→{1, 4}
13.
14. # 示例25:数据去重
15. duplicates = ["a", "b", "a", "c"]
16. unique = set(duplicates)   # → {'a', 'b', 'c'}
17.
18. # 示例26:快速存在性检测
19. valid_tags = {"premium", "vip", "standard"}
20. user_tag = "vip"
21. print(user_tag in valid_tags)   # → True
22.
23. # 示例27:集合推导式
24. squares = {x ** 2 for x in range(10) if x%2 == 0}   # →{0, 4, 16, 36, 64}
```

第 24 行，if x % 2 == 0 为条件筛选，筛选能被 2 整除的值，即偶数。

9.2.2 运算符

Python 的运算符涵盖了从基本数学计算到高级逻辑判断的所有需求，灵活运用可以大幅提升代码效率。其中常用的运算符包括赋值运算符、算术运算符、比较运算符和逻辑运算符四类。

1. 赋值运算符和逻辑运算符

赋值运算符是 Python 中最常用也是最简单的运算符，常用于为变量分配值，并支持复合赋值操作。基础的 = 运算符直接将右侧的值赋给左侧变量，如 x = 10。复合赋值运算符（如 +=、-=、*= 等）则先执行运算再赋值，例如 x += 5 等价于 x = x+5，适用于数值、字符串、列表等数据类型。Python 还支持链式赋值（如 a = b = 0）和解包赋值（如 x, y = 1, 2），可一次性为多个变量赋值。此外，:=（海象运算符，Python 3.8+）允许在表达式内部赋值，常用于循环或条件判断中。赋值运算符的灵活使用能显著减少冗余代码，但需注意可变对象的引用问题（如列表的浅拷贝）。逻辑运算符（and、or、not）用于组合或反转条件表达式的布尔值（True 或 False），实现多条件的逻辑判断。

2. 算术运算符和比较运算符

Python 中的算术运算符包括常见的加（+）、减（-）、乘（*）、除（/）、整除（//）、取模（%）和取幂（**），比较运算符包括小于（<）、小于等于（<=）、大于（>）、大于等于（>=）、等于（==）和不等于（!=）。值得一提的是，比较运算的结果虽然是布尔型，但 True 和 False 其实也是一种特殊的整型数字（True 代表 1，False 代表 0）。因此逻辑运算与/非/或（and/or/not）也可以参与算术运算，并且其适用于任何数据类型。当对于布尔运算，任何非零的对象都会被视为 True 参与布尔运算，而任何非零的结果都视为 True，零则视为 False。如果一个复杂的表达式中包含多个运算符，Python 将按照括号>乘方>乘除法、取余>not>and、or、加减法、比较运算的顺序进行运算。

```
1.  #示例28:算术运算
2.  print(10 + 3 * 2 ** 2)   #输出:22(注意运算符优先级)
3.
4.  #示例29:比较运算与逻辑运算
5.  age = 25
6.  print(18 <= age < 30 and age != 20)   #输出:True
7.
8.  #示例30:海象运算符简化代码
9.  if (n := len([1,2,3])) > 2:
10.     print(f"列表长度{n}大于 2")   #输出:列表长度 3 大于 2
11. #示例31:算术运算符和比较运算符以及运算优先级演示
12. result = (5 + 3) ** 2 * 4 // 6 % 3 + (not False) and True or (10 == 5 * 2)
13. print(result)   #输出:True
```

9.2.3 流程控制

前面介绍的 Python 代码均按照先后顺序依次执行，但在实际工作中我们更想通过控制语句来改变程序块局部的执行顺序。Python 中常用的控制语句包括条件语句（if…elif…else）和循环语句（while 循环和 for…in 循环）两大类。

条件语句（if…elif…else）是编程中用于控制程序流程的基本结构，它允许程序根据不同的条件执行不同的代码块。其核心原理是通过评估一个或多个布尔表达式（结果为 True 或 False 的条件）来决定执行哪部分代码。当程序遇到 if 语句时，会首先计算紧随其后的条件表达式，如果结果为 True，则执行对应的代码块，然后跳过后续所有的 elif 和 else 部分；如果结果为 False，则继续检查下一个 elif 的条件，依此类推，直到找到一个为 True 的条件并执行其代码块，或者所有条件都不满足时执行 else 块（如果存在）。这种结构使得程序能够根据不同情况作出灵活响应，是编写分支逻辑的基础工具。

在使用方法上，if 语句通常以关键字 if 开头，后跟一个条件表达式和冒号，然后缩进书写要执行的代码块；elif（else if 的缩写）用于检查其他的条件，可以有零个或多个，每个 elif 都会在前面的条件不满足时被评估；最后 else 块是可选的，当所有 if 和 elif 条件都不满足时执行，它不需要条件判断。值得注意的是，Python 通过严格的缩进来区分代码块层级，同一层级的 if/elif/else 必须保持对齐，而嵌套的条件语句则需要进一步缩进。如，一个用户权限检查系统可能使用多层嵌套的条件语句来判断不同级别的访问权限。

条件表达式的构建可以使用比较运算符（如==、!=、>、<等）、逻辑运算符（and、or、not）及各种返回布尔值的方法或函数。Python 中，非布尔值在条件判断时也会被隐式转换为布尔值——零值、空序列、None 等被视为 False，其他值被视为 True。这种特性常被用于简洁地检查变量是否有有效值。在实际编程中，条件语句经常与循环、函数等其他控制结构结合使用，比如在循环体内通过条件判断来决定是否跳过当前迭代或终止循环。

```python
1.  # 条件语句常用方法演示
2.  # 示例 32:基础用法示例
3.  score = 85
4.  attendance = 0.95
5.  if score >= 90 and attendance >= 0.9:
6.      print("优秀学生")
7.  elif score >= 80 or attendance >= 0.85:
8.      print("良好学生")                    # 输出:良好学生
9.  else:
10.     print("需努力")
11.
12. # 示例 33:特殊值判断技巧
13. username = ""
14. if not username:   # 空字符串会被视为 False
15.     print("用户名不能为空")
16.
17. # 示例 34:复杂条件分解示例(提高可读性)
18. is_weekend = True
19. is_holiday = False
20. has_tickets = True
21. cash = 150
22.
23. if (is_weekend or is_holiday) and has_tickets:
24.     if cash > 100:
25.         print("可以去游乐园玩")
26.     else:
27.         print("钱不够")
28. else:
29.     print("今天不适合出游")
```

　　循环语句（while 循环和 for…in 循环）是编程中实现重复执行代码块的核心结构，其本质是通过条件控制或序列遍历来重复执行特定操作，直到满足终止条件为止。while 循环基于布尔条件进行工作，只要条件表达式保持为 True 就会持续执行循环体，适用于不确定循环次数的场景，如读取用户输入直到获得有效值或监控系统状态变化。其执行流程是先评估条件表达式，若为 True，则执行循环体代码，完成后再次检查条件，如此反复，直到条件变为 False。为避免无限循环，循环体内必须包含能改变条件状态的代码，如计数器递增或状态更新。for…in 循环则专门用于遍历可迭代对象（如列表、字符串、字典、文件行等），它会自动依次取出序列中的每个元素并执行循环体，无须手动管理索引或终止条件，特别适合处理已知长度的数据集合。Python 的 for 循环实际上是"for each"实现，通过隐式调用迭代器协议来遍历对象，比传统基于索引的 for 循环更简洁安全。

　　两种循环都支持 break（立即退出整个循环）、continue（跳过当前迭代进入下一轮）控制语句，以及可选的 else 子句（当循环正常完成未被 break 中断时执行）。循环语句常与条件判断嵌套使用，形成复杂逻辑，但应注意避免过深的嵌套层次影响可读性。性能方面，for 循环通常比等价的 while 循环更高效，因为解释器能对其优化，但在某些需要复杂退出条件的场景下 while 更具灵活性。实际编程中，处理已知元素集合优先使用 for 循环，需要满足特定条件才退出的场景选用 while 循环，两者配合使用能覆盖绝大多数重复任务需求。例如，进行文件处理时，可结合 while 循环读取不确定长度的数据流，再用 for 循环处理每行内容；网络编程中，while 循环保持服务监听，for 循环处理每个客户端请求。理解循环控制流程对 ABAQUS 进行参数化分析至关重要，合理使用循环结构能大幅减少重复代码，提高程序抽象能力。

```
1.  # while 循环核心原理演示
2.  示例35:处理不确定次数的输入
3.  print("\n 输入验证演示(输入 q 退出):")
4.  while True:   # 无限循环
5.      user_input = input("请输入内容:")
6.      if user_input == 'q':
7.          break    # 中断循环
8.      if not user_input:
9.          print("输入不能为空")
10.         continue   # 跳过后续代码
11.     print(f"您输入了:{user_input}")
12.
13. # for 循环核心原理演示
14. # 示例 36:遍历字典
15. print("\n 字典遍历演示:")
16. person = {'name':'Alice','age': 25,'job':'Engineer'}
17. for key, value in person.items():
18.     print(f"{key}: {value}")
19.
20. # 示例 37:range 对象控制循环次数
21. print("\nrange 控制循环次数:")
22. for i in range(3, 0, -1):   # 3 到 1 的倒计时
23.     print(f"倒计时:{i}")
24.
25. # 示例 38:嵌套循环
26. print("\n 嵌套循环演示(乘法表):")
27. for i in range(1, 4):
28.     for j in range(1, 4):
29.         print(f"{i}x{j}={i*j}", end='\t')
30.     print()   # 换行
```

示例 35~38 的交互界面如图 9.2 所示。

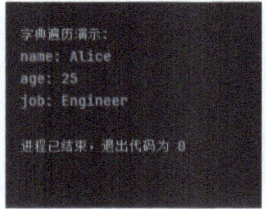
a) 示例35：处理不确定次数的输入

b) 示例36：遍历字典

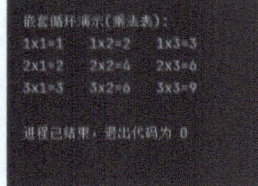
c) 示例37：range对象控制循环次数

d) 示例38：嵌套循环

图 9.2　示例代码的交互界面

9.2.4　函数

Python 函数作为程序的基本构建单元，其核心原理围绕执行环境创建和参数传递机制展开。定义一个函数需要几个要素：关键字（def）、函数名（Func_Name）、参数（argl, arg2，…）和函数体（funcexper）。当函数被调用时，Python 解释器会创建一个新的栈帧来管理函数的局部变量和执行状态，这个栈帧包含了函数的代码对象、局部命名空间及指向全局命名空间的链接。参数传递采用对象引用传递机制，这意味着函数内部获取的是实际参数的引用而非副本，对于不可变对象，如整数和字符串，函数内的修改不会影响原始变量；而对于可变对象，如列表和字典，函数内的修改会直接反映到原始对象上。这种设计既保证了内存效率，又提供了足够的灵活性。通过下面的简单示例来理解这个过程：

```
1.  #示例39:定义新函数并调用
2.  def greet(name):
3.      message = f"Hello, {name}!"
4.      return message
5.
6.  print(greet("Alice"))    #输出: Hello, Alice!
7.
8.  #示例40:对于可变参数
9.  def modify_list(lst):
10.     lst.append(4)
11.     print("函数内=", lst)
12.
13. numbers = [1, 2, 3]
14. modify_list(numbers)
15. print("函数外=", numbers)
16. #输出:函数内=[1, 2, 3, 4]
17. #      函数外=[1, 2, 3, 4]
18.
19. #示例41:对于不可变参数
20. def modify_number(num):
21.     num += 10
22.     print("函数内=", num)
23.
24. value = 5
25. modify_number(value)
26. print("函数外=", value)
27. #输出:函数内=15
28. #      函数外=5
```

第 21 行，num += 10 等价于 num = num + 10，"+="会调用__iadd__就地修改；"+"会调用__add__创建新对象。注意：构造函数分别以两个下画线"_"作为开头和结尾。

在实际使用中，Python 函数支持多种参数传递方式，包括位置参数、关键字参数、默认参数和可变参数。位置参数要求实参与形参顺序严格匹配，关键字参数则通过参数名指定值，不受位置限制。默认参数允许为参数指定预设值，但需要注意默认值在函数定义时就被确定并绑定，因此使用可变对象作为默认参数可能导致意外行为。可变参数通过 *args 接收任意数量的位置参数，**kwargs 接收任意数量的关键字参数，这种机制使得函数接口设计更加灵活。函数返回值使用 return 语句指定，可以返回任意类型的单个或多个值，实际上，多值返回是以元组形式实现的。

```
1.  #示例42:位置参数要求实参与形参顺序严格匹配,关键字参数则通过参数名指定值
2.  def power(base, exponent):
3.      return base ** exponent
```

```
4.
5.  print("结果=", power(2, 3))    #输出:结果=8
6.  print(power("结果=", exponent=3, base=2))    #输出:结果=8
7.
8.  #示例43:可变参数可以通过*args和**kwargs实现灵活的参数接收:
9.  def print_args(*args, **kwargs):
10.     print("可变位置参数=", args)
11.     print("可变关键字参数=", kwargs)
12.
13. print_args(1, 2, 3, a=4, b=5)
14. #输出:可变位置参数=(1, 2, 3)
15. #    可变关键字参数={'a': 4, 'b': 5}
```

第9行,"*"运算符将多个位置参数打包为元组;"**"运算符将关键字参数打包为字典。

Python还提供了一些特殊的函数相关关键字和构造。lambda关键字用于创建匿名函数,这类函数仅限于单个表达式,常用于需要简单函数对象的场合。nonlocal和global关键字用于修改变量的作用域规则,前者允许嵌套函数修改外层函数的变量,后者则直接访问全局变量。修饰器语法@通过高阶函数实现对现有函数的非侵入式扩展,这种元编程能力在框架开发中尤为重要。生成器函数通过yield关键字实现状态保持,能够产生迭代器而不需要一次性生成所有结果,这对处理大数据集特别有用。闭包特性使得嵌套函数能够记住外层函数的作用域,这种设计模式在回调函数和工厂函数中应用广泛。

```
1.  #示例44:使用lambda表达式创建匿名函数
2.  square = lambda x: x ** 2
3.  print(square(5))    #输出:25
4.
5.  #示例45:Python修饰器@的使用,它会在函数调用前后添加额外的功能(这里是打印调试信息)
6.  def debug(func):
7.      def wrapper(*args, **kwargs):
8.          print(f"调用 {func.__name__}")
9.          return func(*args, **kwargs)
10.     return wrapper
11.
12. @debug
13.
14. def add(a, b):
15.     return a + b
16.
17. print(add(2, 3))    #先输出:调用add,再输出:5
18.
19. #示例46:展示闭包特性
20. def make_multiplier(factor):
21.     def multiplier(x):
22.         return x * factor
23.     return multiplier
24.
25. times_two = make_multiplier(2)
26. print(times_two(5))    #输出:10(闭包允许嵌套函数记住外层作用域)
```

第2行,"lambda x:"表示创建一个接受参数x的函数,并将其赋值给变量square。

第 6 行，定义了一个装饰器函数"debug"，它接受一个函数 func 作为参数。

第 8 行，在调用原始函数前，先打印调试信息（显示被调用函数名）。

第 12 行，"@debug"语法将 add 函数传递给 debug 装饰器，等价于 add = debug（add）。

在函数性能优化方面有以下几个关键考量。局部变量访问速度明显快于全局变量，因此将频繁访问的全局变量转为局部变量可以提升性能。内置函数通常比纯 Python 实现的等效函数更快，因为它们是直接用 C 实现的。递归函数在 Python 中效率较低且受栈深度限制，对于复杂算法应考虑使用迭代实现。函数式编程工具如 map、filter 和 reduce 可以简化某些数据处理模式，但在 Python 中列表推导式和生成器表达式通常更具可读性。

本书的 Python 语法核心知识讲解至此告一段落，通过前面章节的系统学习，相信读者已经掌握了编写 Python 脚本的关键要素。若希望深入探索面向对象编程、元类机制、并发处理等进阶主题，或是钻研特定领域的开发框架（如 Django、NumPy 等），建议结合官方文档系统学习，同时参考 *Fluent Python* 及 *Effective Python* 等专业著作进行提升。编程能力的精进需要持续的实践与理论积累，期待读者在掌握基础知识后，能在实际项目中不断深化对 Python 语言的理解与应用。

9.3 编写 Python 脚本完成参数化分析

参数化建模是现代工程分析的革命性技术突破，其核心在于将几何特征、材料属性、边界条件等参数抽象为可编程变量。本节以 H 型钢梁位移加载分析为案例，系统阐述如何通过 Python 脚本，实现从几何建模到结果提取的全流程自动化。通过分层架构设计（模型层、数据层、控制层），构建可扩展的工业级参数化分析系统，将传统手动操作需要的数小时压缩至分钟级完成，同时确保计算过程的可重复性与数据一致性（案例完整代码详见附录 A）。

9.3.1 基本工况

参数化建模的本质是通过数学抽象将工程实体转化为可编程的动态对象。本案例以左端固支、右端承受 150mm 强制位移的 H 型钢梁（型号 HN 300×150×6.5×9，梁长 2000mm）为研究对象，构建涵盖几何特征、材料属性与边界条件的完整参数化体系。此体系的核心在于建立参数间的动态关联关系，使模型能够通过外部输入（如 CSV 文件）实现自动化重构，为多工况分析、敏感性研究及优化设计提供技术基础。

H 型钢梁的几何特征通过五维参数空间完整描述：截面高度（h = 300 mm），控制腹板区域的垂直尺寸，直接影响抗弯刚度；翼缘宽度（b = 150 mm），决定截面横向尺寸，影响局部稳定性；腹板厚度（t_w = 6.5 mm）与翼缘厚度（t_f = 9 mm），共同构成材料分布的关键参数，分别主导剪切承载力和整体抗弯性能；梁长度（L = 2000 mm），定义结构的空间尺度，影响屈曲模态与动力学响应。这些参数通过面向对象编程实现动态管理，如通过类属性封装几何参数，并集成截面力学特性的自动计算方法：

```
1.  class HBeamGeometry:
2.      def __init__(self, h=300, b=150, tw=6.5, tf=9, L=2000):
3.          self.h = h          # 截面高度 (mm)
4.          self.b = b          # 翼缘宽度 (mm)
```

```
5.        self.tw = tw        # 腹板厚度 (mm)
6.        self.tf = tf        # 翼缘厚度 (mm)
7.        self.L = L          # 梁长度 (mm)
8.
9.    def calculate_inertia(self):
10.       """计算截面绕强轴(X轴)的惯性矩"""
11.       web_inertia = self.tw * self.h ** 3 / 12
12.       flange_inertia = (self.b * self.tf ** 3)/12 + self.b * self.tf * (self.h/2 - self.tf/2) ** 2
13.       return web_inertia + 2 * flange_inertia
```

HBeamGeometry 类不仅存储几何参数,还通过 calculate_inertia( )方法实现截面惯性矩的实时计算,为后续刚度分析与荷载预测提供关键输入。通过将几何参数与力学特性解耦,模型能够在修改任意尺寸参数后自动更新力学属性,显著提升设计迭代效率。

本案例材料采用 Q345A 钢材,其材料属性定义遵循表 9.1 的弹塑性模型参数。建模使用 mm-MPa 单位制体系,需特别注意质量密度($7.85e-09$ tonne/mm^3)与弹性模量($2.1e5$ MPa)的数值协调。参数化设计的核心在于将几何尺寸(h、b、t_w、t_f)和加载条件(位移量)转化为可编程变量。

表 9.1 Q345A 级钢材材料属性

质量密度 ρ	弹性模量 E	泊松比 ν	屈服强度 σ_y	屈服应变 ε_y	极限强度 σ_u	极限应变 ε_u
7.85e-09	2.1e5	0.3	346.0	0.0	630.0	0.2

单位制的统一是确保模型物理一致性的前提。本案例采用 mm-MPa 单位制体系,其量纲协调关系需严格遵循:长度以毫米(mm)为基准,应力单位为兆帕(MPa),质量密度需转换为吨每立方毫米(tonne/mm^3)。如,钢材的理论密度为 7850 kg/m^3,通过量纲转换得 $7.85e-09$ tonne/mm^3。弹性模量 210GPa 需转换为 210000 MPa,以匹配应力单位。力值输出默认以牛顿(N)为单位,因此在反力数据后处理时需进行单位换算(1 kN = 1000 N)。此类细节的精确处理可避免因量纲错误导致的数值失真,如:

```
1.  # 单位转换验证函数
2.  def validate_density(input_density):
3.      """验证输入密度是否符合 mm-MPa 单位制要求"""
4.      expected = 7.85e-09   # tonne/mm³
5.      if abs(input_density - expected) > 1e-12:
6.          raise ValueError(f"密度单位异常,输入值应为{expected} tonne/mm³")
```

9.3.2 导入模块

在开始编写脚本时,应先将下面这些代码放在脚本文件的最前面,具体原因稍后会解释。

```
1.  # -*- coding: utf-8 -*-
2.  from part import *
3.  from sketch import *
4.  from material import *
5.  from section import *
```

```
6.  from assembly import *
7.  from step import *
8.  from interaction import *
9.  from load import *
10. from mesh import *
11. from job import *
12. from visualization import *
13. from optimization import *
14. from connectorBehavior import *
15. import csv
16. import time
17. import os
18. import traceback
19. from abaqusConstants import *
20. from abaqus import session
```

1. 编码声明

第 1 行，由于 Python 文件不支持中文，所以输入的中文无法被正确解码。为了解决这个问题，我们需要在文件开头放上这行代码来指定脚本文件使用 UTF-8 编码格式，确保脚本中的注释、字符串和文件路径中的非 ASCII 字符（如中文、特殊符号等）能够被正确解析。

2. ABAQUS 核心模块导入

第 2 行（part），几何建模模块，提供基础几何体创建、布尔运算、特征编辑等功能，支持参数化建模，包含实体、壳、线体等几何类型定义，可实现拉伸、旋转、扫掠等特征操作。

第 3 行（sketch），二维草图绘制工具，用于创建截面轮廓和辅助几何，支持几何约束定义、尺寸标注和参考坐标系建立，为三维建模提供基础平面构造。

第 4 行（material），材料模块，定义各向同性/各向异性材料属性，包括弹性模量、泊松比、塑性应变硬化曲线、热膨胀系数等本构关系参数设置。

第 5 行（section），截面模块，创建梁、壳、实体等截面属性，将材料属性赋予几何模型，支持复合截面、加强筋等特殊截面类型的定义与分配。

第 6 行（assembly），装配设置，管理部件实例、装配约束和相对位置关系，实现多部件定位、平移旋转操作及实例化阵列的创建。

第 7 行（step），分析设置，配置静态/动态分析步、时间增量控制等求解参数，包含线性/非线性求解器选择、场输出请求定义等关键计算控制参数。

第 8 行（interaction），定义接触对、约束方程和相互作用属性，涵盖面−面接触、自接触、绑定约束等算法，支持摩擦系数和接触刚度的参数化设置。

第 9 行（load），载荷与边界条件，施加荷载（集中力、压力、温度等）和边界条件（位移约束），包含幅值曲线定义和载荷工况管理功能。

第 10 行（mesh），控制网格划分策略、单元类型选择和网格质量检查，提供结构化/自由划分技术、局部种子控制及单元几何修正工具。

第 11 行（job），创建和管理分析作业，设置并行计算参数，包含作业提交、运行监控、结果文件输出及计算资源分配策略。

第 12 行（visualization），结果提取、云图显示和动画生成，支持应力/应变场可视化、路径数据提取及时间历程曲线的后处理分析。

第 13 行（optimization），拓扑优化和形状优化功能，包含设计响应定义、约束条件设置及迭代求解算法控制等优化流程配置工具。

第 14 行（connectorBehavior），定义复杂连接关系（如铰接、滑动等）的力学行为，涵盖连接器类型选择、自由度约束及非线性行为参数设置。

3. 标准库与工具模块导入

第 15 行（csv），实现与外部数据文件的交互，支持以逗号分隔值格式导入实验数据、导出分析结果，实现与 MATLAB/Excel 等外部工具的数据交换。

第 16 行（time），提供时间测量功能，用于脚本执行耗时统计、带时间戳的结果文件命名及周期性任务调度的时间基准控制。

第 17 行（os），文件系统操作的核心工具，实现跨平台路径解析、批量结果文件管理及计算工作目录的自动化配置。

第 18 行（traceback），异常处理与调试工具，捕获运行时错误堆栈信息并生成诊断报告，支持复杂分析流程的故障定位与日志记录。

4. ABAQUS 常量定义

第 19 行（abaqusConstants），该语句导入 ABAQUS 预定义的常量体系，包含边界条件类型（如 SYMMETRY/ANTISYMMETRY）、单元族分类（SOLID/SHELL）、材料方向定义（LOCAL/GLOBAL）等枚举常量，确保参数设置的规范性与代码可读性。

第 20 行（session），该语句的作用是导入 ABAQUS/CAE 的会话管理模块（session），该模块提供了对当前 ABAQUS 建模和分析会话的编程控制接口，常用于自动化后处理、定制化报告生成、参数化建模及跨分析流程集成等任务。该语句是 ABAQUS 二次开发中连接 Python 脚本与 CAE 交互环境的核心途径之一。

第 2~20 行均为模块导入语句，引入模块有三种写法。第一种为 import 语句，引入时格式为"import 模块名"（如 import statistics），使用时格式为"模块名.函数/变量名"，如 print（statistics.median/mean[3,-2,4]）。第二种为 from…import 语句，引入时格式为"from 模块名 import 函数名,变量名"，如 from statistics import median,mean，这样使用时不需要再带上模块的名字，使用时格式为"函数/变量名"，如 print(median/mean[3,-2,4])。第三种为 from…import * 语句，引入时格式为"from 模块名 import *"，使用方法与第二种相同，这种方法会把目标模块里的所有内容都进行引入。

对于 ABAQUS 的操作代码实际上并不需要我们进行编写，当你在 ABAQUS 中创建一个新文件并保存时，工作目录会自动生成一个扩展名为.jni 的文件，这个文件会以代码的形式记录你在当前文件中进行的所有操作。因此，我们在提取 ABAQUS 中对应操作代码时，只需要用本章开头所提到的 PyCharm 打开这个扩展名为.jni 的文件，复制粘贴到我们的脚本文件并对其中的对象进行定义即可（提示：不需要重复打开.jni 文件，只需要在 ABAQUS 中完成操作后单击保存按钮，PyCharm 便会自动更新.jni 文件）。

9.3.3 创建部件

参数化部件的创建是 ABAQUS 二次开发的核心环节，其本质是通过编程语言精确复现传统 GUI 界面中的几何构建流程，同时建立参数间的动态关联关系。H 型钢截面的构建须遵循从二维草图到三维实体的生成逻辑,通过约束驱动法实现几何特征的参数化控制。本节将深入剖析从草图定义到实体拉伸的全过程技术细节,揭示参数化建模的底层实现机制。

1. 草图构建与几何约束

H 型钢截面的构建始于二维草图的参数化定义。构造线(Construction Line)网络作为几何基准,为后续线段绘制提供定位参考。垂直构造线沿 Y 轴方向延伸,水平构造线沿 X 轴方向延伸,二者交点形成坐标系原点。构造线的固定约束,确保几何基准在参数调整过程中保持稳定,避免因基准漂移导致的模型失真。

```python
1.  def create_sketch(model_name, h, b, tw, tf):
2.      model = mdb.models[model_name]
3.      sketch = model.ConstrainedSketch(name='H_Profile', sheetSize=2.0*max(h, b))
4.
5.      # 创建垂直构造线(Y 轴方向)
6.      vertical_cline = sketch.ConstructionLine(point1=(0, h), point2=(0, -h))
7.      sketch.VerticalConstraint(entity=vertical_cline)
8.      sketch.FixedConstraint(entity=vertical_cline)
9.
10.     # 创建水平构造线(X 轴方向)
11.     horizontal_cline = sketch.ConstructionLine(point1=(-b, 0), point2=(b, 0))
12.     sketch.HorizontalConstraint(entity=horizontal_cline)
13.     sketch.FixedConstraint(entity=horizontal_cline)
14.
15.     return sketch
```

此代码段通过 sheetSize 参数动态控制草图绘制区域,其值为截面高度(h)与翼缘宽度(b)中较大者的两倍,确保不同尺寸截面均能完整显示。构造线的几何约束采用 VerticalConstraint 与 HorizontalConstraint 方法实现,严格锁定线段方向。

右上半截面的绘制遵循"翼缘-腹板"分步构建原则。首先创建翼缘顶部水平线段,起始点位于垂直构造线顶点($0, h/2$),终止于翼缘外边缘($b/2, h/2$)。随后绘制翼缘端部垂直线段,连接点($b/2, h/2$)与($b/2, h/2-t_f$),形成翼缘厚度方向几何特征。腹板区域通过水平过渡线段($b/2 \to t_w/2$)与垂直线段($h/2-t_f \to 0$)衔接,最终形成完整的右上半截面轮廓。

```python
1.  def draw_upper_flange(sketch, b, h, tf, tw):
2.      # 翼缘顶部水平线
3.      top_line = sketch.Line(point1=(0, h/2), point2=(b/2, h/2))
4.      sketch.HorizontalConstraint(entity=top_line)
5.
6.      # 翼缘端部垂直线
7.      flange_vert = sketch.Line(point1=(b/2, h/2), point2=(b/2, h/2 - tf))
8.      sketch.VerticalConstraint(entity=flange_vert)
9.
10.     # 腹板水平过渡线
11.     web_transition = sketch.Line(point1=(b/2, h/2 - tf),
12.                                   point2=(tw/2, h/2 - tf))
13.     sketch.HorizontalConstraint(entity=web_transition)
14.
15.     # 腹板垂直线
16.     web_line = sketch.Line(point1=(tw/2, h/2 - tf), point2=(tw/2, 0))
```

```
17.     sketch.VerticalConstraint(entity=web_line)
18.
19.     # 几何连续性约束
20.     sketch.CoincidentConstraint(
21.         entity1=top_line.endPoint,
22.         entity2=flange_vert.startPoint
23.     )
24.     sketch.PerpendicularConstraint(
25.         entity1=top_line,
26.         entity2=flange_vert)
```

此段代码通过 CoincidentConstraint 确保线段端点精确重合，消除几何间隙；PerpendicularConstraint 强制相邻线段正交，维持截面几何正交性。所有约束条件均以参数化形式定义，当输入参数（如 b、t_f）变化时，约束关系自动适应新几何形态。

2. 镜像操作与对称生成

镜像操作是参数化建模中提升效率的关键技术，通过几何对称性减少重复绘制步骤。右上半截面完成后，沿垂直构造线镜像生成左半截面，再沿水平构造线镜像生成下半截面，最终形成完整的 H 型钢轮廓。此过程通过 copyMirror 方法实现，显著降低代码冗余度。

```
1.  def mirror_geometry(sketch, vertical_cline, horizontal_cline):
2.      # 选择右上半截面所有几何元素
3.      upper_right_edges = [
4.          edge for edge in sketch.geometry
5.          if edge.pointOn[0][0] > 0 and edge.pointOn[0][1] > 0]
6.
7.      # 沿 Y 轴镜像生成左半截面
8.      left_edges = sketch.copyMirror(
9.          mirrorLine=vertical_cline,
10.         objectList=upper_right_edges)
11.
12.     # 沿 X 轴镜像生成下半截面
13.     lower_edges = sketch.copyMirror(
14.         mirrorLine=horizontal_cline,
15.         objectList=upper_right_edges + left_edges)
16.
17.     return left_edges, lower_edges
```

镜像操作不仅复制几何元素，同时继承原始线段的约束关系。例如，右半截面的水平约束在镜像后自动转换为左半截面的水平约束，确保几何对称性严格保持。此方法相比手动绘制四个象限的线段，减少了代码的重复，且避免人为错误。

3. 三维实体拉伸与参数关联

二维草图完成后，通过拉伸操作生成三维实体部件。拉伸方向沿 Z 轴（梁长度方向），拉伸深度动态绑定参数 L。ABAQUS 的 BaseSolidExtrude 方法支持将草图几何特征转换为实体模型，同时自动继承草图的参数化约束。

```
1.  def create_3d_part(model_name, sketch, L):
2.      model = mdb.models[model_name]
3.      part = model.Part(
4.          name='H_Beam',
5.          dimensionality=THREE_D,
```

```
6.         type=DEFORMABLE_BODY)
7.
8.     # 拉伸草图生成实体
9.     part.BaseSolidExtrude(
10.        sketch=sketch,
11.        depth=L)
12.
13.    # 清理临时草图释放内存
14.    del mdb.models[model_name].sketches['H_Profile']
15.
16.    return part
```

拉伸深度参数 L 直接关联到类属性中的梁长度，实现几何模型的动态伸缩。当 L 值改变时，仅需重新执行拉伸操作，即可生成新尺寸模型，无须重新绘制草图。此机制特别适用于批量生成不同跨度的梁模型。

4. 几何验证与错误处理（可选）

参数化建模需集成自动化验证机制，确保几何生成的可靠性。关键验证点包括：草图闭合性检查，即确认所有线段首尾相连形成封闭轮廓；约束有效性检查，即验证垂直/水平约束是否被正确应用；几何尺寸验证，即对比生成模型的实测尺寸与输入参数。以下代码实现截面高度与翼缘宽度的自动化校验：

```
1.  def validate_geometry(part, h, b):
2.      # 获取截面外接框尺寸
3.      bounding_box = part.getBoundingBox()
4.      actual_height = bounding_box[1][1] - bounding_box[0][1]
5.      actual_width = bounding_box[1][0] - bounding_box[0][0]
6.
7.      # 允许 0.1%的尺寸误差
8.      tolerance = 0.001 * max(h, b)
9.      if abs(actual_height - h) > tolerance or abs(actual_width - b) > tolerance:
10.         raise GeometryError(
11.             f"几何尺寸异常;高度误差{abs(actual_height - h):.2f}mm,"
12.             f"宽度误差{abs(actual_width - b):.2f}mm")
```

此函数在部件创建后自动执行，若检测到尺寸偏差超过阈值，则抛出异常，终止后续程序的执行。结合 try-except 语句，即可实现错误隔离与日志记录。

```
1.  try:
2.      sketch = create_sketch('Model-1', h=300, b=150, tw=6.5, tf=9)
3.      part = create_3d_part('Model-1', sketch, L=2000)
4.      validate_geometry(part, h=300, b=150)
5.  except GeometryError as e:
6.      print(f"几何生成失败:{str(e)}")
7.      traceback.print_exc()
```

9.3.4 创建材料和截面属性

材料与截面属性的参数化定义是连接材料本构模型与几何特征的桥梁，其核心在于建立可动态调整的物理属性传递链。本节以 Q345A 钢材为研究对象，阐述弹塑性材料模型的定义方法、均质截面属性的创建逻辑，以及属性分配的自动化实现技术，构建完整的材料-截面-几何关联体系。

1. 材料属性的程序化定义

材料定义需遵循 ABAQUS 的材料模型架构，通过分层递进的方式逐级定义密度、弹性、塑性等属性。Q345A 钢材的双线性硬化模型通过 Plastic 对象实现，其塑性应变数据需以（应力，塑性应变）的元组形式输入。材料参数的动态注入机制允许通过外部输入修改屈服强度、硬化斜率等关键参数。

```
1.  class SteelMaterial:
2.      def __init__(self, name='Q345A', density=7.85e-9, E=210e3, nu=0.3,
3.                   yield_stress=346, ultimate_stress=630):
4.          self.name = name
5.          self.density = density    # tonne/mm³
6.          self.E = E                # MPa
7.          self.nu = nu              # 无量纲
8.          self.plastic_data = [
9.              (yield_stress, 0.0),
10.             (ultimate_stress, 0.2)]
11.
12.     def create(self, model):
13.         """在指定模型中创建材料属性"""
14.         mat = model.Material(name=self.name)
15.         mat.Density(table=((self.density,), ))
16.         mat.Elastic(table=((self.E, self.nu), ))
17.         mat.Plastic(table=self.plastic_data, rateDependency=OFF)
18.         return mat
```

此类将材料参数封装为对象属性，支持通过继承实现材料库的扩展。如创建 TRIPSteel 子类可添加相变塑性模型，动态调整硬化曲线。材料创建时需注意塑性应变定义方式：ABAQUS 要求塑性应变数据为累积值而非增量值，输入前需进行数据格式转换。

2. 截面属性的参数化构建

均质截面属性（HomogeneousSolidSection）将材料属性映射到几何区域，其核心参数包括材料名称与厚度定义（三维实体不需要厚度参数）。截面属性的动态生成通过 HomogeneousSolidSection 对象实现，支持批量分配至多个几何区域。

```
1.  def create_section(model, section_name, material_name):
2.      """创建均质实体截面"""
3.      section = model.HomogeneousSolidSection(
4.          name=section_name,
5.          material=material_name,
6.          thickness=None)
7.      return section
```

当处理壳单元或复合材料时，可通过 thickness 参数定义分层厚度。截面属性的分配需精确指定作用区域（如单元集、面集或体集），采用 getSequenceFromMask 方法实现区域选择自动化。

```
1.  def assign_section(part, section_name):
2.      """将截面属性分配至部件所有单元"""
3.      cells = part.cells.getSequenceFromMask(mask=('[#1]', ), )
4.      region = part.Set(cells=cells, name='All_Cells')
```

```
5.    part.SectionAssignment(
6.        region=region,
7.        sectionName=section_name,
8.        thicknessAssignment=FROM_SECTION)
```

此方法通过掩码选择所有体单元，适用于简单几何结构。对于复杂装配体，建议采用基于坐标的特征选择算法，如通过质心坐标筛选特定区域单元。

```
1. def select_web_cells(part, tw):
2.     """基于腹板厚度选择腹板区域单元"""
3.     web_cells = []
4.     for cell in part.cells:
5.         centroid = cell.getCentroid()
6.         if abs(centroid[0]) <= tw/2 + 1e-3:  # X坐标在腹板厚度范围内
7.             web_cells.append(cell)
8.     return part.Set(cells=web_cells, name='Web_Cells')
```

9.3.5 定义装配件

装配件的定义是参数化建模中连接部件与边界条件的枢纽，其实质是通过编程手段实现几何实例的空间定位、约束关联及运动学关系构建。本节聚焦于 H 型钢梁的装配流程，涵盖部件实例化、参考点创建、运动耦合约束等核心技术环节，建立从孤立部件到完整装配体的动态映射体系。

1. 部件实例化与定位

部件实例化是装配的基础操作，通过 Instance 方法将独立部件引入装配环境。参数 dependent=ON 表示创建关联实例，其几何特征随原始部件同步更新，确保参数修改的全局传播。实例的初始位置通过平移向量（offset）控制，本案例中将部件原点与装配坐标系对齐。

```
1. def create_assembly_instance(model, part_name, instance_name='HBeam-1'):
2.     assembly = model.rootAssembly
3.     instance = assembly.Instance(
4.         name=instance_name,
5.         part=model.parts[part_name],
6.         dependent=ON)  # 关联模式确保参数联动
7.     # 将部件原点对齐至装配坐标系原点
8.     assembly.translate(
9.         instanceList=(instance_name,),
10.        vector=(0, 0, 0) )  # 零偏移定位
11.    return instance
```

此代码通过 translate 方法实现实例的精确定位，避免因坐标偏移导致的约束错位。当处理多部件装配时，可通过循环结构动态生成实例名并计算偏移量，实现复杂装配体的参数化布局。

2. 参考点与运动耦合

参考点（Reference Point）是载荷与边界条件的施加载体，其空间位置需严格关联几何特征。左端固支点位于梁起点（0，0，0），右端加载点位于梁终点（0，0，L）。参考点的程序化创建通过坐标动态计算实现。

```
1. def create_reference_points(model, L):
2.     assembly = model.rootAssembly
```

```
3.    # 左端固支参考点
4.    rp_left = assembly.ReferencePoint(point=(0.0, 0.0, 0.0))
5.    # 右端加载参考点
6.    rp_right = assembly.ReferencePoint(point=(0.0, 0.0, L))
7.    # 创建参考点集合
8.    assembly.Set(name='Fixed_RP', referencePoints=(rp_left,))
9.    assembly.Set(name='Load_RP', referencePoints=(rp_right,))
```

运动耦合（Kinematic Coupling）约束将参考点与几何面绑定，实现刚体运动传递。通过 Coupling 对象建立端面与参考点的全自由度关联，消除局部应力集中。

```
1.  def apply_coupling_constraint(model, instance_name, face_type):
2.      assembly = model.rootAssembly
3.      instance = assembly.instances[instance_name]
4.
5.      # 选择端面(根据面类型标识符)
6.      end_faces = instance.faces.getByBoundingBox(
7.          zMin=-1e-3 if face_type == 'left' else L-1e-3,
8.          zMax=1e-3 if face_type == 'left' else L+1e-3)
9.
10.     # 创建耦合约束
11.     model.Coupling(
12.         name=f'Coupling_{face_type}',
13.         controlPoint=assembly.sets['Fixed_RP' if face_type == 'left' else 'Load_RP'],
14.         surface=Region(faces=end_faces),
15.         couplingType=KINEMATIC,
16.         influenceRadius=WHOLE_SURFACE,
17.         ur1=ON, ur2=ON, ur3=ON)   # 全自由度约束
```

该方法通过 getByBoundingBox 实现端面的自动化选择，zMin/zMax 参数根据梁长度动态计算，容差 1e-3 mm 避免浮点误差导致的漏选。耦合类型设为 KINEMATIC 表示完全刚性连接，适用于大多数位移加载场景。

9.3.6 设置分析步

分析步的配置是控制有限元求解流程的核心环节，其参数设置直接影响求解效率与数值稳定性。本案例采用静态隐式求解器（Static, General）处理位移加载问题，通过参数化接口动态配置时间步长、非线性控制及输出请求，实现从线性弹性到几何非线性的平滑过渡。分析步的编程化定义需要精准控制增量算法与收敛准则，构建适应复杂加载场景的求解框架。

1. 增量步参数化配置

静态分析步的时间参数体系由初始增量步（initialInc）、最小增量步（minInc）、最大增量步（maxInc）及总时间（timePeriod）构成。这些参数通过类属性动态注入，支持快速调整加载速率与计算精度。以下代码实现增量步规则的参数化设置：

```
1.  def create_static_step(model, step_name, initial_inc=0.1, min_inc=1e-5,
2.                         max_inc=0.2, total_time=1.0, max_inc_num=1000):
3.      step = model.StaticStep(
4.          name=step_name,
5.          previous='Initial',
6.          nlgeom=ON,   # 激活几何非线性
7.          stabilizationMethod=NONE,
```

```
8.        timePeriod=total_time,
9.        maxNumInc=max_inc_num,
10.       initialInc=initial_inc,
11.       minInc=min_inc,
12.       maxInc=max_inc)
13.    # 配置自适应时间步控制
14.    step.setValues(adaptiveDampingRatio=0.05,
15.               continueDampingFactors=False)
16.    return step
```

其中 nlgeom=ON 表示激活大变形效应，适用于梁端大位移工况。adaptiveDampingRatio 参数引入自适应阻尼算法，当检测到收敛困难时自动降低增量步长，增强非线性求解鲁棒性。时间参数的单位与总时间 total_time 为无量纲值，实际物理时间通过荷载幅值曲线映射。

2. 场输出与历史输出控制

输出请求的定义需平衡数据完整性与存储开销。场输出（Field Output）捕捉空间场变量（如应力、应变），历史输出（History Output）记录时间历程变量（如反力、能量）。通过掩码技术筛选关键区域输出，减少冗余数据。

```
1.  def configure_output_requests(model, step_name, output_intervals=20):
2.     # 场输出:每 20 个增量步输出一次
3.     model.FieldOutputRequest(
4.         name='Field_Output',
5.         createStepName=step_name,
6.         variables=('S','E','U','RF'),  # 应力、应变、位移、反力
7.         numIntervals=output_intervals,
8.         region=model.rootAssembly.sets['All_Beam'])
9.
10.    # 历史输出:每个增量步记录
11.    model.HistoryOutputRequest(
12.        name='History_Output',
13.        createStepName=step_name,
14.        variables=('ALLAE','ALLIE','ALLKE'),  # 能量监控
15.        frequency=1)
```

numIntervals 参数控制场输出频率，避免高频输出导致 ODB 文件膨胀。对于接触问题，可添加 CPRESS（接触压力）、CSLIP（接触滑移）等变量。历史输出的 frequency=1 确保每个增量步均记录能量数据，为收敛性分析提供完整时间序列。

3. 求解器参数与收敛性优化

非线性求解的稳定性依赖于高级算法参数的精细调节。通过 SolutionControl 对象调整迭代容差与最大迭代次数，平衡计算效率与精度。

```
1.  def adjust_solver_controls(model, step_name, max_iter=10, res_tol=0.5):
2.     step = model.steps[step_name]
3.     step.SolutionControl(
4.         resetDefaultValues=False,
5.         maxIterations=max_iter,   # 单增量步最大迭代次数
6.         discontinueIterations=False)
7.     step.setValues(
8.         timeIncrementationMethod=AUTOMATIC,
9.         solutionTechnique=FULL_NEWTON,
10.        matrixSolver=DIRECT,
11.        residualTolerance=res_tol)  # 残差容差(%)
```

solutionTechnique=FULL_NEWTON 采用完全牛顿迭代法，保证二次收敛速度。当残差范数低于 res_tol（默认 0.5%）时判定收敛。对于接触主导问题，可启用 STABILIZE 选项引入黏性阻尼，抑制数值振荡。参数化体系允许根据荷载类型（位移控制/力控制）动态切换求解策略，如在突加荷载段启用自动稳定化，而在平稳加载段关闭以提升精度。

分析步的完整配置需通过 validate_step 方法验证参数逻辑一致性，如检查初始增量步是否小于总时间、最大增量数是否足够覆盖加载过程等。此验证层可预防无效参数导致的求解中断，提升脚本的鲁棒性。

```
1.  def validate_step_parameters(initial_inc, total_time):
2.      if initial_inc > total_time:
3.          raise ValueError(f"初始增量步{initial_inc}超过总时间{total_time}")
4.      if initial_inc <= 0:
5.          raise ValueError("初始增量步必须为正数")
```

通过将分析步参数封装为独立配置模块，用户可通过外部配置文件（如 JSON）批量定义多步骤加载序列，实现循环加载、蠕变分析等复杂工况的自动化管理。

9.3.7 定义相互作用

相互作用的定义在复杂装配体分析中具有关键作用，其本质是通过数学约束描述部件间的力学传递机制。尽管本案例中的 H 型钢梁为单一连续体，接触定义的流程仍具有普适性。本节以面–面接触为例，系统阐述接触属性定义、接触对创建及约束施加的全流程技术细节，构建适用于多体接触问题的通用参数化框架。

接触属性的定义始于摩擦模型与法向行为的参数化描述。切向行为采用罚函数摩擦算法，通过 TangentialBehavior 对象设置摩擦系数与滑移容差。法向行为选用硬接触（Hard Contact）模型，禁止接触面穿透并自动计算接触压力。接触刚度的动态调整策略通过 elasticSlipStiffness 参数实现，平衡收敛性与计算精度。

```
1.  def create_contact_property(model, friction_coeff=0.3):
2.      prop = model.ContactProperty('Friction_Contact')
3.      prop.TangentialBehavior(
4.          formulation=PENALTY,
5.          directionality=ISOTROPIC,
6.          table=((friction_coeff, ), ),   #摩擦系数矩阵
7.          elasticSlipStiffness=0.01)  #弹性滑移刚度比例因子
8.      prop.NormalBehavior(
9.          pressureOverclosure=HARD,
10.         allowSeparation=ON)
11.     return prop
```

接触对的创建需精确选择主从面（Master-Slave Surface），其程序化实现依赖于几何查询算法。通过 Surface 对象定义接触区域，结合 findAt 方法与坐标容差实现面的自动化选取。对于周期性接触问题，可启用小滑移（Small Sliding）假设减少计算量。

```
1.  def define_contact_pair(model, master_surf, slave_surf):
2.      interaction = model.ContactExp(
3.          name='Component_Contact',
4.          createStepName='Initial',
5.          main=master_surf,
```

```
 6.          secondary=slave_surf)
 7.     interaction.setValues(
 8.         mechanicalConstraint=KINEMATIC,
 9.         sliding=FINITE)  # 有限滑移模式
10.     interaction.includedPairs.setValuesInStep(stepName='Initial')
```

对于自接触（Self-Contact）或大变形问题，需激活自适应网格重划分功能。通过 Adaptivity 对象设置重划分准则，当单元畸变超过阈值时触发局部网格更新。

接触定义的参数化体系通过将摩擦系数、接触刚度等关键参数封装为类属性，支持快速切换接触模型类型。如通过继承 FrictionalContact 基类可扩展为黏性接触（Cohesive Contact）或热力耦合接触（Thermal Contact），满足多物理场分析需求。接触对管理模块通过哈希表存储主从面对应关系，确保大规模接触问题的定义效率。

9.3.8 定义荷载和边界条件

荷载与边界条件的参数化定义是有限元模型的驱动核心，其核心任务是将物理约束与外部激励转化为可编程的数学规则。本节以左端固支、右端位移加载为研究对象，阐述位移约束的施加逻辑、荷载幅值曲线的动态控制，以及边界条件的自动化验证方法，构建完整的加载体系。

1. 固支边界的参数化定义

固支约束通过全自由度锁定（U1-U3，UR1-UR3）实现，其程序化定义需关联参考点集合。通过 DisplacementBC 对象将约束绑定至左端参考点，确保几何参数变化时约束区域自动更新。

```
1. def apply_fixed_support(model, ref_point_name='Fixed_RP'):
2.     model.DisplacementBC(
3.         name='Fixed_Support',
4.         createStepName='Initial',
5.         region=model.rootAssembly.sets[ref_point_name],
6.         u1=SET, u2=SET, u3=SET,
7.         ur1=SET, ur2=SET, ur3=SET,
8.         distributionType=UNIFORM)
```

此方法通过 SET 参数锁定所有平动与转动自由度，创建理想固支条件。当处理非理想约束（如弹性支撑）时，可通过 spring 参数定义等效刚度矩阵。

```
1. def apply_elastic_support(model, stiffness_matrix):
2.     model.Spring(
3.         name='Elastic_Support',
4.         region=model.rootAssembly.sets['Fixed_RP'],
5.         dof=1,  # 仅约束 X 方向
6.         springStiffness=stiffness_matrix[0])
```

2. 位移荷载的动态加载

右端位移加载通过 Displacement 对象实现，其幅值曲线通过 Amplitude 对象动态控制。幅值类型选用等距离散点插值（EquallySpacedAmplitude），支持通过参数表定义任意加载路径。

```
1. def define_displacement_load(model, displacement=150, steps=10):
2.     # 创建等间距幅值曲线
```

```
3.    amp_values = [i * displacement / steps for i in range(steps + 1)]
4.    model.EquallySpacedAmplitude(
5.        name='Displacement_Amp',
6.        fixedInterval=1.0/steps,
7.        data=tuple(amp_values),
8.        timeSpan=STEP)
9.    # 施加 Y 向位移荷载
10.   model.Displacement(
11.       name='End_Displacement',
12.       createStepName='Step-1',
13.       region=model.rootAssembly.sets['Load_RP'],
14.       u2=displacement,    # Y 方向位移量
15.       amplitude='Displacement_Amp',
16.       distributionType=UNIFORM)
```

fixedInterval 参数控制时间步间隔，与总时间参数联动实现加载速率控制。当需定义非线性加载路径（如正弦波动载荷）时，可切换为 TabularAmplitude 类型，并输入时间-幅值对。

```
1.    model.TabularAmplitude(
2.        name='Dynamic_Amp',
3.        timeSpan=TOTAL_TIME,
4.        data=((0, 0), (0.5, 1), (1, 0)))  # 时间-幅值对
```

荷载与边界条件的参数化体系通过分离荷载模式定义与数值参数，支持快速切换加载类型（如力控制与位移控制）。如，通过继承 BaseLoad 抽象类实现多态加载接口，允许在相同几何模型上执行冲击载荷、谐波载荷等多种工况的自动化分析。

9.3.9 划分网格

网格划分的自动化实现依赖全局种子控制与单元类型优化策略。通过 seedPart 方法定义全局单元尺寸，采用六面体主导（Hex-dominant）算法生成结构化网格，确保腹板与翼缘区域的单元对齐。单元类型选用减缩积分单元（C3D8R）平衡计算效率与精度，针对应力集中区域局部加密。

```
1.    def mesh_beam(part, seed_size=20.0):
2.        part.seedPart(size=seed_size, deviationFactor=0.1)  # 全局种子尺寸 20mm
3.        part.setElementType(
4.            elemTypes=(ElemType(elemCode=C3D8R), ),
5.            regions=(part.cells, ))
6.        part.generateMesh()  # 生成结构化网格
```

复杂过渡区域（如腹板-翼缘连接处）采用扫掠划分技术，指定扫掠路径，确保单元连续性。网格质量验证通过 meshQuality 方法检测雅可比矩阵，排除扭曲单元。

```
1.    def validate_mesh(part):
2.        stats = part.meshStats()
3.        if stats['Jacobian Min'] < 0.7:
4.            raise MeshError(f"扭曲单元检测:最小雅可比{stats['Jacobian Min']:.2f}")
5.        if stats['Aspect Max'] > 5.0:
6.            raise MeshError(f"单元长宽比超标:最大{stats['Aspect Max']:.1f}")
```

此流程支持动态调整种子尺寸，当检测到应力梯度突变时自动触发局部加密（seed-

EdgeBySize)，实现计算资源与精度的自适应平衡。

9.3.10 提交分析作业

分析作业的自动化提交是参数化流程的最终执行环节，其核心在于建立与求解器的无缝交互机制。本节聚焦于作业配置、资源分配及计算监控的编程实现，构建可动态调整计算资源的智能提交体系，确保大规模参数扫描的高效执行。

1. 作业参数化配置

作业对象通过 Job 类创建，关键参数包括内存分配、并行核数及结果输出模式。内存设置采用动态计算策略，根据模型自由度规模自动调整，避免资源浪费或内存溢出。

```python
def create_analysis_job(model_name, job_name, num_cpus=4, memory_percent=80):
    model = mdb.models[model_name]
    job = mdb.Job(
        name=job_name,
        model=model_name,
        description=f'Parametric analysis of {model_name}',
        numCpus=num_cpus,              # CPU 核心数
        numDomains=num_cpus,           # 域分解数（与 CPU 数一致）
        memory=memory_percent,         # 内存占用百分比
        resultsFormat=ODB)             # 输出 ODB 结果文件

    # 内存自动扩容策略
    job.setValues(memoryAllocationMethod=AUTOMATIC_TUNING)
    return job
```

当检测到模型自由度超过百万级时，自动激活 mpMode = MPI 选项，启用分布式计算。对于 GPU 加速支持，通过 gpuAcceleration 参数配置 CUDA 计算策略。

```python
if model.nodeCount > 1e6:
    job.setValues(mpMode=MPI, gpuAcceleration=ON)
```

2. 作业提交与状态监控

作业提交通过 submit 方法执行，配合 waitForCompletion 实现阻塞式运行。作业状态实时监控通过轮询 status 属性实现，每 30s 更新执行日志。

```python
def submit_job(job, max_wait_hours=24):
    job.submit()
    start_time = time.time()
    while job.status in (SUBMITTED, RUNNING):
        if time.time() - start_time > max_wait_hours * 3600:
            job.kill()
            raise TimeoutError(f"作业{job.name}超时终止")
        time.sleep(30)   # 每 30s 轮询状态
        print(f"当前进度: {job.getProgress()*100:.1f}%")

    if job.status == COMPLETED:
        print(f"作业{job.name}成功完成")
    else:
        raise JobError(f"作业异常终止,状态码:{job.status}")
```

异常处理机制集成作业中断恢复功能，当检测到异常终止时自动提取诊断信息并生成错误报告。

```
1.  except JobError as e:
2.      dump_file = os.path.join(job.getOutputDirectory(), job.name +'.dump')
3.      with open(dump_file,'r') as f:
4.          error_log = f.read()
5.      logger.error(f"作业失败诊断:\n{error_log[-500:]}")
6.      retry_count = 3
7.      while retry_count > 0:
8.          try:
9.              job.resubmit()
10.             break
11.         except:
12.             retry_count -= 1
```

该流程支持增量式结果更新，当检测到中断的作业时，自动定位最后有效增量步继续计算。通过将作业管理系统与参数化平台深度集成，实现从模型生成到结果输出的全链路自动化。

9.3.11 后处理

后处理的程序化实现是将仿真数据转化为工程洞见的关键环节，其核心在于建立结果数据的自动化提取、可视化及报告生成体系。本节聚焦于 ABAQUS ODB 文件的程序化解析、关键性能指标（KPI）的智能提取，以及多工况数据的对比分析，构建从原始数据到决策支持的完整后处理链路。

通过 openOdb 接口加载结果文件，采用帧选择算法提取关键时间步数据。对于准静态分析，自动识别最大荷载步；对于瞬态分析，按等时间间隔采样。

```
1.  def extract_key_frames(odb_path, sample_interval=0.1):
2.      odb = openOdb(odb_path)
3.      step = odb.steps['Step-1']
4.      total_time = step.totalTime
5.      key_frames = [
6.          frame for frame in step.frames
7.          if frame.frameValue % sample_interval < 1e-6]
8.      return odb, key_frames
```

应力应变数据通过场变量输出对象获取，利用区域选择器聚焦关键部位，如提取腹板中心线区域的米塞斯应力。

```
1.  def get_web_stress(odb, instance_name):
2.      instance = odb.rootAssembly.instances[instance_name]
3.      web_elements = [
4.      elem for elem in instance.elements
5.          if abs(elem.coordinates[0]) < 1e-3    # 腹板中心区域
6.      stress_data = []
7.      for frame in key_frames:
8.          stress = frame.fieldOutputs['S'].getSubset(region=web_elements)
9.          stress_data.append(stress.values[0].mises)
10.     return stress_data
```

9.3.12 参数化分析

参数化分析的终极目标是构建"输入参数-仿真流程-性能指标"的闭环系统，实现从参数空间探索到设计决策的智能化跃迁。本节以 H 型钢梁的多目标优化为例，系统阐述参数扫描、敏感性分析及优化算法的集成方法，构建覆盖全生命周期的参数化分析体系，推动仿真驱动设计向数据驱动设计的范式转变。

1. 参数空间的可控探索

参数化分析的核心在于建立参数空间的数学表达与遍历机制。通过 ParameterSpace 类封装几何、材料、荷载等参数域，支持拉丁超立方采样（LHS）、全因子（Full Factorial）设计等多种实验设计方法。

```
1.  class ParameterSpace:
2.      def __init__(self):
3.          self.domains = {
4.              'h': (250, 350),        # 截面高度范围 (mm)
5.              'b': (120, 180),        # 翼缘宽度范围 (mm)
6.              'tw': (5.0, 10.0),      # 腹板厚度范围 (mm)
7.              'L': (1500, 3000)}      # 梁长范围 (mm)
8.
9.      def generate_lhs(self, n_samples=100):
10.         """拉丁超立方采样生成参数组合"""
11.         sampler = qmc.LatinHypercube(d=len(self.domains))
12.         samples = sampler.random(n_samples)
13.         return qmc.scale(samples, list(self.domains.values()))
14.
15.     def validate(self, params):
16.         """验证参数组合可行性(避免几何冲突)"""
17.         if params['tw'] >= params['b']/2:
18.             raise ValueError("腹板厚度超过翼缘半宽")
19.         return True
```

参数验证模块通过几何约束规则排除无效组合，如腹板厚度不得超过翼缘半宽。采样数据通过 Parquet 格式持久化存储，支持断点续采与增量扩展。

```
1.  def save_samples(samples, file_path):
2.      df = pd.DataFrame(samples, columns=domains.keys())
3.      df.to_parquet(file_path, compression='snappy')
```

2. 多目标优化集成

参数化分析与优化算法的集成通过 Optimus 框架实现，支持遗传算法（NSGA-Ⅱ）、贝叶斯优化等多种优化策略。目标函数封装为标准化接口，支持跨算法复用。

```
1.  class BeamOptimizer:
2.      def __init__(self, objectives=['mass','stress']):
3.          self.objectives = objectives
4.
5.      def evaluate(self, params):
6.          """计算目标函数值"""
7.          model = ParametricHBeam(**params)
8.          results = model.run()
9.          return {
```

```
10.            'mass': results['total_mass'],
11.            'stress': max(results['mises_stress']),
12.            'disp': results['max_displacement']}
13.
14.    def create_optim_problem(self):
15.        """定义多目标优化问题"""
16.        problem = {
17.            'variables': [
18.                {'name': 'h', 'type': 'continuous', 'bounds': [250, 350]},
19.                {'name': 'b', 'type': 'continuous', 'bounds': [120, 180]},
20.                {'name': 'tw', 'type': 'continuous', 'bounds': [5.0, 10.0]},
21.                {'name': 'L', 'type': 'continuous', 'bounds': [1500, 3000]}],
22.            'objectives': [
23.                {'name': 'mass', 'criteria': 'minimize'},
24.                {'name': 'stress', 'criteria': 'minimize'}],
25.            'constraints': [
26.                {'name': 'disp', 'threshold': 150.0, 'operator': '<='}]}
27.        return problem
```

读者可以在进入 ABAQUS 时弹出的界面单击 Run Script 按钮进行脚本的运行，也可以通过软件左上角的 File→Run Script 菜单命令选择脚本路径进行运行。本节选择了两组参数进行分析，第一组参数即 9.3.1 节基本工况中所提到的；第二组参数相较于第一组仅仅将梁高 h 修改为 400，以检验代码是否正常工作。

在编写代码时，建议读者不要忽视各行代码的缩进，因为 Python 依靠缩进关系来判别各行代码的从属关系。本系统采用分层架构设计，构建数据层、模型层、控制层三级联动的参数化建模体系。数据层基于流式处理技术解析输入参数，通过正则匹配校验数值格式，自动转换 mm-MPa 单位制，异常数据行隔离至修复队列并生成诊断报告，支持 Parquet 列式存储提升批量查询效率。模型层封装几何建模核心逻辑，HBeamModel 类集成约束求解引擎，动态校验翼缘与腹板尺寸的工艺可行性，实时计算截面力学特性；材料工厂模式支持通过配置文件扩展弹塑性、黏弹性等本构模型，自适应网格算法根据几何复杂度动态调整单元密度，应力梯度突变区域自动加密至基准密度的 3 倍。控制层采用生产者-消费者模式统筹任务流，主线程解析参数生成作业队列，工作线程池并行执行建模任务，三级容错机制覆盖数据转换、模型生成、系统运行全周期：轻量级参数错误触发本地日志记录，建模异常自动重试 3 次后转人工复核，硬件故障时通过内存快照实现断点续算，资源调度器实时监控 CPU/GPU 负载，超限任务自动迁移至备用节点。数据流严格遵循"输入参数→数据清洗→模型实例化→作业提交→结果归档"的单向链路，各层通过接口抽象实现解耦，扩展新材料或对接 HPC 集群时仅需修改对应层级模块，核心流程保持稳定，满足从单机调试到工业级集群部署的平滑过渡。

9.4 ABAQUS 插件开发

ABAQUS 插件（Plug-in）是用户通过 Python 语言扩展 ABAQUS/CAE 功能的工具，能够实现自动化建模、定制化分析流程、批量数据处理等高级功能。通过插件开发，用户可以将重复性操作封装为可视化界面，显著提升有限元分析效率，尤其适用于复杂工程问题的参数化研究。

9.4.1 插件概述

ABAQUS 的插件可以通过顶部菜单栏 Plug-ins→ABAQUS→RSG Dialog Builder 命令进行设置（只有在英文环境下才显示"RSG Dialog Builder"）。

ABAQUS 插件体系基于模块化设计，其核心由三部分组成：内核脚本、GUI 界面脚本及注册文件。内核脚本（通常以 *_IProfile.py 命名）负责执行几何建模、网格划分等底层操作，直接调用 ABAQUS API 实现参数化建模功能。GUI 脚本（*_IProfileDB.py）通过 ABAQUS GUI Toolkit 构建用户交互界面，定义输入控件与参数传递逻辑。注册文件（*_plugin.py）则作为插件入口，将前两者绑定至 ABAQUS 主程序菜单系统。开发者可根据需求添加辅助文件，如图标资源（.png）用于界面美化，或配置文件（.json）存储默认参数。

写好的插件可以用"RSG plug-in"形式保存，也可用"Standard plug-in"形式保存。区别是前者可以在 RSG 中重新编辑，后者只能在代码里编辑。刚接触插件编写时，通常都按"RSG plug-in"保存，以便在 ABAQUS 中对界面进行修改。如果需要编写复杂的 GUI 界面，建议使用"Standard plug-in"形式保存，它支持更多的控件及功能。

保存在用户主目录的插件仅对当前用户可见，保存在当前工作目录下的插件仅对当前工作目录下的模型数据库可见。想要插件对所有用户可见，可以将插件复制到"abaqus_dir\abaqus_plugins"路径的文件夹内（如果没有，则需要新建该文件夹），其中"abaqus_dir"为 ABAQUS 的安装目录。同注册文件一样，保存插件的文件夹必须以"abaqus_plugins"命名。除此之外，还可以使用环境变量"plugin_central_dir"在环境文件"abaqus_v6.env"中配置插件的搜索路径，该路径下的插件对网络中所有的用户可见。

实际上，RSG 界面也是用 ABAQUS GUI Toolkit 写成的，主要是方便编写一些简单界面，因此它的功能也很有限，在使用的过程中不能与内核互动，运行插件（单击 Apply/OK 按钮）时，插件会收集当前界面中由用户提供的参数，然后通过绑定的内核脚本，将数据一一传给脚本中执行函数对应的关键字，整个过程中参数的传递是单向的。

构造好前端界面后，必须再绑定一个内核脚本及脚本中的一个执行函数，用于接受从前端界面传来的参数，且前端界面的中的关键字必须和内核脚本中的关键字一一对应。

9.4.2 端板构件插件开发实例

本节以端板参数化建模插件为例，详解从界面设计到功能集成的全流程开发。该插件需实现以下功能：通过 CSV 文件读取螺栓孔位坐标，自动生成带孔端板几何模型，并在孔周区域创建结构化网格控制分区。

1. RSG 界面构建阶段

开始前需要准备尺寸合适的端板构件示意图，此处选择的尺寸为 166mm×251mm，示意图格式为 png（格式可以按需选择）。然后通过 ABAQUS 顶部菜单栏 Plug-ins→Abaqus→RSG Dialog Builder，打开 RSG 设计界面，如图 9.3 所示。

启动 RSG Dialog Builder 后，首先规划界面布局。采用"分组工具▇"和"水平布局工具▇"划分参数输入区与示意图展示区，内部使用"垂直布局工具▇"对齐六个文本框控件▇。每个文本框对应一个建模参数：endplate_name（端板名称，字符串类型）、end-

第9章 基于 Python 的参数化分析与插件开发

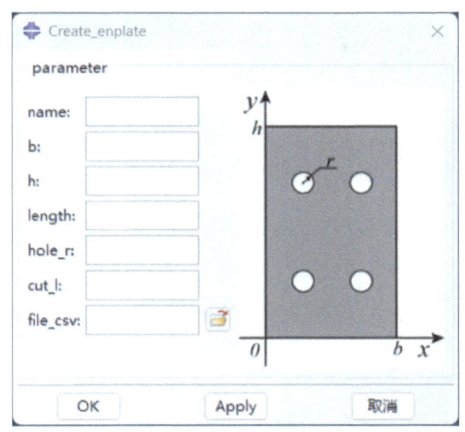

图 9.3　RSG 界面

plate_b（端板宽度）、endplate_h（高度）、endplate_length（厚度）、hole_r（孔径）及 cut_l（切割区长度）。其中前四个参数为必填项，需设置合理的默认值（如 b = 200.0，h = 300.0）以提升用户体验。文件选择控件 📂 专用于读取 CSV 孔位文件，其文件过滤器限定为 csv（*.csv）格式，避免非法数据输入。

界面右侧嵌入 166×251 像素的 PNG 示意图，通过"图片工具 🖼"加载。此示意图需提前绘制，标注端板尺寸与孔位排布规则，辅助用户理解参数含义。完成控件布局后，需严格校验每个控件的关键字（如 hole_csv 对应 CSV 路径参数），确保与内核脚本的输入变量名完全一致，这是实现参数正确传递的关键。

这样面向用户的插件界面的框架就已经完成了，接下来需要对其中的标题和关键字进行定义。将对话框构建器 ▫ 的 Title 部分修改为 Create_enplate，并勾选 Apply 按钮。将分组工具 ▫ 的 Title 部分修改为 parameter。将 6 个文本框 ▫ 的 Text 部分依次修改为 "name:" "b:" "h:" "length:" "hole_r:" 和 "cut_l:"，除了第一个文本框 "name:" 的 Type 为 String 外，其余 5 个文本框均为 Float。其关键字依次为 endplate_name，endplate_b，endplate_h，endplate_length，hole_r 和 cut_l。需要提醒的是，文本框在创建的时候必须提供对应类型的 Default，后续完成插件创建后在 GUI 脚本文件自行删除即可。对于文件工具 📂，需要将其 Title 部分修改为 file_csv，关键字为 hole_csv，文件类型定义为 csv（*.csv），不需要提供 Default。设置完成后的 GUI 界面如图 9.3 所示。构造好前端界面后，必须再绑定一个内核脚本及脚本中的一个执行函数，用于接收从前端界面传来的参数，且前端界面的中的关键字必须和内核脚本中的关键字一一对应。

2. 编写内核脚本

该部分与 9.3 节编写的原理并没有太大的区别，不建议读者在内核脚本中使用中文注释，因为容易报错（完整代码详见附录 B）。

以下是对代码重要部分的逐行逻辑解释：

1）导入 ABAQUS API 核心模块、常量定义模块和 csv 模块，这是所有 ABAQUS 二次开发脚本的标准开头，用于获取建模所需的基础功能。

```
1.  from abaqus import *
2.  from abaqusConstants import *
3.  import csv
```

2）定义创建端板的函数，包含 7 个参数。其中 hole_csv 参数指定孔位坐标文件，cut_l 参数控制切割区域大小，这两个参数是后续复杂操作的关键输入。

```
1.  def create_endplate(endplate_name, endplate_b, endplate_h, endplate_length, hole_csv, hole_r, cut_l):
```

3）读取 CSV 文件中的孔位坐标数据。使用 DictReader 逐行读取 x、y 坐标，转换为浮点数后存入 hole_xy 列表，同时单独收集所有 x 和 y 值到 x_values/y_values 列表，为后续分割操作作准备。

```
1.   hole_xy = []
2.   x_values = []
3.   y_values = []
4.   with open(hole_csv, 'r') as csvfile:
5.       csvreader = csv.DictReader(csvfile)
6.       for row in csvreader:
7.           x = float(row['x'])
8.           y = float(row['y'])
9.           hole_xy.append((x, y))
10.          x_values.append(x)
11.          y_values.append(y)
```

4）创建基础端板三维模型。先通过 ConstrainedSketch 绘制矩形轮廓，然后使用 BaseSolidExtrude 进行拉伸生成实体部件，建立端板的主体结构。

```
1.   model = mdb.models['Model-1']
2.   sketch_base = model.ConstrainedSketch(name='__profile__', sheetSize=1000.0)
3.   sketch_base.rectangle(point1=(0.0, 0.0), point2=(endplate_b, endplate_h))
4.   part = model.Part(name=endplate_name, dimensionality=THREE_D, type=DEFORMABLE_BODY)
5.   part.BaseSolidExtrude(depth=endplate_length, sketch=sketch_base)
6.   del model.sketches['__profile__']
```

5）定位后续操作的基准面和基准边。通过 findAt 方法找到端板前表面（Z = endplate_length 的面）和参考边，这两个几何特征用于后续草图的定位。

```
1.   front_face = part.faces.findAt((endplate_b / 2, endplate_h / 2, endplate_length), (endplate_b * 0.25, endplate_h * 0.75, endplate_length))
2.   ref_edge = part.edges.findAt((0.0, endplate_h / 2, endplate_length))
```

6）创建孔洞切割草图。使用 MakeSketchTransform 建立与前表面关联的草图平面，projectReferencesOntoSketch 将端板轮廓投影到当前草图，为后续切割建立参考基准。

```
1.   sketch_hole = model.ConstrainedSketch(
2.       name='__profile_holes__', sheetSize=endplate_h * 1.5,
3.       transform = part.MakeSketchTransform(sketchPlane = front_face, sketchPlaneSide = SIDE1, sketchUpEdge=ref_edge, sketchOrientation=RIGHT, origin=(0.0, 0.0, endplate_length)))
4.   part.projectReferencesOntoSketch(sketch=sketch_hole, filter=COPLANAR_EDGES)
```

7）循环处理所有孔位坐标。在草图上以每个坐标为中心，用 CircleByCenterPerimeter 方法绘制圆形剖面，生成所有孔的几何定义。

```
1.   for (x, y) in hole_xy:
2.       sketch_hole.CircleByCenterPerimeter(center=(x, y), point1=(x, y - hole_r))
```

8）执行切割操作。通过 CutExtrude 将草图上的多个圆形剖面在前表面位置进行材料切除，生成端板上的孔洞结构，完成后删除临时草图。

```
1.      part.CutExtrude (flipExtrudeDirection = OFF, sketch = sketch _ hole, sketchOrientation = RIGHT,
   sketchPlane=front_face, sketchPlaneSide=SIDE1, sketchUpEdge=ref_edge)
2.      del model.sketches['__profile_holes__']
```

9）沿 X 轴方向进行单元格分割。通过 processed_x 集合避免重复切割，对每个唯一 X 坐标及其偏移位置（正负孔半径+切割长度）创建 YZ 基准平面，将端板分割成多个区域（Y 轴方向同理）。

```
1.   processed_x = set()
2.   for x in x_values:
3.       if x not in processed_x:
4.           processed_x.add(x)
5.           for offset in [0, hole_r + cut_l, -hole_r - cut_l]:
6.               cut_x = x + offset
7.               datum_id = part.DatumPlaneByPrincipalPlane(principalPlane=YZPLANE, offset=cut_x).id
8.               part.PartitionCellByDatumPlane(datumPlane=part.datums[datum_id], cells=part.cells[:])
```

10）创建斜向分割平面。对每个孔周围区域进行两次斜切操作，通过三点定义的平面（分别沿 45°和-45°方向）对孔周围单元进行再次分割，增强局部网格控制能力。

```
1.   for (x, y) in hole_xy:
2.       part.PartitionCellByPlaneThreePoints(
3.           cells=part.cells.findAt(((x + hole_r * 0.9, y + hole_r * 0.9, endplate_length),), ((x - hole_r *
   0.9, y - hole_r * 0.9, endplate_length),), ),
4.           point1=(x + hole_r, y + hole_r, endplate_length), point2=(x, y, 0.0), point3=(x - hole_r, y -
   hole_r, endplate_length))
5.       part.PartitionCellByPlaneThreePoints(
6.           cells=part.cells.findAt(((x - hole_r * 0.9, y + hole_r * 0.9, endplate_length),), ((x + hole_r
   * 0.9, y - hole_r * 0.9, endplate_length),), ),
7.           point1=(x - hole_r, y + hole_r, endplate_length), point2=(x, y, 0.0), point3=(x + hole_r, y - hole_r,
   endplate_length))
```

整个代码框架遵循典型的三维参数化建模流程：基础实体创建→特征切割→区域分割。

现在建立包含表 9.2 中的螺栓孔坐标的 csv 文件进行测试，其余参数如图 9.4a 所示，结果如图 9.4b 所示。

表 9.2 螺栓孔坐标

x	y	x	y
40	40	40	226
130	40	130	226
40	130	40	316
130	130	130	316

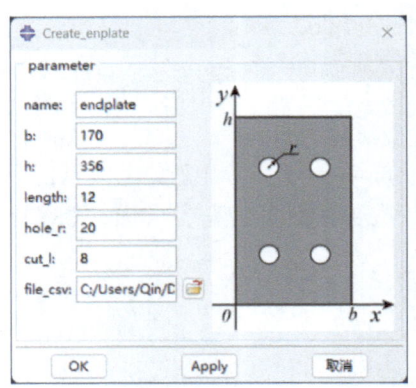 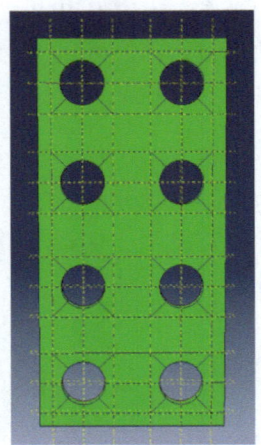

a) 设置参数　　　　　　　　b) 验证结果

图 9.4　设置参数和验证结果

附　　录

附录 A　编写 Python 脚本完成参数化分析

```python
1.  # -*- coding: utf-8 -*-
2.  from part import *
3.  from sketch import *
4.  from material import *
5.  from sectionimport *
6.  from assembly import *
7.  from step import *
8.  from interaction import *
9.  from load import *
10. from mesh import *
11. from job import *
12. from visualization import *
13. from optimization import *
14. from connectorBehavior import *
15. import csv
16. import time
17. import os
18. import traceback
19. from abaqusConstants import *
20. from abaqus import session
21. class CS:
22.     @classmethod
23.     def ensure_clean_model(cls, model_name='Model-1'):
24.         """安全清理并创建新模型"""
25.         try:
26.             del mdb.models[model_name]   # 强制删除可能存在的旧模型
27.             print(f"Deleted existing model: {model_name}")
28.         except KeyError:
29.             print(f"Model {model_name} does not exist, skipping deletion")
30.         finally:
31.             new_model = mdb.Model(name=model_name)
32.             print(f"Created new model: {model_name}")
33.             return new_model   # 返回新模型对象
34.     def __init__(self,
35.                  # job名和输出目录(非默认参数不能放在默认参数后面)
36.                  jobname, output_dir,
37.                  # 梁部件尺寸
38.                  h, b, tw, tf, length,
39.                  # 材料属性
40.                  steel_name='Q345', steel_mass=7.85e-9, steel_e=210000.0, steel_v=0.3,
41.                  steel_fy=346.0, steel_ey=0.0, steel_fu=630.0, steel_eu=0.2,
42.                  # 分析步(maxNumInc参数需要整数类型)
```

```
43.                    ini_inc1=0.01, min_inc1=1E-11, max_inc1=0.1, maxnum_inc1=5000, time_1=1,
44.                    #摩擦系数
45.                    uf=0.3,
46.                    #梁网格布种
47.                    seed_global_b=50.0):
48.         self.model = self.ensure_clean_model('Model-1')
49.         #定义self值
50.         self.h = h    #梁高度
51.         self.b = b    #梁宽度
52.         self.tw = tw    #梁腹板厚度
53.         self.tf = tf    #梁翼缘厚度
54.         self.length = length    #梁长度
55.         self.steel_name = steel_name    #钢材名称
56.         self.steel_mass = steel_mass    #质量密度
57.         self.steel_e = steel_e    #杨氏模量
58.         self.steel_v = steel_v    #泊松比
59.         self.steel_fy = steel_fy    #屈服强度
60.         self.steel_ey = steel_ey    #屈服应变
61.         self.steel_fu = steel_fu    #极限强度
62.         self.steel_eu = steel_eu    #极限应变
63.         self.ini_inc1 = ini_inc1    #Step1初始增量步
64.         self.min_inc1 = min_inc1    #Step1最小增量步
65.         self.max_inc1 = max_inc1    #Step1最大增量步
66.         self.maxnum_inc1 = maxnum_inc1    #Step1最大增量步数
67.         self.time_1 = time_1    #Step1时间长度
68.         self.uf = uf    #摩擦系数
69.         self.seed_global_b = seed_global_b    #梁全局种子
70.         self.output_dir = output_dir    #输出目录
71.         self.jobname = jobname    #保存作业名称
72.     #生成梁构件
73.     def create_part(self):
74.         model = mdb.models['Model-1']
75.         model.ConstrainedSketch(name='__profile__', sheetSize=800.0)    #草图尺寸控制绘图范围
76.         #创建垂直构造线(Y轴)
77.         model.sketches['__profile__'].ConstructionLine(point1=(0.0, 10.0), point2=(0.0, -10.0))
78.         #为第3个几何对象(前两个为默认坐标轴)添加垂直约束
79.         (model.sketches['__profile__'].
80.         VerticalConstraint(addUndoState=False, entity=model.sketches['__profile__'].geometry[2]))
81.         #创建水平构造线(X轴)
82.         model.sketches['__profile__'].ConstructionLine(point1=(-10.0, 0.0), point2=(10.0, 0.0))
83.         (model.sketches['__profile__'].
84.         #为第4个几何对象添加水平约束
85.         HorizontalConstraint(addUndoState=False, entity=model.sketches['__profile__'].geometry[3]))
86.         #固定基准轴防止移动
87.         model.sketches['__profile__'].FixedConstraint(entity=model.sketches['__profile__'].geometry[2])
88.         model.sketches['__profile__'].FixedConstraint(entity=model.sketches['__profile__'].geometry[3])
89.         #绘制上翼缘右半部分(参数:b=翼缘宽度,h=总高度)
90.         model.sketches['__profile__'].Line(point1=(0.0, self.h/2), point2=(self.b / 2, self.h/2))
91.         (model.sketches['__profile__'].
92.         HorizontalConstraint(addUndoState=False, entity=model.sketches['__profile__'].geometry[4]))
93.         #约束几何对象2和4
94.         (model.sketches['__profile__'].
95.         PerpendicularConstraint(addUndoState=False,entity1=model.sketches['__profile__'].geometry[2],
```

```
96.                        entity2=model.sketches['__profile__'].geometry[4]))
97.        (model.sketches['__profile__'].
98.        CoincidentConstraint(addUndoState=False, entity1=model.sketches['__profile__'].vertices[0],
99.                        entity2=model.sketches['__profile__'].geometry[2]))
100.       # 右上侧翼缘
101.       model.sketches['__profile__'].Line(point1=(self.b / 2, self.h/2), point2=(self.b / 2, self.h/2 -
     self.tf))
102.       (model.sketches['__profile__'].
103.       VerticalConstraint(addUndoState=False, entity=model.sketches['__profile__'].geometry[5]))
104.       (model.sketches['__profile__'].
105.       PerpendicularConstraint(addUndoState=False,entity1=model.sketches['__profile__'].geometry[4],
106.                        entity2=model.sketches['__profile__'].geometry[5]))
107.       # 腹板顶部水平线段(tw=腹板厚度)
108.       model.sketches['__profile__'].Line(point1=(self.b / 2, self.h/2 - self.tf),
109.                        point2=(self.tw / 2, self.h/2 - self.tf))
110.       (model.sketches['__profile__'].
111.       HorizontalConstraint(addUndoState=False, entity=model.sketches['__profile__'].geometry[6]))
112.       (model.sketches['__profile__'].
113.       PerpendicularConstraint(addUndoState=False,entity1=model.sketches['__profile__'].geometry[5],
114.                        entity2=model.sketches['__profile__'].geometry[6]))
115.       # 腹板垂直线(连接到 X 轴中点)
116.       model.sketches['__profile__'].Line(point1=(self.tw / 2, self.h/2 - self.tf), point2=(self.tw /
     2, 0.0))
117.       (model.sketches['__profile__'].
118.       VerticalConstraint(addUndoState=False, entity=model.sketches['__profile__'].geometry[7]))
119.       (model.sketches['__profile__'].
120. PerpendicularConstraint(addUndoState=False,entity1=model.sketches['__profile__'].geometry[6],
121.                        entity2=model.sketches['__profile__'].geometry[7]))
122.       (model.sketches['__profile__'].
123.       CoincidentConstraint(addUndoState=False, entity1=model.sketches['__profile__'].vertices[4],
124.                        entity2=model.sketches['__profile__'].geometry[3]))
125.       # 沿 Y 轴镜像生成左半截面
126.       (mdb.models['Model-1'].sketches['__profile__'].
127.       copyMirror(mirrorLine=mdb.models['Model-1'].sketches['__profile__'].geometry[2],
128.              objectList=(
129.                  mdb.models['Model-1'].sketches['__profile__'].geometry[4],
130.                  mdb.models['Model-1'].sketches['__profile__'].geometry[5],
131.                  mdb.models['Model-1'].sketches['__profile__'].geometry[6],
132.                  mdb.models['Model-1'].sketches['__profile__'].geometry[7])))
133.       # 沿 X 轴镜像生成下半截面
134.       (mdb.models['Model-1'].sketches['__profile__'].
135.       copyMirror(mirrorLine=mdb.models['Model-1'].sketches['__profile__'].geometry[3],
136.              objectList=(
137.                  mdb.models['Model-1'].sketches['__profile__'].geometry[4],
138.                  mdb.models['Model-1'].sketches['__profile__'].geometry[5],
139.                  mdb.models['Model-1'].sketches['__profile__'].geometry[6],
140.                  mdb.models['Model-1'].sketches['__profile__'].geometry[7],
141.           mdb.models['Model-1'].sketches['__profile__'].geometry[8],
142.                  mdb.models['Model-1'].sketches['__profile__'].geometry[9],
143.                  mdb.models['Model-1'].sketches['__profile__'].geometry[10],
144.        mdb.models['Model-1'].sketches['__profile__'].geometry[11])))
145.       # 创建三维部件
146.       model.Part(dimensionality=THREE_D, name='H_beam', type=DEFORMABLE_BODY)
```

```
147.         model.parts['H_beam'].BaseSolidExtrude(depth=self.length, sketch=model.sketches['__profile__'])
148.         del model.sketches['__profile__']
149.     #定义材料
150.     def define_material(self):
151.         self.model.Material(name=self.steel_name)
152.         self.model.materials[self.steel_name].Density(table=((self.steel_mass,),))
153.         self.model.materials[self.steel_name].Elastic(table=((self.steel_e, self.steel_v),))
154.         self.model.materials[self.steel_name].Plastic(table=((self.steel_fy, self.steel_ey),
155.                                                              (self.steel_fu, self.steel_eu)))
156.     #定义截面,将截面赋予到构件
157.     def assign_section(self):     #创建均质实体截面
158.         self.model.HomogeneousSolidSection(material=self.steel_name,    #材料名称
159.                                             name=self.steel_name, thickness=None)
160.         #为H_beam部件分配截面属性
161.         (self.model.parts['H_beam'].
162.          SectionAssignment(offset=0.0, offsetField='', offsetType=MIDDLE_SURFACE, region=Region(cells=
     self.model.parts['H_beam'].
163.          cells.getSequenceFromMask(mask=('[#1]',),)),
164.          sectionName=self.steel_name,
165.          thicknessAssignment=FROM_SECTION))    #截面名称
166.     def partition_H_beam(self):
167.         #切割梁构件
168.         #(1)yz平面(切右翼缘)
169.         (mdb.models['Model-1'].parts['H_beam'].
170.          PartitionCellByPlaneThreePoints(cells=mdb.models['Model-1'].parts['H_beam'].cells.
171.                             findAt(((self.tw/2, self.h/2-self.tf, 0.0),),
172.                             point1=(self.tw/2, self.h/2-self.tf, 0.0),
173.                             point2=(self.tw/2, self.h/2-self.tf+1.0, 0.0),
174.                             point3=(self.tw/2, self.h/2-self.tf, 1.0)))
175.         #(2)yz平面(切左翼缘)
176.         (mdb.models['Model-1'].parts['H_beam'].
177.          PartitionCellByPlaneThreePoints(cells=mdb.models['Model-1'].parts['H_beam'].cells.
178.                             findAt(((-self.tw/2, self.h/2-self.tf, 0.0),),
179.                             point1=(-self.tw/2, self.h/2-self.tf, 0.0),
180.                             point2=(-self.tw/2, self.h/2-self.tf+1.0, 0.0),
181.                             point3=(-self.tw/2, self.h/2-self.tf, 1.0)))
182.         #(3)xz平面(切上翼缘)
183.         (mdb.models['Model-1'].parts['H_beam'].
184.          PartitionCellByPlaneThreePoints(cells=mdb.models['Model-1'].parts['H_beam'].cells.
185.                             findAt(((0.0, self.h/2-self.tf, 0.0),),
186.                             point1=(0.0, self.h/2-self.tf, 0.0),
187.                             point2=(1.0, self.h/2-self.tf, 0.0),
188.                             point3=(0.0, self.h/2-self.tf, 1.0)))
189.         #(4)xz平面(切下翼缘)
190.         (mdb.models['Model-1'].parts['H_beam'].
191.          PartitionCellByPlaneThreePoints(cells=mdb.models['Model-1'].parts['H_beam'].cells.
192.                             findAt(((0.0, -self.h/2+self.tf, 0.0),),
193.                             point1=(0.0, -self.h/2+self.tf, 0.0),
194.      point2=(1.0, -self.h/2+self.tf, 0.0),
195.                             point3=(0.0, -self.h/2+self.tf, 1.0)))
196.     #装配
197.     def assembly(self):
```

```
198.        mdb.models['Model-1'].rootAssembly.DatumCsysByDefault(CARTESIAN)
199.        mdb.models['Model-1'].rootAssembly.Instance(
200.            dependent=ON,
201.            name='H_beam-1',
202.            part=mdb.models['Model-1'].parts['H_beam'])
203.    # 创建参考点(集)
204.    def reference_point(self):
205.        # 右端施加位移点
206.        rp_right = self.model.rootAssembly.ReferencePoint(point=(0.0, 0.0, self.length))
207.        # 创建右端参考点集合
208.        self.model.rootAssembly.Set(
209.            name='DISPLACEMENT_POINT',
210.            referencePoints=(self.model.rootAssembly.referencePoints[rp_right.id],))
211.        # 左端固接点
212.        rp_left = self.model.rootAssembly.ReferencePoint(point=(0.0, 0.0, 0.0))
213.        # 创建左端参考点集合
214.        self.model.rootAssembly.Set(
215.            name='RESTRICT_POINT',
216.            referencePoints=(self.model.rootAssembly.referencePoints[rp_left.id],))
217.    # 耦合面到参考点
218.    def couple_surface(self):
219.        instance = self.model.rootAssembly.instances['H_beam-1']
220.        # 使用特征掩码获取右端面
221.        right_faces = instance.faces.getSequenceFromMask(mask=('[#63012 #4 ]',),)
222.        left_faces = instance.faces.getSequenceFromMask(mask=('[#180624 #8 ]',),)
223.        # 右端耦合(直接使用掩码获取的序列)
224.        self.model.Coupling(
225.            name='DISPLACEMENT',
226.            controlPoint=self.model.rootAssembly.sets['DISPLACEMENT_POINT'],
227.            surface=Region(side1Faces=right_faces),
228.            couplingType=KINEMATIC,
229.            influenceRadius=WHOLE_SURFACE,
230.            u1=ON, u2=ON, u3=ON, ur1=ON, ur2=ON, ur3=ON)
231.        # 左端耦合
232.        self.model.Coupling(
233.            name='RESTRICT',
234.            controlPoint=self.model.rootAssembly.sets['RESTRICT_POINT'],
235.            surface=Region(side1Faces=left_faces),
236.            couplingType=KINEMATIC,
237.            influenceRadius=WHOLE_SURFACE,
238.            u1=ON, u2=ON, u3=ON, ur1=ON, ur2=ON, ur3=ON)
239.    # Step 定义静态分析步
240.    def step(self):
241.        mdb.models['Model-1'].StaticStep(name='Step-1-DISPLACEMENT_150mm', nlgeom=ON, previous='Initial')
242.        (mdb.models['Model-1'].steps['Step-1-DISPLACEMENT_150mm'].
243.            setValues(
244.                initialInc=self.ini_inc1,
245.                minInc=self.min_inc1,
246.                maxInc=self.max_inc1,
247.                maxNumInc=self.maxnum_inc1,
248.                timePeriod=self.time_1))
249.    # 场输出
```

```
250.        mdb.models['Model-1'].FieldOutputRequest(createStepName='Step-1-DISPLACEMENT_150mm',
251.            name='F-Output-1',
252.            variables=('LE','RF','S','U'))
253.        #历史输出
254.        mdb.models['Model-1'].HistoryOutputRequest(createStepName='Step-1-DISPLACEMENT_150mm',
255.            name='H-Output-1',
256.            variables=('ALLAE','ALLIE','ALLKE'))
257.    #定义约束
258.    def load(self):
259.        #梁左端固接
260.        mdb.models['Model-1'].DisplacementBC(amplitude=UNSET,
261.            createStepName='Initial',
262.            distributionType=UNIFORM,
263.            fieldName='',
264.            localCsys=None,
265.            name='beam_restrict_1',
266.            region=mdb.models['Model-1'].rootAssembly.sets['RESTRICT_POINT'],
267.            u1=SET, u2=SET, u3=SET, ur1=SET, ur2=SET, ur3=SET)
268.        #梁右端位移
269.        mdb.models['Model-1'].DisplacementBC(amplitude='Amp-displacement',
270.            createStepName='Step-1-DISPLACEMENT_150mm',
271.                distributionType=UNIFORM,
272.                fieldName='',
273.                fixed=OFF,
274.                localCsys=None,
275.                name='beam_displacement',
276.                region=mdb.
277.            models['Model-1'].rootAssembly.sets['DISPLACEMENT_POINT'], u1=UNSET, u2=-1.0, u3=UNSET, ur1=
    UNSET, ur2=UNSET, ur3=UNSET)
278.        #位移幅值
279.        mdb.models['Model-1'].EquallySpacedAmplitude(begin=0.0, data=(0.0, 15.0, 30.0, 45.0, 60.0, 75.
    0, 90.0, 105.0, 120.0, 135.0, 150.0), fixedInterval=0.1, name='Amp-displacement', smooth=SOLVER_
    DEFAULT, timeSpan=STEP)
280.    #划分网格
281.    def mesh_beam(self):
282.        part = mdb.models['Model-1'].parts['H_beam']
283.        part.seedPart(deviationFactor=0.1,    #最大偏差因子
284.            minSizeFactor=0.1,    #最小尺寸因子
285.            size=self.seed_global_b)    #全局尺寸
286.        part.setElementType(
287.                    elemTypes=(ElemType(elemCode=C3D8R,
288.                    elemLibrary=STANDARD,
289.                    secondOrderAccuracy=OFF,
290.                    kinematicSplit=AVERAGE_STRAIN,
291.                    hourglassControl=DEFAULT,
292.                    distortionControl=DEFAULT),
293.            ElemType(elemCode=C3D6,
294.                    elemLibrary=STANDARD),
295.            ElemType(elemCode=C3D4,
296.                    elemLibrary=STANDARD)), regions=(part.cells[:],))
297.        part.generateMesh()
298.    #创建并提交作业
299.    def job(self):
```

```python
300.        original_dir = os.getcwd()   # 保存当前目录
301.        try:
302.            # 切换到目标输出目录
303.            os.chdir(self.output_dir)
304.            # 创建并提交作业
305.            mdb.models['Model-1'].rootAssembly.regenerate()   # 更新装配体中的所有实例和特征
306.            job = mdb.Job(
307.                name=self.jobname, model='Model-1', description='', type=ANALYSIS, atTime=None, waitMinutes=0, waitHours=0, queue=None, memory=70, memoryUnits=PERCENTAGE, getMemoryFromAnalysis=True, explicitPrecision=SINGLE, nodalOutputPrecision=SINGLE, echoPrint=OFF, modelPrint=OFF, contactPrint=OFF, historyPrint=OFF, userSubroutine='', scratch='', resultsFormat=ODB, numThreadsPerMpiProcess=1, multiprocessingMode=DEFAULT, numCpus=6, numDomains=6, numGPUs=0)
308.            # 作业提交状态检查
309.            try:
310.                job.submit(consistencyChecking=OFF)   # 提交分析作业
311.                print(f"作业 {self.jobname} 已提交，等待计算完成...")
312.                job.waitForCompletion()   # 阻塞当前 Python 进程，直到作业计算完成
313.            except AbaqusException as e:
314.                print(f"作业提交失败：{str(e)}")
315.                raise
316.        finally:
317.            os.chdir(original_dir)   # 恢复原始目录
318.    def odbdata(self, step_name='Step-1-DISPLACEMENT_150mm', node_set_name='DISPLACEMENT_POINT', threshold=1e-5):
319.        odb = None
320.        RefDataU2, RefDataRF2 = [], []
321.        try:
322.            # 构建 ODB 文件路径
323.            odb_path = os.path.normpath(os.path.join(self.output_dir, f"{self.jobname}.odb"))
324.            if not os.path.isfile(odb_path):
325.                raise FileNotFoundError(f"[cs_1] ODB 文件缺失：{odb_path}")
326.            # 数据库访问
327.            try:
328.                odb = session.openOdb(odb_path, readOnly=True)
329.                if 'Viewport: 1' in session.viewports:
330.                    session.viewports['Viewport: 1'].setValues(displayedObject=odb)
331.            except AbaqusException as e:
332.                raise RuntimeError(f"[cs_1] ODB 访问失败：{str(e)}") from e
333.            # 数据验证
334.            if step_name not in odb.steps:
335.                available_steps = list(odb.steps.keys())
336.                raise ValueError(
337.                    f"[cs_1]无效分析步'{step_name}',可用步骤：{available_steps}")
338.            # 验证节点集存在性
339.            assembly = odb.rootAssembly
340.            if node_set_name not in assembly.nodeSets:
341.                available_sets = list(assembly.nodeSets.keys())
342.                raise ValueError(
343.                    f"[cs_1]节点集'{node_set_name}'未找到,可用集合：{available_sets}")
344.            node_set = assembly.nodeSets[node_set_name]
345.            # 数据遍历
346.            step = odb.steps[step_name]
347.            if not step.frames:
```

```
348.            raise ValueError(f"[cs_1]分析步'{step_name}'无有效帧数据")
349.        for frame in step.frames:
350.            frame_id = frame.incrementNumber   # 使用增量步编号作为唯一标识
351.            # 场输出存在性检查
352.            if 'U' not in frame.fieldOutputs:
353.                print(f"[cs_1]帧{frame_id}: 位移场 U 缺失")
354.                continue
355.            if 'RF' not in frame.fieldOutputs:
356.                print(f"[cs_1]帧{frame_id}: 反力场 RF 缺失")
357.                continue
358.            # 数据提取
359.            try:
360.                U = frame.fieldOutputs['U'].getSubset(region=node_set).values
361.                RF = frame.fieldOutputs['RF'].getSubset(region=node_set).values
362.            except AbaqusException as e:
363.                print(f"[cs_1]帧{frame_id} 数据读取异常: {str(e)}")
364.                continue
365.            # 数据有效性验证
366.            if len(U) != 1 or len(RF) != 1:
367.                print(f"[cs_1]帧{frame_id}: 节点数量异常 (U={len(U)}, RF={len(RF)})")
368.                continue
369.            u_val = U[0].data[1]   # 提取 y 方向分量
370.            rf_val = RF[0].data[1]
371.            # 应用 cs_1 的过滤阈值
372.            if abs(u_val) < threshold and abs(rf_val) < threshold:
373.                print(f"[cs_1]帧{frame_id}: 数据低于阈值{threshold:.1e}, 已过滤")
374.                continue
375.            RefDataU2.append(float(u_val))
376.            RefDataRF2.append(float(rf_val))
377.            # 最终校验
378.        if len(RefDataU2) != len(RefDataRF2):
379.            raise RuntimeError(f"[cs_1]数据长度不一致 U2({len(RefDataU2)}) vs RF3({len(RefDataRF2)})")
380.        if not RefDataU2:
381.            raise RuntimeWarning("[cs_1]无有效数据被提取")
382.        return RefDataU2, RefDataRF2
383.    except Exception as e:
384.        print(f"[cs_1]处理失败: {str(e)}")
385.        traceback.print_exc()
386.    return [], []
387.    finally:
388.        if odb:
389.            try:
390.                odb.close()
391.            except AbaqusException as e:
392.                print(f"[cs_1]关闭 ODB 异常: {str(e)}")
393. def read_input_csv(filepath, start_row=0, end_row=None):   # end_row=None 默认读取到文件末尾
394.    with open(filepath, 'r') as f:
395.        reader = csv.reader(f)
396.        for _ in range(start_row):
397.            next(reader)
398.        data = []
399.        for i, row in enumerate(reader):
```

```python
400.            if end_row is not None and i >= (end_row - start_row + 1):
401.                break
402.            if row:  # 过滤空行
403.                data.append(row)
404.    return data
405. def main():
406.     work_dir = r"F:\PYLX\LX\structure"       # 工作目录(r:只读; a:覆盖; w:续写)
407.     output_dir = os.path.join(work_dir, 'output')    # 输出目录
408.     input_csv = os.path.join(work_dir, 'input.csv')   # 输入参数文件
409.     output_csv = os.path.join(output_dir, 'results.csv')   # 结果记录文件
410.     raw_csv = os.path.join(output_dir, 'results_raw.csv')   # 节点反力位移输出
411.     # 初始化存储所有 Job 数据的容器
412.     all_jobs_data = []
413.     try:
414.         os.makedirs(output_dir, exist_ok=True)   # 容错性目录创建
415.         # 初始化结果文件表头
416.         with open(output_csv, 'w', newline='') as f:
417.             writer = csv.writer(f)
418.             writer.writerow(['h(mm)', 'b(mm)', 'tw(mm)', 'tf(mm)', 'length(mm)',
419.                              'Max_Displacement(mm)', 'Max_Force(kN)'])  # 列头对应输入参数
420.         # 读取输入参数(input_csv 是 CSV 文件路径)(跳过标题行)
421.         input_data = read_input_csv(input_csv, start_row=1, end_row=2)
422.         for idx, row in enumerate(input_data, start=1):
423.             jobname = f'cs_job_{idx}'   # 生成唯一作业标识(例如 cs_job_1、cs_job_2)
424.             try:
425.                 # 解析参数
426.                 h = float(row[0].strip())
427.                 b = float(row[1].strip())
428.                 tw = float(row[2].strip())
429.                 tf = float(row[3].strip())
430.                 length = float(row[4].strip())
431.                 # 创建并运行模型
432.                 cs_model = CS(jobname, output_dir, h, b, tw, tf, length)
433.                 cs_model.create_part()
434.                 cs_model.define_material()
435.                 cs_model.assign_section()
436.                 cs_model.partition_H_beam()
437.                 cs_model.assembly()
438.                 cs_model.reference_point()
439.                 cs_model.couple_surface()
440.             cs_model.step()
441.                 cs_model.load()
442.                 cs_model.mesh_beam()
443.                 cs_model.job()
444.                 # 提取数据
445.                 U2, RF2 = cs_model.odbdata()
446.                 # 使用 all_jobs_data 列表存储所有 Job 的原始数据
447.                 all_jobs_data.append({
448.                     'jobname': jobname,
449.                     'h': h, 'b': b, 'tw': tw, 'tf': tf, 'length': length,
450.                     'U2': U2,
451.                     'RF2': RF2})
452.                 # 计算最大位移(绝对值)
```

```
453.        max_disp = max(abs(val) for val in U2) if U2 else 0.0
454.              # 计算最大反作用力(绝对值)
455.              max_force = max(abs(val) for val in RF2) / 1000 if RF2 else 0.0
456.              # 将参数和结果写入 CSV
457.              with open(output_csv, 'a', newline='') as f:
458.                  writer = csv.writer(f)
459.                  writer.writerow([
460.                      h, b, tw, tf, length,
461.                      round(max_disp, 2),   # 保留两位小数
462.                      round(max_force, 2)])
463.          except Exception as e:
464.              print(f"Job {jobname}失败：{str(e)}")
465.              traceback.print_exc()
466.      headers = []
467.      for job in all_jobs_data:
468.          headers.extend([f"{job['jobname']}_U2(mm)",
469.                          f"{job['jobname']}_RF2(KN)",
470.                          ""])   # 添加空列分隔
471.      writer.writerow(headers[:-1])   # 移除最后一个空列
472.      # 逐行写入数据
473.      for row_idx in range(max_rows):   # 外层循环
474.          row = []
475.              for job in all_jobs_data:   # 内层循环
476.                  u_val = round(job['U2'][row_idx] * (-1), 3) if row_idx < len(job['U2']) else ""
477.                  rf_val = round(job['RF2'][row_idx] * (-0.001),3) if row_idx < len(job['RF2']) else ""
478.                  row.extend([u_val, rf_val, ""])   # 添加数据+空列
479.              writer.writerow(row[:-1])   # 移除最后一个空列
480.      except Exception as e:
481.          print(f"全局异常：{str(e)}")
482.          traceback.print_exc()
483. if __name__ == '__main__':
484.     main()
```

附录 B   ABAQUS 插件开发

```
1. from abaqus import *
2. from abaqusConstants import *
3. import csv
4. def create_endplate(endplate_name, endplate_b, endplate_h, endplate_length,hole_csv, hole_r, cut_l):
5.     hole_xy = []
6.     x_values = []
7.     y_values = []
8.     with open(hole_csv, 'r') as csvfile:
9.         csvreader = csv.DictReader(csvfile)
10.        for row in csvreader:
11.            x = float(row['x'])
12.            y = float(row['y'])
13.            hole_xy.append((x, y))
14.            x_values.append(x)
15.            y_values.append(y)
```

```
16.     model = mdb.models['Model-1']
17. sketch_base = model.ConstrainedSketch(name='__profile__', sheetSize=1000.0)
18.     sketch_base.rectangle(point1=(0.0, 0.0), point2=(endplate_b, endplate_h))
19.     part = model.Part(name=endplate_name, dimensionality=THREE_D, type=DEFORMABLE_BODY)
20.     part.BaseSolidExtrude(depth=endplate_length, sketch=sketch_base)
21.     del model.sketches['__profile__']
22.     front_face = part.faces.findAt((endplate_b / 2, endplate_h / 2, endplate_length),
23.                                     (endplate_b * 0.25, endplate_h * 0.75, endplate_length))
24.     ref_edge = part.edges.findAt((0.0, endplate_h / 2, endplate_length))
25.     sketch_hole = model.ConstrainedSketch(
26.         name='__profile_holes__',
27.         sheetSize=endplate_h * 1.5,
28.         transform=part.MakeSketchTransform(
29.             sketchPlane=front_face,
30.             sketchPlaneSide=SIDE1,
31.             sketchUpEdge=ref_edge,
32.             sketchOrientation=RIGHT,
33.             origin=(0.0, 0.0, endplate_length)))
34.     part.projectReferencesOntoSketch(sketch=sketch_hole, filter=COPLANAR_EDGES)
35.     for (x, y) in hole_xy:
36.         sketch_hole.CircleByCenterPerimeter(center=(x, y), point1=(x, y - hole_r))
37.     part.CutExtrude(flipExtrudeDirection=OFF, sketch=sketch_hole,
38.             sketchOrientation=RIGHT, sketchPlane=front_face,
39.             sketchPlaneSide=SIDE1, sketchUpEdge=ref_edge)
40.     del model.sketches['__profile_holes__']
41.     processed_x = set()
42.     for x in x_values:
43.         if x not in processed_x:
44.             processed_x.add(x)
45.             for offset in [0, hole_r + cut_l, -hole_r - cut_l]:
46.                 cut_x = x + offset
47.                 datum_id = part.DatumPlaneByPrincipalPlane(principalPlane=YZPLANE, offset=cut_x).id
48.                 part.PartitionCellByDatumPlane(datumPlane=part.datums[datum_id], cells=part.cells[:])
49.     processed_y = set()
50.     for y in y_values:
51.         if y not in processed_y:
52.             processed_y.add(y)
53.             for offset in [0, hole_r + cut_l, -hole_r - cut_l]:
54.                 cut_y = y + offset
55.                 datum_id = part.DatumPlaneByPrincipalPlane(principalPlane=XZPLANE, offset=cut_y).id
56.                 part.PartitionCellByDatumPlane(datumPlane=part.datums[datum_id], cells=part.cells[:])
57.     for (x, y) in hole_xy:
58.         part.PartitionCellByPlaneThreePoints(
59.             cells=part.cells.findAt(((x + hole_r * 0.9, y + hole_r * 0.9, endplate_length),),
60.                                      ((x - hole_r * 0.9, y - hole_r * 0.9, endplate_length),), ),
61.             point1=(x + hole_r, y + hole_r, endplate_length),
62.             point2=(x, y, 0.0),
63.             point3=(x - hole_r, y - hole_r, endplate_length))
64.         part.PartitionCellByPlaneThreePoints(
65.             cells=part.cells.findAt(((x - hole_r * 0.9, y + hole_r * 0.9, endplate_length),),
66.                                      ((x + hole_r * 0.9, y - hole_r * 0.9, endplate_length),), ),
67.             point1=(x - hole_r, y + hole_r, endplate_length),
68.             point2=(x, y, 0.0),
69.             point3=(x + hole_r, y - hole_r, endplate_length))
```

参 考 文 献

[1] Dassault Systèmes Simulia Corp. SIMULIA User Assistance 2018：Scripting Reference [Z]. Dassault Systèmes Simulia Corp.，2018.

[2] HIBBITT H，KARLSSON B，SORENSEN P. Abaqus analysis user´s manual version 6.10 [Z]. Dassault Systèmes Simulia Corp.，2011.

[3] 庄茁. 基于ABAQUS的有限元分析和应用 [M]. 北京：清华大学出版社，2009.

[4] 石亦平，周玉蓉. ABAQUS有限元分析实例详解 [M]. 北京：机械工业出版社，2006.

[5] 张建伟. ABAQUS 6.12有限元分析从入门到精通 [M]. 北京：机械工业出版社，2015.

[6] 曹金凤，王旭春，孔亮. Python语言在Abaqus中的应用 [M]. 北京：机械工业出版社，2011.

[7] 贾利勇，富琛阳子，贺高，等. Abaqus GUI程序开发指南：Python语言 [M]. 北京：人民邮电出版社，2016.

[8] 李治，薛天琦，原小兰，等. 角柱失效下不等跨RC空间梁-柱子结构抗连续倒塌机理研究 [J]. 振动与冲击，2023，42（6）：115-125.

[9] WANG K，XIONG J，XIONG M，et al. Experimental and numerical study on progressive collapse resistance of novel fully assembled concrete beam-column connections [J]. Journal of Building Engineering，2025，105：112516.

[10] LAN D Q，JIN L，QIAN K，et al. Progressive collapse resistance of RC frames subjected to localized fire [J]. Journal of Building Engineering，2023，79：107746.

[11] JIN L，LAN D，ZHANG R，et al. Effect of fire on behavior of RC beam-column assembly under a middle column removal scenario [J]. Journal of Building Engineering，2023，67：105496.

[12] 钱凯，谭鑫宇，李治，等. 高温下钢筋混凝土板抗冲击性能及其影响因素 [J]. 工程力学，2023，40（1）：132-143.

[13] 覃健桂，杨森，钱凯，等. 边柱失效的外伸端板连接梁柱子结构抗连续倒塌性能研究 [J/OL]. 工程力学，工程科技Ⅱ辑：1-10 [2025-05-22]. http：//kns.cnki.net/kcms/detail/11.2595.O3.20250421.1355.010.html.

[14] YANG B，TAN K H. Numerical analyses of steel beam-column joints subjected to catenary action [J]. Journal of Constructional Steel Research，2012，70：1-11.

[15] LUO Y，BAO Y，WANG G，et al. Investigation on post-impact fire resistance of square-cased circle steel tube-reinforced concrete columns [J]. Structures，2024，69：107496.

[16] JIN L，XU J，ZHANG R，DU X. Numerical study on the impact performances of reinforced concrete beams：A mesoscopic simulation method [J]. Engineering Failure Analysis，2017，80：141-163.

[17] YIN H，SHI G. Finite element analysis on the seismic behavior of fully prefabricated steel frames [J]. Engineering Structures，2018，173：28-51.